JavaScript

网页程序设计与实践

Web
前端技术
丛书

陈婉凌 著

清华大学出版社

北京

内 容 简 介

JavaScript 遵循的 ECMAScript 标准在 ECMAScript 第 6 版（ES 6）之后有了大幅变化，尤其在变量声明、语法优化、解构赋值及非同步技术方面都有令人惊艳的新功能。

本书分为两部分，共 16 章。第一部分（第 1~9 章）为 JavaScript 精要，内容主要包括：认识 JavaScript，JavaScript 基础语法，流程控制结构，JavaScript 内建的标准对象，集合对象，函数与作用域，对象、方法与属性，RegExp 对象、异步与事件循环。第二部分（第 10~16 章）为 JavaScript 在 Web 程序的应用，内容主要包括：认识 HTML、认识 CSS、JavaScript 与 HTML DOM、JavaScript 事件与事件处理、前端数据存储、JavaScript 在多媒体的应用、网页保护密技与记忆力考验游戏。

本书适合 JavaScript 初学者、网页程序设计相关从业人员、大专院校网页程序设计相关专业的师生阅读。

北京市版权局著作权合同登记号　图字：01-2020-0622

本书为荣钦科技股份有限公司授权出版发行的中文简体字版本。

图书在版编目（CIP）数据

JavaScript 网页程序设计与实践 / 陈婉凌著.—北京：清华大学出版社，2020.4
　（Web 前端技术丛书）
　ISBN 978-7-302-55216-1

Ⅰ.①J…　Ⅱ.①陈…　Ⅲ.①JAVA 语言—程序设计　Ⅳ.①TP312.8

中国版本图书馆 CIP 数据核字（2020）第 046753 号

责任编辑：夏毓彦
封面设计：王　翔
责任校对：闫秀华
责任印制：杨　艳
出版发行：清华大学出版社
　　　　　网　　　址：http://www.tup.com.cn，http://www.wqbook.com
　　　　　地　　　址：北京清华大学学研大厦 A 座　　　　邮　　编：100084
　　　　　社 总 机：010-62770175　　　　　　　　　　　邮　　购：010-62786544
　　　　　投稿与读者服务：010-62776969，c-service@tup.tsinghua.edu.cn
　　　　　质 量 反 馈：010-62772015，zhiliang@tup.tsinghua.edu.cn
印 装 者：三河市君旺印务有限公司
经　　销：全国新华书店
开　　本：190mm×260mm　　　印　　张：20.5　　　字　　数：524 千字
版　　次：2020 年 6 月第 1 版　　　　　　　　　　印　　次：2020 年 6 月第 1 次印刷
定　　价：69.00 元

产品编号：085862-01

改编说明

从 JavaScript 语言的名字来看，想必不少人都会好奇它与 Java 语言之间的关系，难道它们师出同门，还是 JavaScript 是 Java 的升级版？它们的发明者确实颇具渊源，但是它们本质上是两种完全不同的语言。JavaScript 和 Java 的定位和用途不同，JavaScript 是基于对象的一种脚本语言，而 Java 则是一种标准的完全面向对象的程序设计语言。JavaScript 专注于 Web 应用程序的设计，而 Java 专注于各种设备，例如 PC、移动智能设备以及数据中心等。

JavaScript 为开发者提供了很多自带的内部对象，使得它比 Java 更加简洁，主要用于嵌入文本和多媒体等元素到 HTML 页面、读写 HTML 元素、控制 Cookies、与 HTML 和 CSS 的良好配合等，JavaScript 给 Web 应用程序带来了动态网页的设计能力。

本书的作者具有丰富的程序设计经验，多年从事程序设计方面的教学，著作颇丰。作者的行文流畅，语言浅显易懂，将一些生涩难懂的技术和理论娓娓道来，同时结合实用的范例程序，让读者能够轻松步入学习 JavaScript 程序设计语言的大门，不断激发读者学习的兴趣，直到自己完全可以动手来编写 JavaScript 程序。

本书的每个章节都有配合教学的范例程序，并对程序中的关键代码段进行详细的解说，同时配有执行过程和结果的截图。这些范例程序的完整源代码可以扫描以下二维码下载：

如果下载有问题，请电子邮件联系 booksaga@126.com，邮件主题为"求 JavaScript 网页程序设计与实践"。

一本好书就是一位好的老师，有好老师的指导可以少走一些弯路，然而"师傅领进门，修行靠个人"，要精通一门程序设计语言，需要读者不断地尝试和实践，最终才能画上"功成圆满"的句号。最后，希望每一位读者经过学习都可以自己画上这个句号。

资深架构师　赵军

2019 年 10 月

前　言

JavaScript 具有易学、快速、功能强大的特点，是开发网页程序时被广泛使用的程序设计语言，在目前大部分的网页程序中都可以发现 JavaScript 的踪迹。另外，大部分的浏览器都支持 JavaScript，而且它的语法不断推陈出新，功能越来越强大。由于 JavaScript 可以配合 HTML 及 CSS 设计出动态网页，正好弥补 HTML 的缺憾，使得 JavaScript 成为制作网页不可或缺的一部分。

一般传统的观念认为设计程序是计算机高手才会的工作，因而望之却步，不敢轻易尝试，宁愿选择从网络上复制现有的 JavaScript 程序来使用，顺利执行还好，不顺利的话只能放弃，继续在浩瀚的网海寻觅合适的程序。如果能够学会 JavaScript，就可以自己编写合用的程序，即使取得他人开源的程序代码也能够看得懂，并找出导致程序无法执行的错误或缺陷。本书尽量以浅显易懂的叙述，让读者了解其实 JavaScript 是很容易学习的程序设计语言，经过适当的学习，自己完全可以动手来编写程序。

事实上，只学习 JavaScript 语言尚无法在网页前端技术上如鱼得水，还必须具备 HTML DOM 模型概念与 CSS 语言知识，才算具备网页前端工程师的基本技能，本书除了详细解说 JavaScript 语言，同时也加入了 HTML DOM 与 CSS 的教学与应用。

由于 JavaScript 程序是在客户端执行的，因此可以在后端数据库进行存取之前的数据验证的协助工作，这样可以大大降低服务器的负担，这也是网页程序设计人员爱用 JavaScript 开发网页程序的主要原因。

本书每章在编写程序之前都先介绍概念、原理及其功能，紧接着佐以实例操作，以循序渐进的方式说明 JavaScript 语言的语法，让读者可以将语法与实践相结合。

本书内容力求完善翔实，但疏漏在所难免，敬请读者多多指正、包涵。

陈婉凌

目　　录

第一部分　JavaScript 精要

第 1 章　认识 JavaScript 3

1.1　JavaScript 的特色与用途 3

1.1.1　JavaScript 的基本概念 3

1.1.2　JavaScript 的用途 5

1.2　设置 JavaScript 开发环境 8

1.2.1　JavaScript 运行环境 8

1.2.2　如何选择文本编辑器 12

1.2.3　纯文本编辑器 Notepad++ 16

1.2.4　浏览器控制台 26

第 2 章　JavaScript 基础语法 34

2.1　语法架构 34

2.2　变量与数据类型 39

2.2.1　数据类型 39

2.2.2　变量声明与作用域 43

2.2.3　强制转换类型 49

2.3　表达式与运算符 51

第 3 章　流程控制结构 59

3.1　选择结构 59

3.1.1　if…else 条件语句 59

3.1.2　switch…case 语句 62

3.2　重复结构 66

3.2.1　for 循环 66

3.2.2　for…in 循环 67

3.2.3　forEach 与 for…of 循环 69

　　　3.2.4　while 循环 71

　　　3.2.5　do...while 循环 72

　　　3.2.6　break 和 continue 语句 73

　　3.3　错误与异常处理 75

　　　3.3.1　错误类型 75

　　　3.3.2　异常处理 77

第 4 章　JavaScript 内建的标准对象 80

　　4.1　日期对象 80

　　　4.1.1　对象的属性与方法 80

　　　4.1.2　日期对象 83

　　4.2　字符串对象与数值对象 84

　　　4.2.1　字符串对象 84

　　　4.2.2　模板字符串 92

　　　4.2.3　数值对象 96

　　　4.2.4　数学运算对象 102

第 5 章　集合对象 109

　　5.1　数组 109

　　　5.1.1　声明数组对象 109

　　　5.1.2　数组的属性与方法 112

　　　5.1.3　数组的迭代方法 116

　　5.2　Map 对象与 Set 对象 121

　　　5.2.1　Map 对象 121

　　　5.2.2　Set 对象 123

第 6 章　函数与作用域 125

　　6.1　自定义函数 125

　　　6.1.1　函数的定义与调用 125

　　　6.1.2　函数参数 126

　　　6.1.3　函数返回值 128

　　6.2　函数的多重用法 129

　　　6.2.1　函数声明 130

　　　6.2.2　函数表达式 130

6.2.3　立即调用函数表达式 133

6.2.4　箭头函数与 this 135

6.2.5　作用域链与闭包 136

第 7 章　对象、方法与属性 140

7.1　对象的基本概念 140

7.1.1　认识面向对象 140

7.1.2　JavaScript 的面向对象 143

7.2　JavaScript 三大对象 145

7.2.1　JavaScript 的对象 145

7.2.2　用户自定义对象 145

7.2.3　this 关键字 147

7.3　原型链与扩展 148

7.3.1　原型链 149

7.3.2　扩展 150

7.3.3　ES 6 的扩展 153

第 8 章　RegExp 对象 156

8.1　认识正则表达式 156

8.1.1　正则表达式 156

8.1.2　建立正则表达式 157

8.2　使用 RegExp 对象 161

8.2.1　RegExp 对象的属性 162

8.2.2　字符串提取与分析 164

8.2.3　常用的正则表达式 167

第 9 章　异步与事件循环 169

9.1　认识同步与异步 169

9.1.1　同步与异步的概念 169

9.1.2　定时器：setTimeout()与 setInterval() 171

9.1.3　事件循环 174

9.2　异步流程控制 176

9.2.1　Callback 异步调用 176

9.2.2　使用 Promise 对象 178

第二部分　JavaScript 在 Web 程序的应用

第 10 章　认识 HTML 185

10.1　HTML 的基本概念 185

　10.1.1　HTML 架构 185

　10.1.2　HTML 5 声明与编码设置 187

10.2　HTML 常用标签 188

　10.2.1　文字格式与排版相关标签 188

　10.2.2　项目列表 191

　10.2.3　表格 193

　10.2.4　插入图片 196

　10.2.5　超链接 198

　10.2.6　框架 200

　10.2.7　窗体与窗体组件 203

10.3　div 标签与 span 标签 207

　10.3.1　认识 div 标签 207

　10.3.2　认识 span 标签 208

第 11 章　认识 CSS 210

11.1　使用 CSS 样式表 210

　11.1.1　套用 CSS 210

　11.1.2　CSS 选择器 213

11.2　CSS 样式语法 216

　11.2.1　文字与段落样式 216

　11.2.2　颜色相关样式 220

　11.2.3　背景图案 224

　11.2.4　边框 224

　11.2.5　图文混排 225

11.3　掌握 CSS 定位 228

　11.3.1　网页组件的定位 228

　11.3.2　立体网页的定位 232

　11.3.3　calc()函数 234

第 12 章　JavaScript 与 HTML DOM 236

　12.1　文档对象模型 236

　　12.1.1　DOM 简介 236

　　12.1.2　DOM 的节点 237

　　12.1.3　获取对象信息 237

　　12.1.4　处理对象节点 239

　　12.1.5　属性的读取与设置 241

　12.2　DOM 对象的操作 243

　　12.2.1　Window 对象 243

　　12.2.2　DOM 集合 244

　12.3　DOM 风格样式 246

　　12.3.1　查询元素样式 246

　　12.3.2　设置组件样式 248

第 13 章　JavaScript 事件与事件处理 251

　13.1　事件与事件处理程序 251

　　13.1.1　事件处理模式 251

　　13.1.2　冒泡与捕获 253

　13.2　常用的 HTML 事件 256

　　13.2.1　Load 与 Unload 的处理 256

　　13.2.2　鼠标触发事件 258

　　13.2.3　鼠标按键事件 260

　　13.2.4　键盘事件 261

第 14 章　前端数据存储 265

　14.1　认识 Web Storage 265

　　14.1.1　Web Storage 的概念 265

　　14.1.2　检测浏览器是否支持 Web Storage 266

　14.2　localStorage 和 sessionStorage 266

　　14.2.1　存取 localStorage 266

　　14.2.2　清除 localStorage 270

　　14.2.3　存取 sessionStorage 272

　14.3　Web Storage 实例练习 273

14.3.1 操作步骤 273

14.3.2 隐藏<div>及<span>组件 275

14.3.3 登录 276

14.3.4 注销 276

第 15 章 JavaScript 在多媒体的应用 278

15.1 网页图片使用须知 278

15.1.1 图片的尺寸与分辨率 278

15.1.2 图片的来源 279

15.1.3 网页路径表示法 279

15.2 加入影音特效 281

15.2.1 在网页中加入音乐 281

15.2.2 加入影音动画 284

15.2.3 iframe 嵌入优酷视频 286

15.3 JavaScript 控制影音播放——实现一个音乐播放器 288

15.3.1 制作歌曲选单列表 288

15.3.2 歌曲的 click 事件——事件指派委托 290

15.3.3 随机播放 291

第 16 章 网页保护密技与记忆力考验游戏 296

16.1 检测浏览器信息 296

16.2 禁止复制与选取网页内容 298

16.2.1 取消鼠标右键功能 298

16.2.2 取消键盘特殊键功能 299

16.2.3 禁止选取网页文字与图片 301

16.3 字符串加密与解密 302

16.3.1 URL 与字符串加密 302

16.3.2 URL 与字符串解密 305

16.4 "记忆力考验"游戏 308

16.4.1 界面和程序功能概述 308

16.4.2 程序代码重点说明 310

16.4.3 CSS 重点说明 311

第一部分
JavaScript 精要

第 **1** 章

认识 JavaScript

1.1　JavaScript 的特色与用途

JavaScript 具有易学、快速、功能强大的特点，在近几年最受欢迎及使用最广泛的程序设计语言的调查排行榜中，JavaScript 始终名列前茅，其重要性不言而喻。下面我们就先来认识 JavaScript 的特色与用途。

1.1.1　JavaScript 的基本概念

JavaScript 是一种解释型（Interpreted）的描述语言，前身是由 Netscape 公司开发的 LiveScript，之后 Netscape 公司与 Sun 公司合作开发，并命名为 JavaScript。因为 JavaScript 名称里有 Java，所以常被误以为是 Java 语言，其实两者并不相同。

JavaScript 具有跨平台、面向对象、轻量的特性，通常会与其他应用程序搭配使用，最广为人知的当属网页（Web）程序的应用。JavaScript 与 HTML 及 CSS 搭配编写网页前端程序就能让网页具有互动效果。

JavaScript 程序是在前端（客户端）浏览器解释成可执行代码，将执行结果呈现在浏览器上，因而不会增加服务器的负担，并且通过简单的程序语句就能控制浏览器所提供的对象，轻轻松松就能制作出精彩的动态网页效果。范例如图 1-1 所示。

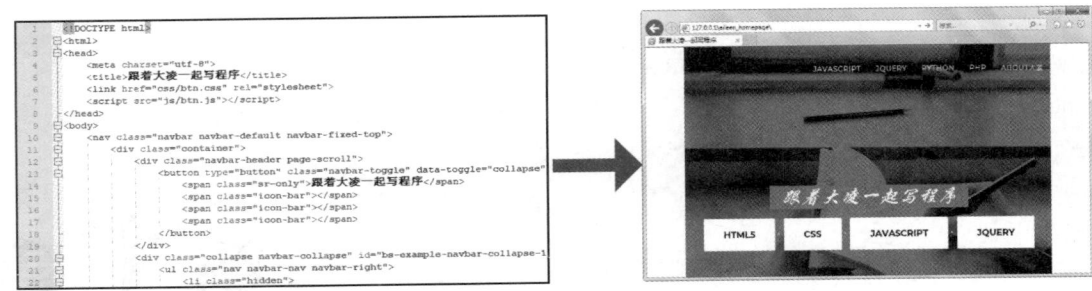

图 1-1

下面的程序是基本的 HTML 语句加上 JavaScript 语句,框起来的部分使用的是 JavaScript 语句,其他部分使用的则是 HTML 语句。

```html
<!DOCTYPE HTML>
<html>
 <head>
  <title>一起学 JavaScript</title>
  <meta charset="utf-8">
  <script>
  document.write("5+7=" + (5+7) + "<br>");    ←—— JavaScript 语句
  </script>
 </head>


 <body>
  <button type="button" onclick="document.getElementById('showTime').
innerHTML = Date()">显示现在的时间</button>
  <p id="showTime"></p>                    ←—— HTML 按钮组件加入 JavaScript 语句
 </body>
</html>
```

读者使用"记事本"程序打开本书范例程序文件夹 ch01 中的 testJS.htm 文件,就能查看上述程序代码。由于 HTML 文件会以默认的浏览器来打开,因此双击 testJS.htm 文件就会启动默认的浏览器来执行这个文件,网页就会显示 5+7 的结果,如图 1-2 所示。而"显示现在的时间"按钮对应的 JavaScript 语句要等到用户单击这个按钮才会被触发执行,执行结果如图 1-3 所示。

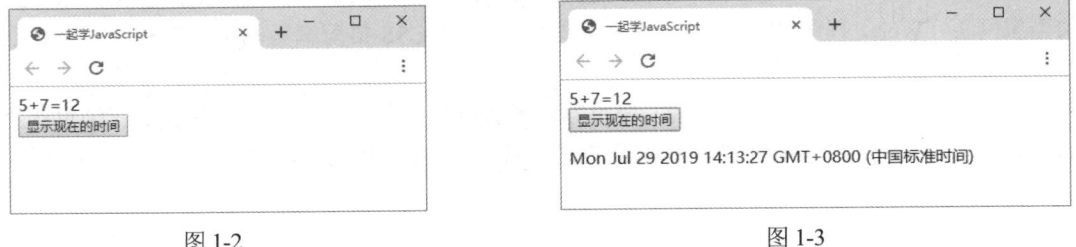

图 1-2   图 1-3

程序语句 <meta charset="utf-8"> 用来告诉浏览器使用的编码方式是 UTF-8,避免中文字呈现乱码(之后的章节会针对编码进行说明)。

JavaScript 刚出现时经常被批评"执行速度慢且不友好",因为当时各家浏览器对 JavaScript 的支持程度不一,往往一段 JavaScript 程序必须在各大浏览器分别进行测试,甚至必须先判断浏览器是 Safari、Chrome、Firefox 还是 IE，这让程序设计人员不得不为不同浏览器编写相应的程序代码，给他们造成了很大的困扰。

随着时间的推移，用来规范 JavaScript 的 ECMAScript 标准越来越完善，语言的语法也越来越丰富，各大浏览器纷纷遵循 ECMAScript 标准。目前大多数浏览器能比较完整地支持的标准为 ECMAScript 2014（第 5 版，简称 ES 5）以及 ECMAScript 2015（第 6 版，简称 ES 6），最新的版本是 2018 年 9 月发布的 ECMAScript 2018（第 9 版，简称 ES 9）。

除了 Web 前端应用之外，JavaScript 还支持 JSON 及 XML 技术，能够快速获取后端数据库和云端数据，实现异步数据传输，于是让 JavaScript 的应用从前端发展到后端。正因为 JavaScript 在前后端开发都有很好的支持，所以网络购物、在线游戏与物联网技术都经常使用 JavaScript，从另一方面也促进了 JavaScript 的发展。

新版的浏览器对 JavaScript 都有很好的支持，建议使用表 1-1 所示的版本的各浏览器。

表 1-1 支持 JavaScript 的浏览器

推荐的版本	Google Chrome 70 及以上版本	Microsoft Edge 18 及以上版本	Firefox 63 及以上版本	Safari 12 及以上版本
浏览器图标				

1.1.2 JavaScript 的用途

JavaScript 的用途很广泛，从 1.1.1 小节的介绍可知，JavaScript 能为网页添加动态效果。除此之外，JavaScript 还能做些什么？这一小节就来了解 JavaScript 有哪些常见的应用。

1. 操作 HTML DOM

还记得笔者在学生时代制作网页，很喜欢将网页做得绚丽缤纷，加入了许多不必要的光影闪烁效果和七彩的跑马灯，用户一进入首页要先打招呼"欢迎光临"，离开网页还要跳出"期待下次光临"来欢送用户。

如今的网页信息爆炸，网页设计走向是化繁为简，着重于如何快速精准地为用户提供个性化的信息以及让用户在不同浏览设备上都能流畅地浏览网页内容。

CSS 搭配 JavaScript 就能够在网页内容不变的情况下，版面布局随着设备的浏览器尺寸而改变，这种网页设计的模式称为"RWD 响应式网页设计"。图 1-4 和图 1-5 所示就是网页的版面内容随着计算机和智能手机浏览而改变的范例。

对于 RWD 的版面切换，虽然只要通过 CSS 语句就能够调整 DOM 组件的位置，但是当遇到需要改变 DOM 架构时，就需要搭配 JavaScript 来操作。

图 1-4   图 1-5

2．网页游戏

HTML 5 具备跨平台的特性，并提供了完整的 WebGL API，使用 JavaScript 与 HTML5 Canvas 元素可以在网页浏览器上展现高质量的 2D 和 3D 图形，执行性能和影音动画效果一点都不输其他应用（App）。就这类网页游戏而言，玩家不需要额外下载，只要使用计算机或智能手机的浏览器打开页面就可以开始玩，因而吸引游戏厂商纷纷加入网页游戏开发的行列。

前面提到的 WebGL（Web Graphics Library）是基于 OpenGL ES 的 JavaScript API，其中 OpenGL ES 是嵌入式加速 3D 图形标准，能快速完成需要大量计算的复杂渲染着色（Render），通过 JavaScript 进行设置与使用 WebGL API，让浏览器能够在不使用插件的情况下呈现高性能和高质量的图形。

下面介绍两款好玩的 HTML 5 游戏，请读者感受一下 JavaScript 制作的网页游戏的执行速度与影音特效。

（1）Sumon

网址：https://sumonhtml5.ludei.com/。

Sumon 是一款脑力激荡的游戏，界面精致流畅，如图 1-6 所示。Sumon 玩法很简单，在限定的时间内点击彩色方块组合出目标所需的数字即可，只需要具备基本加法的能力就会玩，适合每个年龄层的玩家。

（2）Emberwind

网址：http://operasoftware.github.io/Emberwind/。

Emberwind 是一款 RPG 闯关游戏，由 Opera 软件公司开发。游戏界面可爱而且精致，类似《超级玛丽》那款游戏，操作很简单，按键盘上的【←】和【→】方向键让游戏主角左右移动，按【↑】方向键跳跃，按【↓】方向键有金钟罩护身，按空格键则可以挥舞武器来对付敌人，游戏里有很多隐藏通道，让玩家慢慢探险。这款游戏的界面如图 1-7 所示。

目标数字

快速流逝的时间

图 1-6

游戏主角

图 1-7

3.使用 HTML 5 前端数据存储

HTML 5 提供了新功能 Web Storage(网页存储,即网页前端数据存储),包括 sessionStorage 和 localStorage 两种方式,只要使用 JavaScript 就能够在用户端浏览器存储数据,操作语法简单、存取方便,尤其是制作移动设备使用的 Web App(网页应用),最担心在没有网络的情况下用户无法使用 App,有了 Web Storage 功能就可以暂时将数据存储于网页浏览器,不需要实时存取后端数据库,等到有网络时再与后端数据库同步,如此一来,就能解决 Web App 脱机使用的问题。

localStorage 是以键-值对(Key-Value Pair)方式来存储数据的,即便用户关闭了浏览器,localStorage 的数据仍然会存在,使用也相当简单。例如,下面的程序指定 localStorage 的 Key 值为 count,用来记录浏览的次数,第一次进入网页时,localStorage.count 的值设置为 1,之后更新页面会将 localStorage.count 的值加 1。

```
<script>
localStorage.count=(localStorage.count) ? Number(localStorage.count)+1 : 1;
document.write("浏览次数："+ localStorage.count + " 次.");
</script>
```

如果想测试上述程序，建议使用 Google Chrome 或 Firefox 浏览器执行，因为 Microsoft Internet Explorer（IE）和 Microsoft Edge 这两款浏览器的 localStorage 对象必须在服务器环境下才能执行。

4．Node.js 后端平台

Node.js 是一个网站应用程序的开发平台，采用 Google 公司的 V8 引擎，主要用于 Web 程序开发。Node.js 具备内建的核心模块并提供模块管理工具 NPM，安装 Node.js 时 NPM 也会一同安装，只要连上网络，通过 NPM 指令就能下载各种第三方模块来使用，十分容易扩充。

早期 JavaScript 程序只能使用于前端浏览器，如今 Node.js 通过第三方的 HTTP 模块，只要指定服务器的 IP 地址和端口（Port）就能创建一个网页服务器（HTTP Server），不需要再单独架设网页服务器（例如 Apache、IIS），由于轻量、高性能及容易扩充的特性，因此经常用于数据应用分析以及嵌入式系统。

1.2　设置 JavaScript 开发环境

所谓"工欲善其事，必先利其器"，编写程序之前，最重要的就是设置好开发的环境与工具，虽然 JavaScript 只要有"记事本"这种简单的编辑器就能够编写程序，但是有些免费的程序代码编辑器能够让我们编写程序更加得心应手，因为它们具有实时预览以及用颜色区分不同程序代码等强大功能。这一节我们就来了解 JavaScript 的执行环境以及如何选择合适的开发工具。

1.2.1　JavaScript 运行环境

传统的 JavaScript 运行环境只能够在前端（客户端）运行，Node.js 的出现让 JavaScript 也能够在后端（服务器端）执行。本节将分别介绍 JavaScript 在前端和后端的测试与执行原理及方法，读者可以自由选择其中一种方式来执行程序（注：本书中的插图源于前端浏览器执行结果的截图）。

1．JavaScript 在前端执行

JavaScript 以往主要被当成客户端程序，与 HTML 和 CSS 一起搭建网页文件（HTML 文件），只要在浏览器中打开 HTML 文件就能够呈现出网页内容。

在介绍 JavaScript 的前端运行环境之前，先来了解浏览器是如何在前端处理包含 HTML、CSS 以及 JavaScript 的文件。浏览器运行过程非常复杂，这里仅粗略说明浏览器呈现网页的过程。

读者可以参考图 1-8，当浏览器接收到 HTML 文件的程序代码时，会将 HTML 程序代码与 CSS 程序代码交给渲染引擎（Render Engine）处理，后者分别将 HTML 代码进行解析并构建 DOM 树结构（Document Object Model，文档对象模型），将 CSS 代码进行解析并构建 CSSOM 树结构（CSS Object Model，CSS 对象模型），并将两者按照顺序组合成渲染树结构（Render Tree），接着调用

Layout()方法依照每个节点的坐标位置与大小来安排版面（或称为页面布局），最后执行 Paint()方法在浏览器上按序绘制网页。

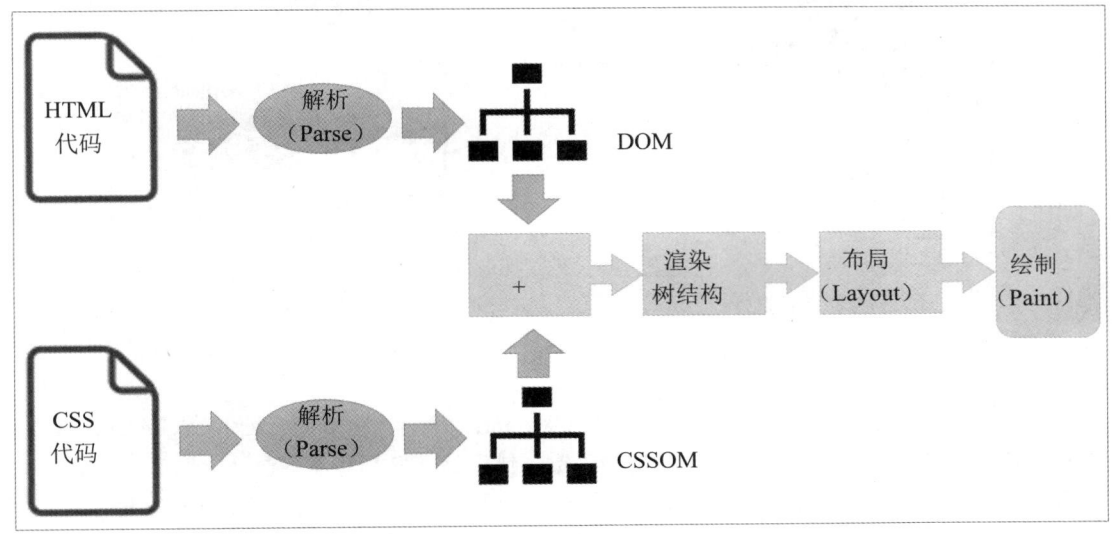

图 1-8

当浏览器在解析 HTML 代码的过程中遇到<script>标签时,渲染引擎会将控制权交由 JavaScript 引擎(JavaScript Engine,JS 引擎)来处理,JS 引擎通过解释器（Interpreter）或 JIT 编译器（Just-In-Time Compiler，即时编译器）将程序代码自上而下逐行转换为计算机"看得懂"的机器码来执行，执行完毕之后，控制权再交还给渲染引擎，继续往下解析 HTML 代码。

小　课　堂

关于 HTML 的<script>标签

HTML 程序代码中的<script>标签是用来内嵌其他程序设计语言的,渲染引擎会根据<script>的 type 属性所指定的语言类型将控制权交给对应的 Script 引擎来执行，例如:
<script type="text/x-scheme"></script> 表示使用的语言类型是 Scheme ，<script type="text/vbscript"></script> 表示使用的语言类型是 VBScript，<script type="text/javascript"></script>表示使用的语言类型是 JavaScript。浏览器默认的 Script 语言是 JavaScript,所以 type 属性通常省略不写。

各个浏览器都有自己的 JS 引擎，因此同一个网页在不同浏览器上的执行速度就会有差异，常见的 JS 引擎有 Google Chrome 的 V8、Apple Safari 的 Nitro、Microsoft 的 Chakra 以及 Mozilla Firefox 的 TraceMonkey。

2. JavaScript 在后端执行

JavaScript 除了可以使用浏览器在前端执行外，也可以通过 Node.js 环境在后端执行 JavaScript 程序代码(简称 JS 代码)，如图 1-9 所示。Node.js 使用 Google 公司的 V8 引擎,它提供了 ECMAScript 的执行环境。

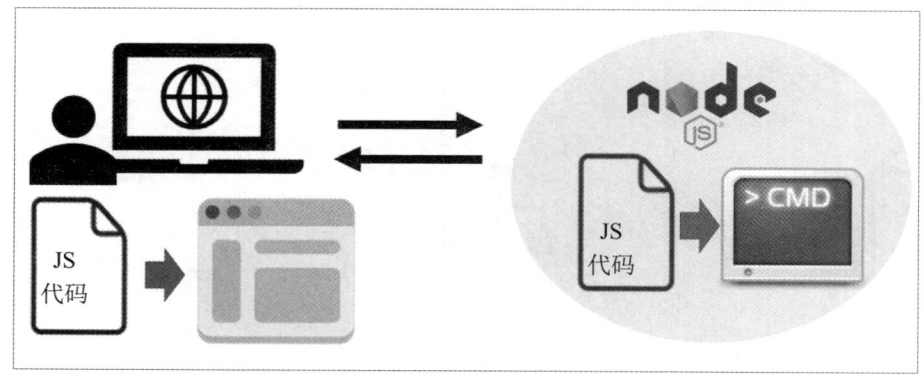

<table>
<tr><td>浏览器前端执行</td><td>Note.js 环境后端执行</td></tr>
</table>

图 1-9

JavaScript 的主要核心有两个：一个是 ECMAScript；另一个是 DOM API。ECMAScript 主要定义程序语法、流程控制、数据类型、对象与函数、错误处理机制等基本语法，而 DOM API 用来存取及改变网页文件对象的结构与内容。Node.js 不使用浏览器，自然就用不到 DOM API。

下面将介绍 Node.js 如何使用 JavaScript 程序代码，读者可以到 Node.js 官方网站下载安装 Node.js，网址为 https://Node.js.org/en/，网页如图 1-10 所示。

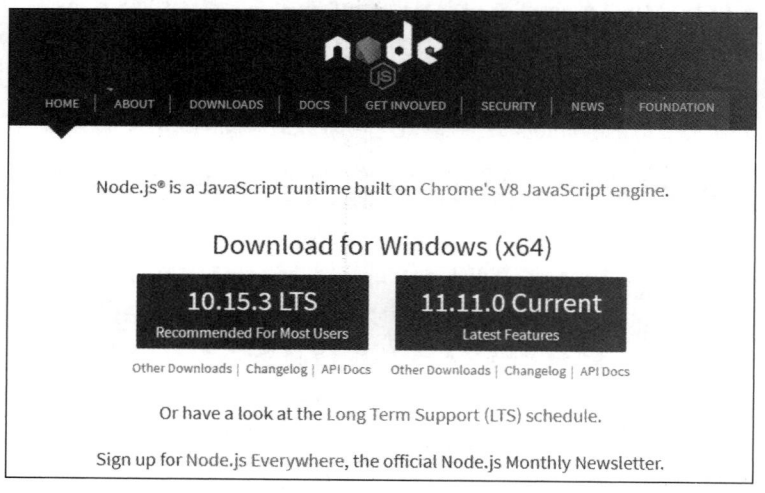

图 1-10

LTS（Long Term Support，长期支持版本通常是比较稳定的版本，如果读者想尝试使用 Node.js，建议安装 LTS 版本。按照安装向导程序的提示逐步安装（不需要更改设置），安装向导默认会在 PATH 环境变量中设置好 Node.js 路径。可以使用下面介绍的方式检查 PATH 环境变量。Windows 系统的用户可以先启动"命令提示符"程序，然后在"命令提示符"窗口输入"path"命令，如图 1-11 所示。

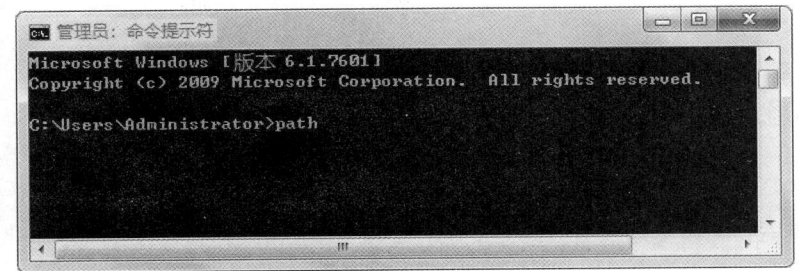

图 1-11

窗口会输出一长串的 PATH 路径，里面包含 C:\Program Files\Node.js\就表示 Node.js 的 PATH 环境变量已经设置完成。

```
PATH=…;C:\Program Files\Node.js\;……
```

如果 Node.js 的指令在命令行（Command Line）执行，继续在"命令提示符"窗口输入"node"就能执行 Node.js 指令。

下面来输入第一条指令。在"命令提示符"窗口输入"node -v"，窗口内就会显示 Node.js 的版本号，如图 1-12 所示。

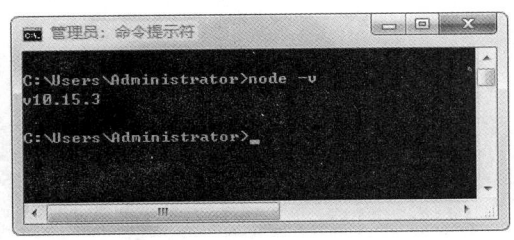

图 1-12

接着，来看看如何执行 JavaScript 程序。

Node.js 提供了一个类似终端模式的 REPL（Read Eval Print Loop，交互式解释器）环境，只要输入 JavaScript 程序代码就能立即得到执行结果，很适合用来测试程序。

在"命令提示符"窗口输入"node"命令，而后就会出现 REPL 的提示符（>），表示已经进入 REPL 环境，如图 1-13 所示。

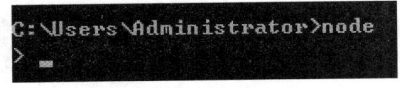

图 1-13

进入 REPL 环境之后就可以直接输入 JavaScript 程序代码，例如要输出 "Hello World"字符串，可以直接输入下列程序代码：

```
console.log("Hello World");
```

执行结果如图 1-14 所示。

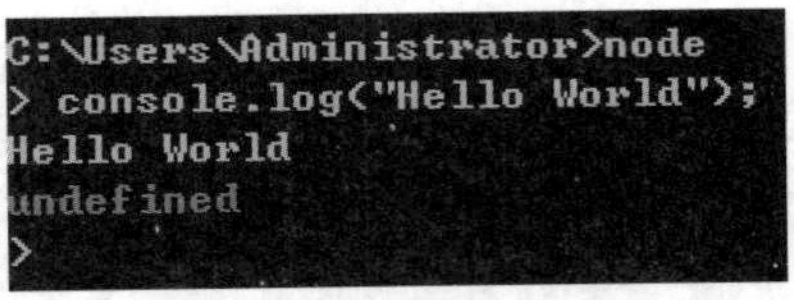

图 1-14

在 REPL 环境中无论是输入函数还是变量，都会显示它的返回值。由于 console.log()方法并没有返回值，因此输出 Hello World 之后会接着显示 undefined。

想要离开 REPL 环境有两种比较快捷的方式：

- 输入 ".exit" 命令。
- 按 Ctrl+D 快捷键。

除了 REPL 环境之外，也可以将 JavaScript 程序代码存成一个文件，再通过 Node.js 来执行。下面就来实际操作一下。

打开一个空白的纯文本文件，在其中输入 console.log("Hello World");，而后将该文件存盘。笔者将文件命名为 hello.js，存储在 D:/路径下。

接着通过 Node.js 来执行这个 JavaScript 文件。在"命令提示符"窗口中输入如下指令：

```
node hello.js
```

执行结果如图 1-15 所示。

图 1-15

无论选择使用浏览器或 Node.js 来测试 JavaScript 程序，都需要一个文本编辑器来编写 JavaScript 程序代码并存储成 JS 文件来执行，Windows 内建的"记事本"编辑器也是可以的，只是过于简单而不太好用。在下一小节中，就来看看如何为编写 JavaScript 程序选择合适的文本编辑器。

1.2.2　如何选择文本编辑器

在 Windows 系统中编写 JavaScript 程序代码，简单而且随手可用的工具当属 Windows 系统内建的"记事本"工具。如果只是想将现有的 JavaScript 程序稍加修改，记事本的确是非常方便的工具，如果是编写大量的 JavaScript 程序，就很累人了，建议读者使用专业的程序代码编辑工具，这样编写程序代码将更有效率，不仅可以加快编写程序的速度，也比较容易调试和排错。

程序代码编辑工具包括一般的纯文本编辑器和功能完善的 IDE（Integrated Development Environment，集成开发环境）。

- 常见的纯文本编辑器有 EditPlus、Notepad++、PSPad、UltraEdit、Visual Studio Code 等，这类的文本编辑器通常包含"记事本"工具的全部编辑功能，并具有程序代码着色与显示行号等辅助功能。

● 常见的 IDE 工具有 WebStorm、Visual Studio、Eclipse 等，IDE 除了文本编辑功能之外，通常还具有程序版本的控制、指令自动完成、程序代码检查、调试（Debug）功能。例如，输入程序指令时只要输入前两个字符，IDE 就会显示相关指令选单，方便编程人员快速选择并输入程序指令，另外程序代码还会自动缩排，非常方便。

对于编程有一定熟悉度的人，使用 IDE 可以快速地完成程序的编写。对于初学者而言，并不建议使用 IDE，因为 IDE 较为庞大，下载、安装与启动都耗费时间，而且设置与界面颇为复杂，大多数的功能在学习程序设计语言的过程中都用不到，实在是大材小用了。

建议读者使用纯文本编辑器来编写 JavaScript 程序，各个纯文本编辑器提供的功能不尽相同，读者可以随意选择合适的工具来使用。对于没有接触过纯文本编辑器的读者，下文将说明这类纯文本编辑器应该具备的功能，以供参考。下面将以 Notepad++编辑器来举例说明。

1. 具备选择、剪切、复制、粘贴、查找等基本功能

这是一般文本编辑器都具备的功能，能够在文件内部或不同文件之间轻易地选取、复制与移动文字。Notepad++的界面如图 1-16 所示。

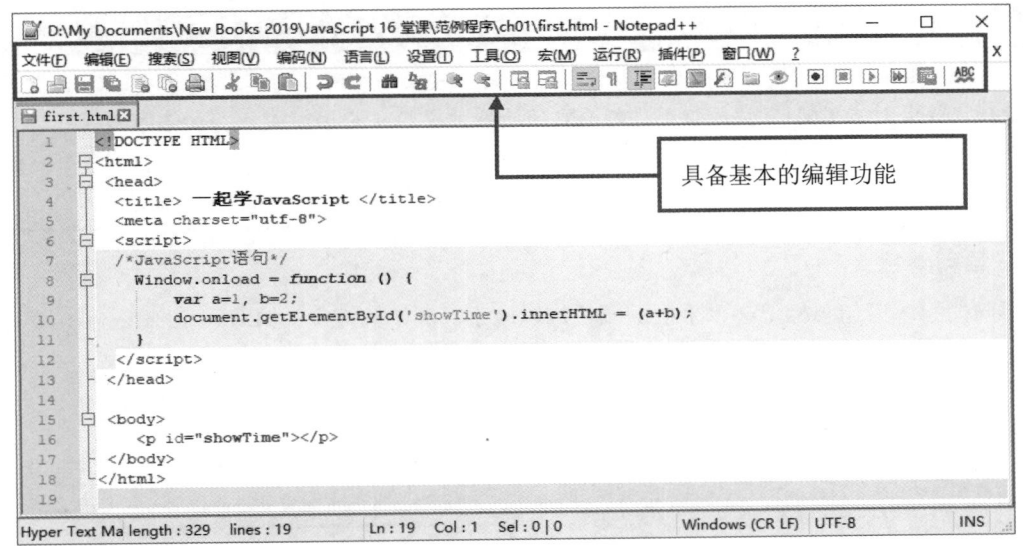

图 1-16

2. 支持多次撤销和恢复

对于程序设计人员来说，在编写程序时能够撤销与恢复是非常重要的，每种编辑器支持的撤销次数不同，例如“记事本”只能撤销并恢复至前一次的操作，这对于编写程序来说就相当不方便了。大多数的程序编辑器都支持多次撤销与恢复。Notepad++编辑器就支持多次撤销和恢复，如图 1-17 所示。

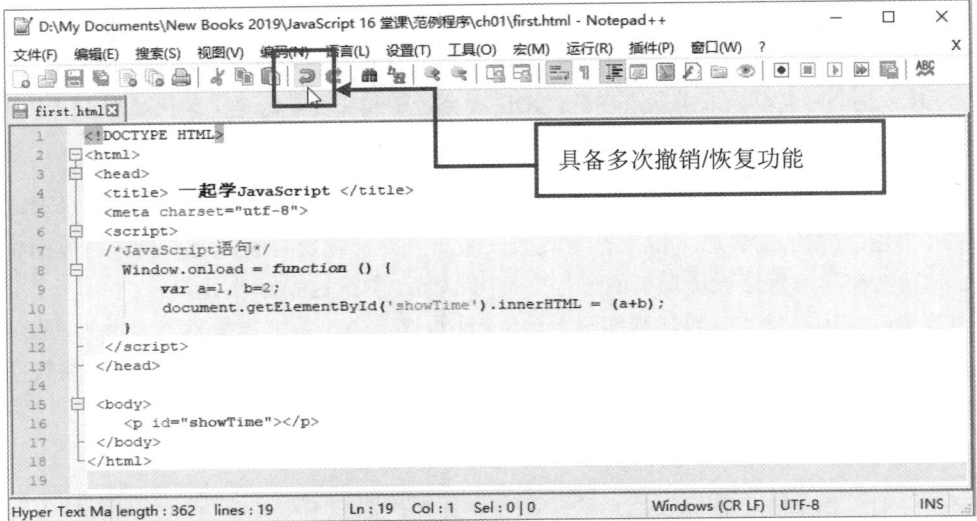

图 1-17

提　示
程序代码编辑器通常会提供快捷键功能，按键与一般软件相同，例如：撤销对应 Ctrl+Z 快捷键，恢复对应 Ctrl+Y 快捷键，复制选取的项目对应 Ctrl+C 快捷键，剪切选取的项目对应 Ctrl+X 快捷键，粘贴对应 Ctrl+V 快捷键。Notepad++提供了许多快捷键，下一小节会更详细地介绍。

3. 语句着色

不同的程序语句与标记会以不同的颜色加以区别。例如关键字（如 var、function）、变量、常数与注释都各自由不同的颜色标示，如图 1-18 所示。

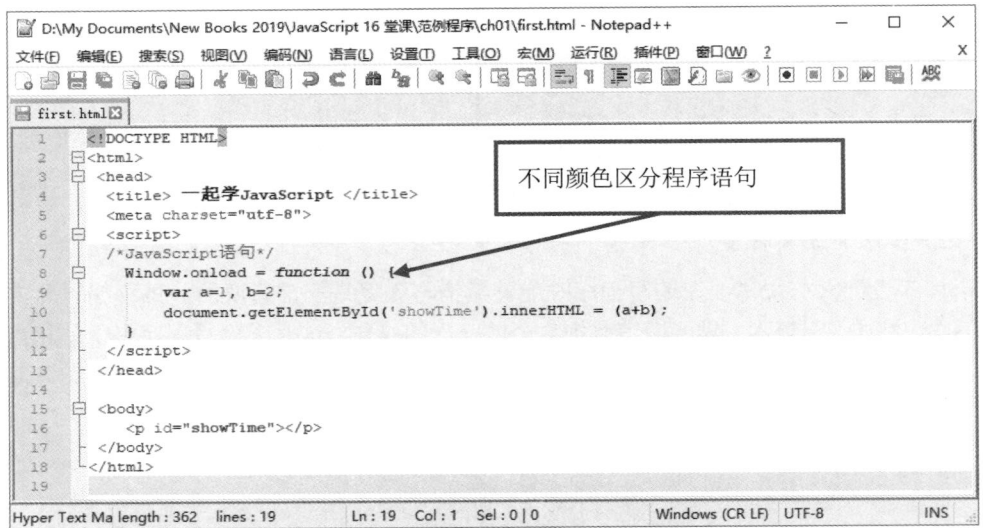

图 1-18

4. 结构查看

程序代码经常会有成对的语句，例如 HTML 的起始与结束标签（如<body></body>或<script></script>）以及 JavaScript 语句的大括号"{}"与小括号"()"，具有结构查看功能则更容易看清楚成对的语句，可以协助程序设计人员更快速地寻找程序代码以及调试。Notepad++编辑器就具有语句收合功能，因而能够很容易地了解程序的结构，如图 1-19 中的框线所示。

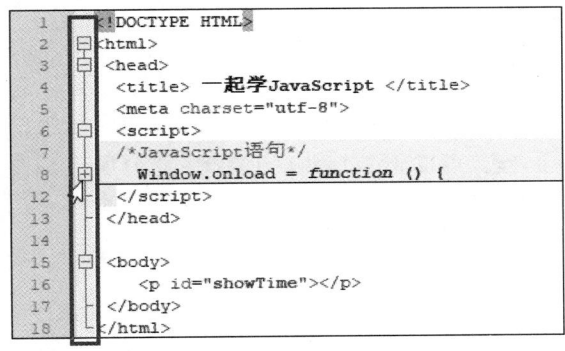

图 1-19

5. 显示行号

程序代码编辑器通常会在窗口的左边默认显示行号，行号可以设置为显示或隐藏，这对于调试非常有用。例如，程序执行有错误时调试工具会报告程序代码在第几行出错了，当程序代码编辑器显示有行号时，程序设计人员就可以很快找到错误所在，如图 1-20 所示。

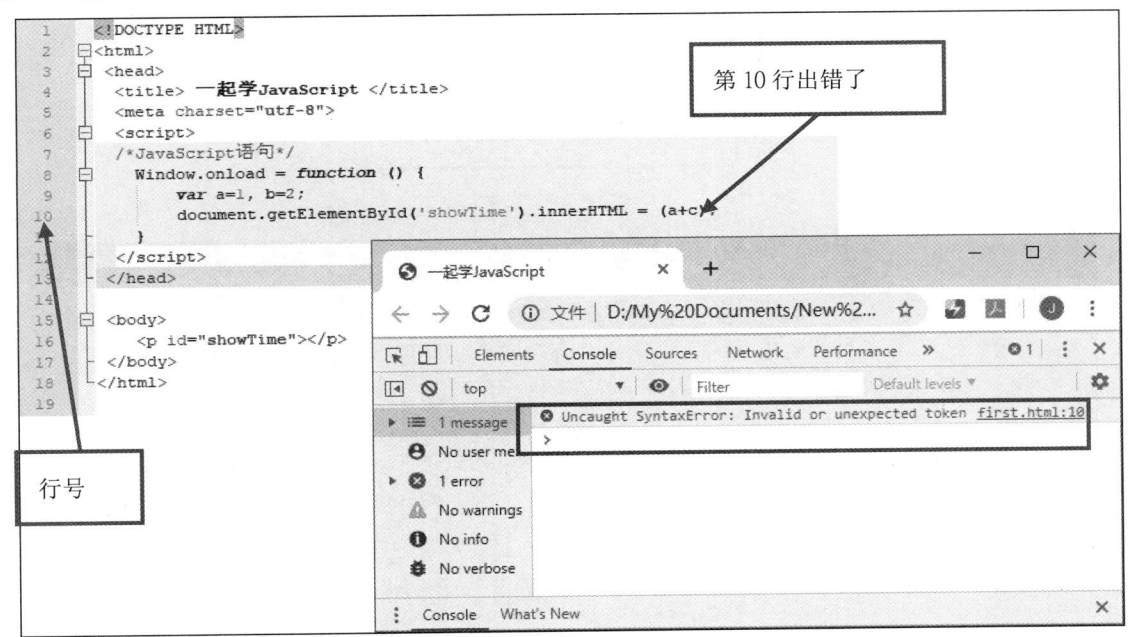

图 1-20

纯文本编辑器的界面与操作方法大同小异，下一小节将通过 Notepad++这款自由软件来说明如何使用纯文本编辑器。

1.2.3 纯文本编辑器 Notepad++

Notepad++是一款自由软件，有完整的中文界面并且支持 Unicode 编码（UTF-8），对常见的程序设计语言，它几乎都有支持，当然也支持 JavaScript。Notepad++主要有以下几项好用的功能：

- 语句着色及语句收合功能。
- 自动完成（Auto-Completion）功能。

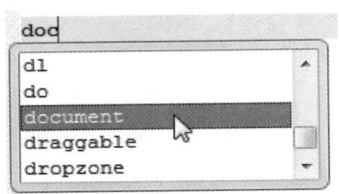

当自动完成功能启用时，只需要输入前几个字母，Notepad++就会显示出程序指令的选项列表，可以通过↑和↓方向键来选择所需的程序指令，按 Tab 键就会输入完整的程序指令，而不需要逐个字母来输入，如图 1-21 所示。

图 1-21

1. 自动补齐功能

编写程序时经常需要输入成双成对的起始与终止指令，例如 HTML 的起始与结尾符号以及 JavaScript 的小括号"()"、中括号"[]"、大括号"{}"、单引号"'"、双引号""" "等，如果启用了自动补齐功能，只要输入起始的符号，编辑器就会自动补齐结尾符号。例如输入<script>，编辑器就会自动显示完整的"<script></script>"，光标会停在这两个标签之间，方便程序设计人员继续完成程序代码。如图 1-22 所示，输入了"{"，编辑器自动补齐为"{}"，同时光标停留在这两个大括号之间，等程序设计人员继续完成其中的程序代码。

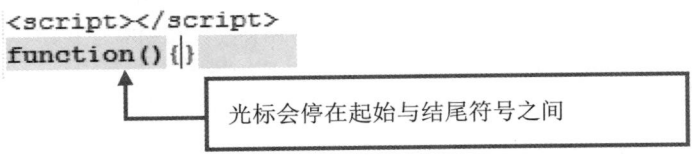

图 1-22

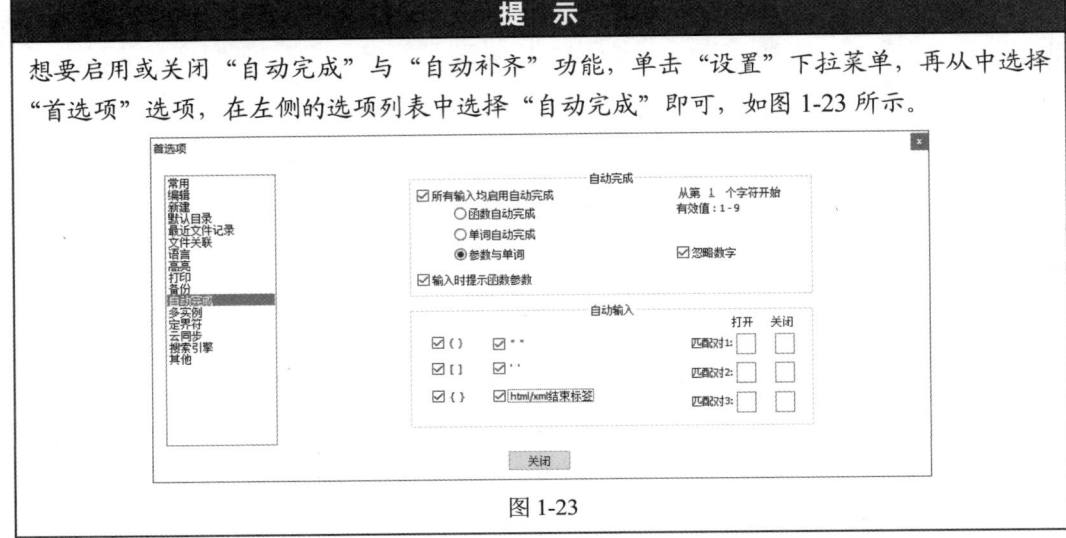

> **提 示**
>
> 想要启用或关闭"自动完成"与"自动补齐"功能，单击"设置"下拉菜单，再从中选择"首选项"选项，在左侧的选项列表中选择"自动完成"即可，如图 1-23 所示。

图 1-23

2. 支持同时编辑多个文件

可以同时打开多个文件来编辑，单击文件页签就可以在不同文件之间切换，如图 1-24 所示。

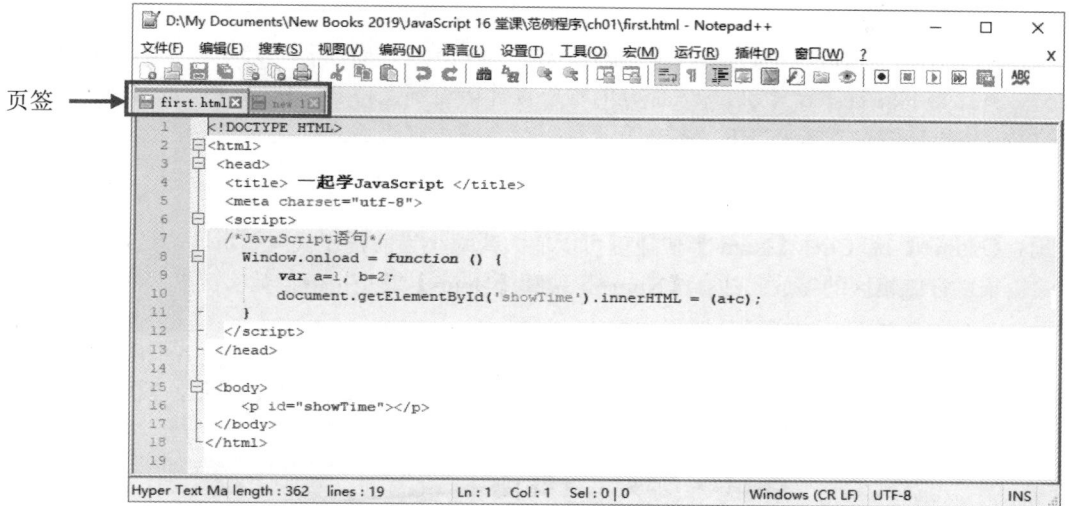

图 1-24

3. 支持多个窗口同步编辑

可以同时打开两个窗口并排排列，也可以在不同窗口打开同一个文件进行同步编辑。选择"视图"选项卡中的"移动/复制当前文档"→"复制到另一视图"，随后两个窗口会同步更新编辑的内容，如图 1-25 所示。

图 1-25

4. 支持 PCRE 查找和替换

PCRE 是一个 Perl 库，包括 Perl 兼容的正则表达式（Perl Compatible Regular Expression）。正则表达式是一套规则模式（Pattern），也被称为正规表达式、正则运算式、常规表达，常简写为 Regex、RegExp 或 RE。正则表达式有两种常见的语法：一种出自 IEEE 制定的标准（POSIX(IEEE 1003.2)）；另一种出自 Perl 程序设计语言。大部分的程序设计语言都支持 PCRE，JavaScript 的 RegExp 对象提供的 REGEX 功能也支持 PCRE。本书第 8 章将会介绍正则表达式。

5. 程序代码编辑区的放大与缩小功能

按 Ctrl+【Num+】或 Ctrl+【Num-】快捷键可以放大或缩小当前程序代码编辑区，也可以使用 Ctrl+鼠标滚轮来进行编辑区的缩放。注：【Num+】键和【Num-】键是指键盘数字键盘区的+和-键。

6. 高亮度显示括号及缩排辅助功能

当光标移至起始括号旁时，对应的结束括号会以高亮度来显示，如图 1-26 所示，反之亦然。按照程序区块提供缩排的辅助功能，如图 1-27 所示。

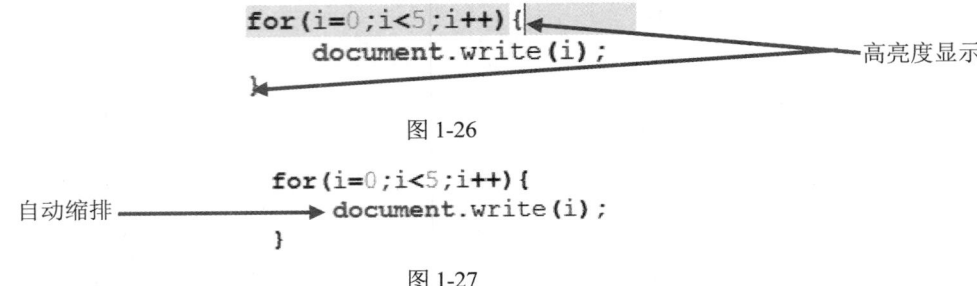

图 1-26

图 1-27

7. 宏

可以录制并存储数百个宏指令，并指定键盘快捷方式。

Notepad++可以到官网下载，网址为 https://notepad-plus-plus.org/。

进入网站的首页之后，单击 download 选项即可，如图 1-28 所示。

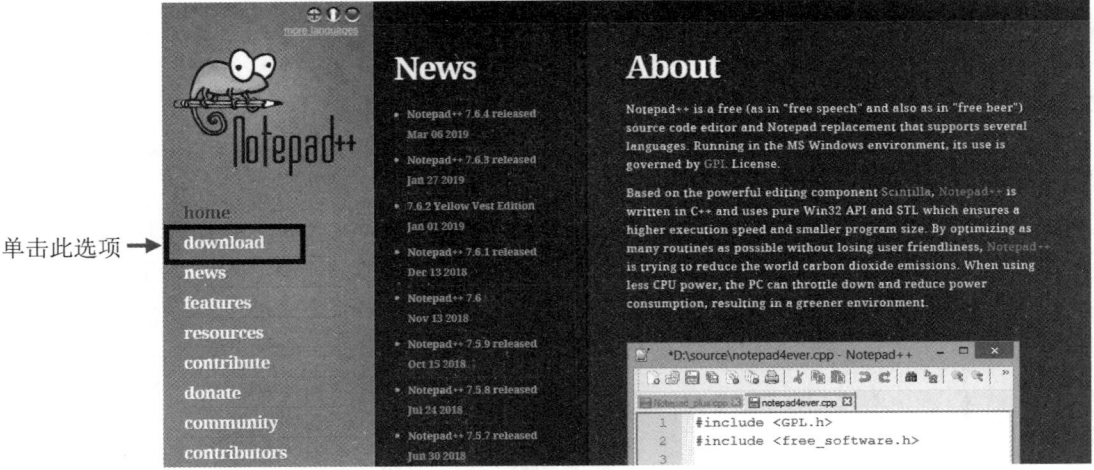

图 1-28

根据 Windows 系统 32-bit x86 或 64-bit x64 选择合适的下载项目，如图 1-29 所示。

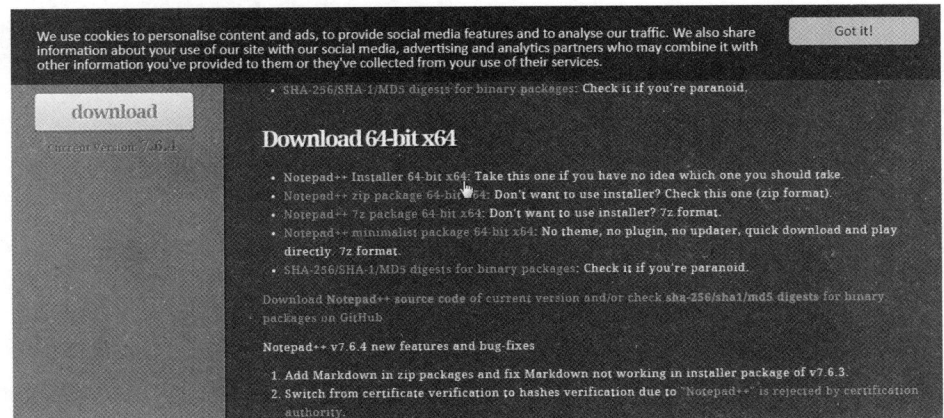

图 1-29

提　示
Notepad++ zip package 和 Notepad++ 7z package 是免安装版本，只要解压缩就可以使用。

下载并安装 Notepad++或将免安装版解压缩之后，启动 Notepad++就可以开始使用了。图 1-30 所示为第一次启动 Notepad++时显示的界面。

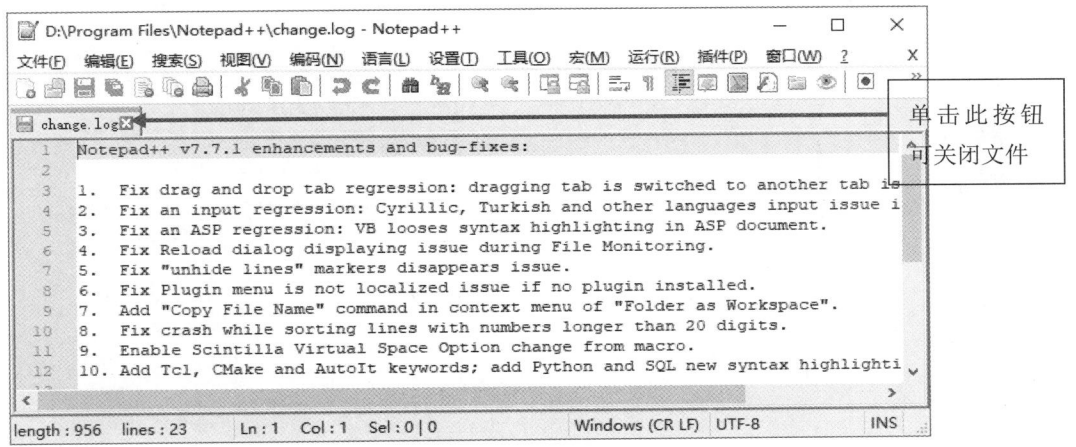

图 1-30

下面介绍 Notepad++的基本设置与使用方法。

1. 首选项

依次选择选项 "设置" → "首选项"，从 "首选项" 对话窗口可以根据个人喜好进行设置。

● "常用" 选项，可以设置 "界面语言"，在 "标签栏" 可以进行文件标签的相关设置，如图 1-31 所示。注：文件标签就是文件页签的意思，是 Notepad++软件翻译的问题。

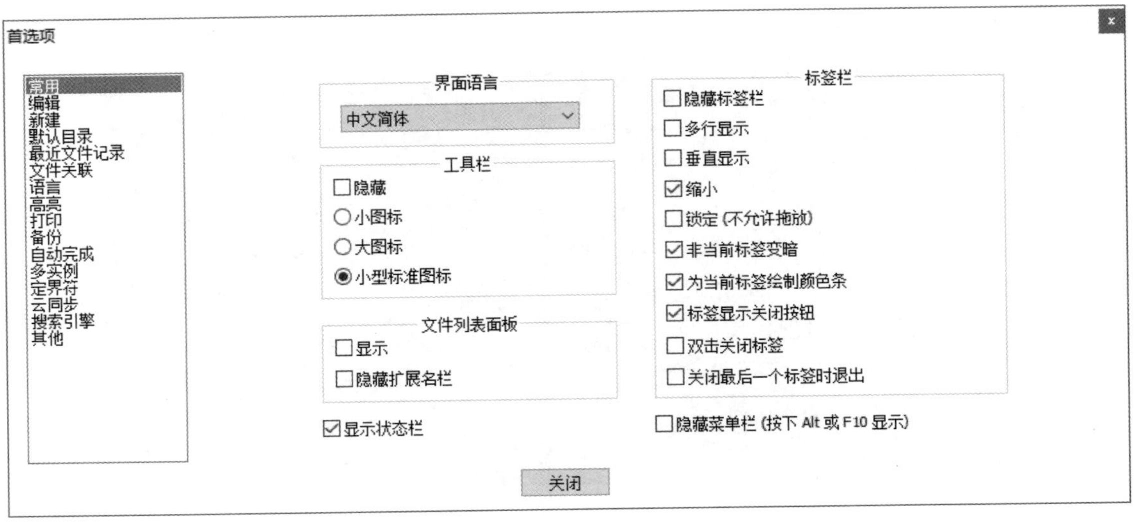

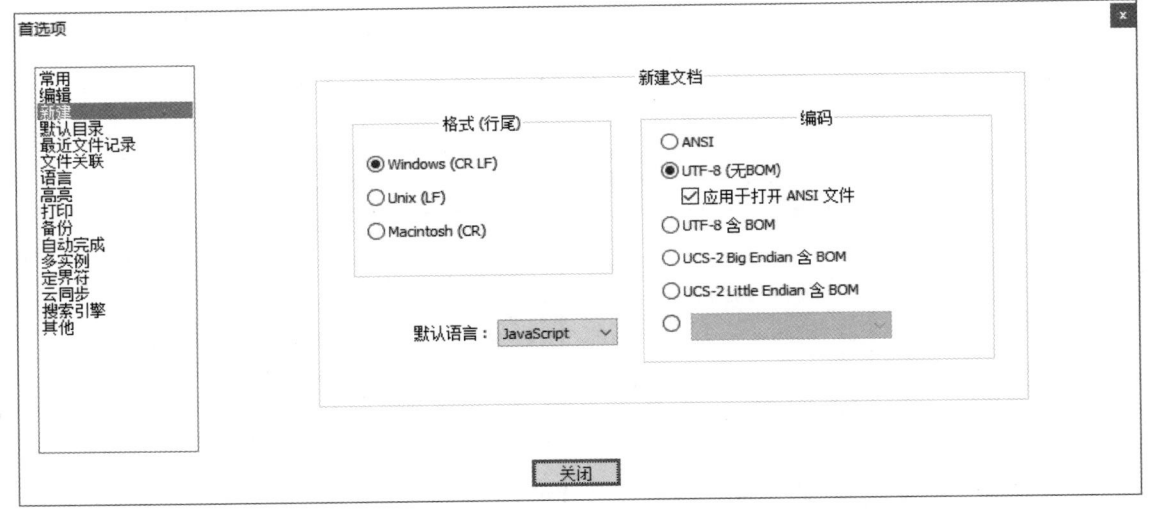

图 1-31

- "新建"选项。在"新建文档"部分把"编码"设置为 UTF-8（无 BOM），更改完毕后，将来新建文件时就会使用设置的格式，如图 1-32 所示。

图 1-32

编码格式有多种选择，基于通用的考虑，建议使用 UTF-8 编码格式。

编码格式 UTF-8（无 BOM）与 UTF-8（含 BOM）是不相同的，选择编码格式时要特别留意。BOM（Byte-Order Mark，字节顺序标记）是识别字节顺序的标记符号，如果选择 UTF-8（含 BOM）存盘，就会在文件头部自动加上 BOM，文件内容看起来没有差异，但使用十六进制（HEX）模式来查看时，就会发现文件内容最前方会有 EF BB BF 的字符。同样的文件分别以 UTF-8（无 BOM）编码格式和 UTF-8（含 BOM）编码格式存盘后，以十六进制模式查看的结果如图 1-33 和图 1-34 所示，方框标记的就是 BOM 字符。

```
00000000   3C 21 44 4F 43 54 59 50   45 20 48 54 4D 4C 3E 0D   <!DOCTYPE HTML>.
00000010   0A 3C 68 74 6D 6C 3E 0D   0A 20 3C 68 65 61 64 3E   .<html>.. <head>
00000020   0D 0A 20 20 3C 74 69 74   6C 65 3E E4 B8 80 E8 B5    ..  <title>.....
```

图 1-33

```
00000000   EF BB BF 3C 21 44 4F 43   54 59 50 45 20 48 54 4D   ...<!DOCTYPE HTM
00000010   4C 3E 0D 0A 3C 68 74 6D   6C 3E 0D 0A 20 3C 68 65   L>..<html>.. <he
00000020   61 64 3E 0D 0A 20 20 3C   74 69 74 6C 65 3E E4 B8   ad>..  <title>..
00000030   80 E8 B5 B7 E5 AD B8 4A   61 76 61 53 63 72 69 70   .......JavaScrip
```

图 1-34

一般程序代码的纯文本文件不需要加 BOM，通常只有在文件需要供其他软件使用时才会加上 BOM。举例来说，Microsoft Excel 默认会以 ASCII 编码方式打开文件，当文件需要在 Excel 中使用时，会加上 BOM 让 Excel 识别 Unicode 编码，以避免打开的文件内容变成乱码。

● "自动完成"选项（见图 1-35）。建议初学者先不要启用"自动完成"功能，刚开始学习程序设计语言，先要练习输入完整的程序语句，等到对程序语句和语法都熟悉之后，再启用"自动完成"功能。

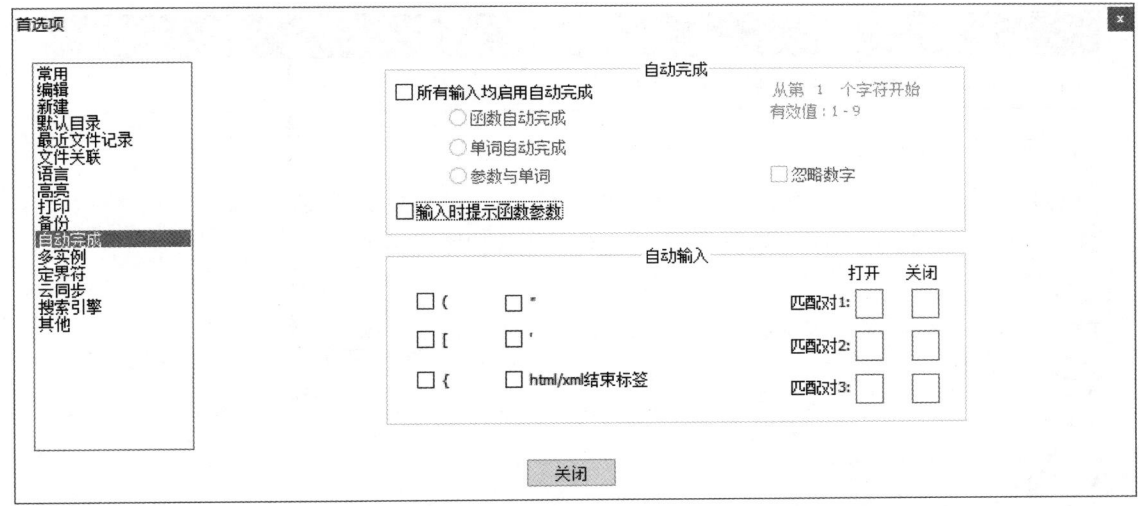

图 1-35

2. 使用浏览器预览运行结果

"运行"功能可以让编程人员在编写程序代码时随时启动浏览器来查看运行效果。只要单击"运行"菜单，再选择要启用的浏览器即可预览运行结果，如图 1-36 所示。

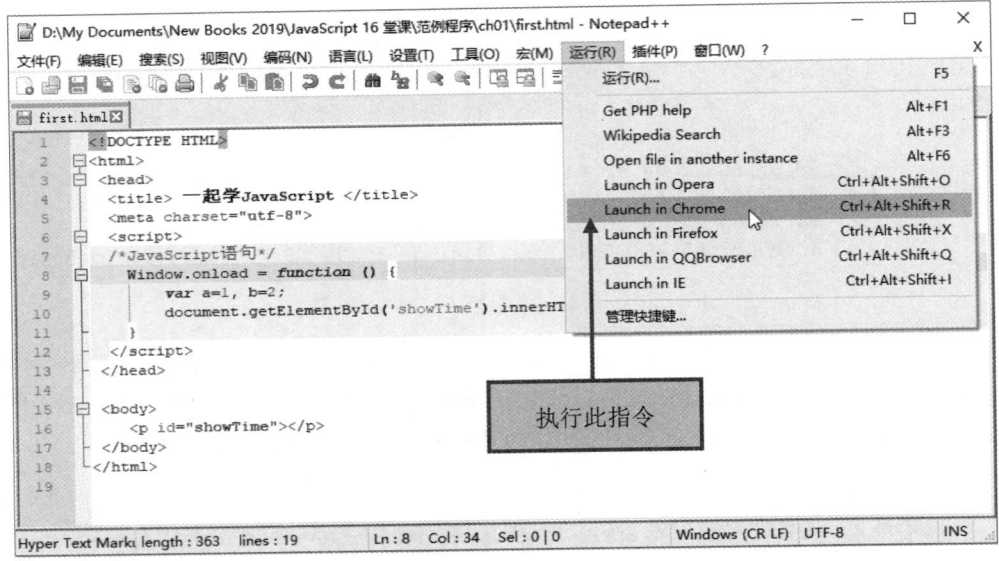

图 1-36

提　示

选择的浏览器必须是计算机里已经安装的浏览器。

3. 打开空白文件

单击工具栏的"新建"按钮或依次选择"文件"→"新建"菜单选项，都可以打开全新的空白文件，如图 1-37 所示。随后就可以在空白文件中输入程序代码了。

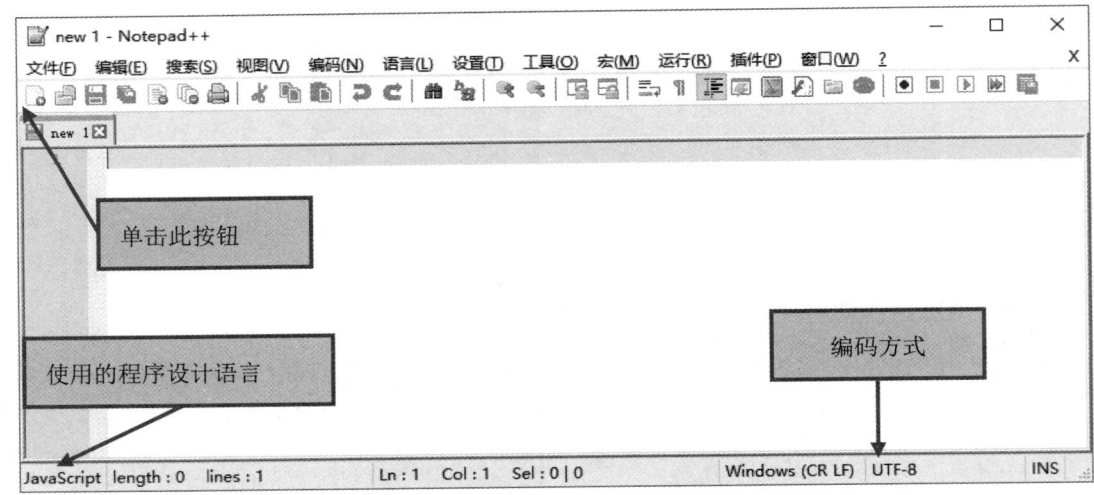

图 1-37

在编辑程序代码的过程中，可以使用 Alt+Shift+方向键、Shift+方向键或 Alt+鼠标左键来连续选择多行或多列的程序代码，如图 1-38 所示。

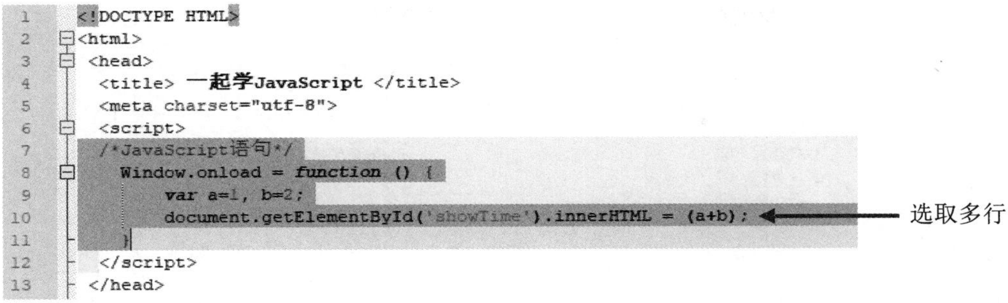

```
1   <!DOCTYPE HTML>
2   <html>
3   <head>
4     <title>一起学JavaScript </title>
5     <meta charset="utf-8">
6     <script>
7   /*JavaScript语句*/
8       Window.onload = function () {
9           var a=1, b=2;
10          document.getElementById('showTime').innerHTML = (a+b);
11      }
12    </script>
13   </head>
```

←—— 选取多行

图 1-38

4．快捷键

Notepad++提供了非常多的快捷键，熟悉这些快捷键能让编程的工作事半功倍，常用的快捷键如表 1-2 所示。

表 1-2　Notepad++中常用的快捷键

快捷键	说明
Ctrl+A	全选
Ctrl+S	保存（文件）
Ctrl+Alt+S	另存为（文件）
Ctrl+Shift+S	全部保存（把所有打开的文件都存盘）
Ctrl+L	删除光标插入点所在行
Ctrl+Q	将光标插入点所在行或选取区转换为注释
Ctrl+Shift+Q	将光标插入点所在行或选取区转换为注释，如果光标所在行没有文字，就会添加注释符号
Ctrl+B	跳至配对的括号
Ctrl+F	打开查找对话窗口
Ctrl+鼠标滚轮	放大或缩小页面

Notepad++的快捷键是可以修改的，只要依次选择菜单选项"设置"→"管理快捷键"，就能自定义快捷键，如图 1-39 所示。

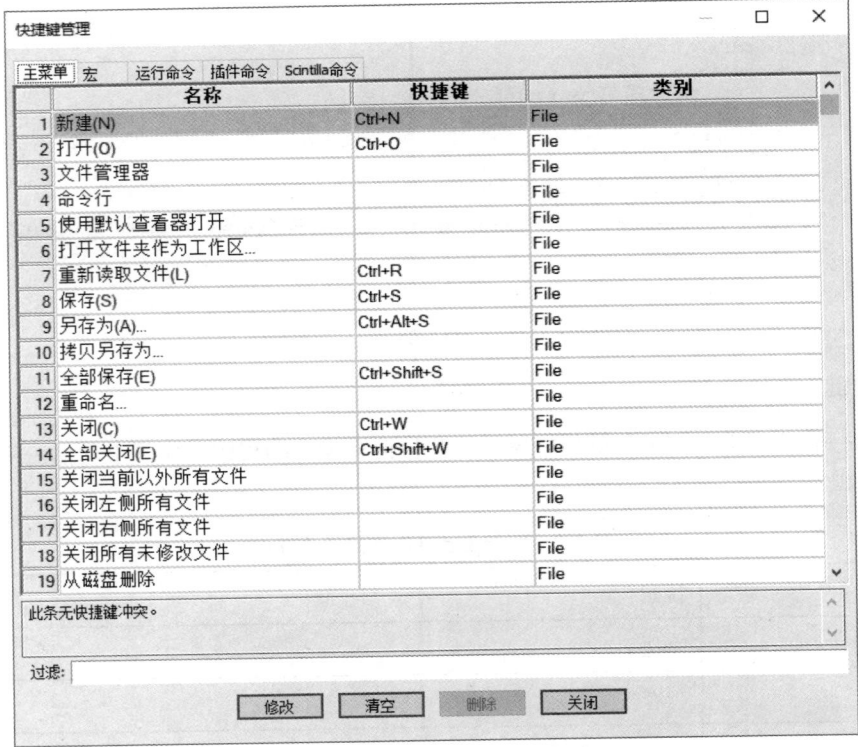

图 1-39

5. 查找和替换

查找和替换是经常使用的功能之一，可以按 Ctrl+F 快捷键来打开对话窗口，如图 1-40 所示。

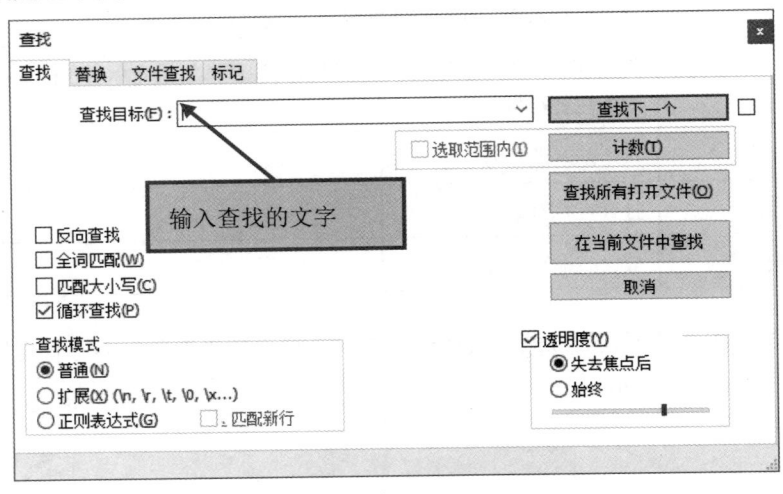

图 1-40

切换到"文件查找"面板，就可以在多个文件中查找或替换指定的文字，如图 1-41 所示。

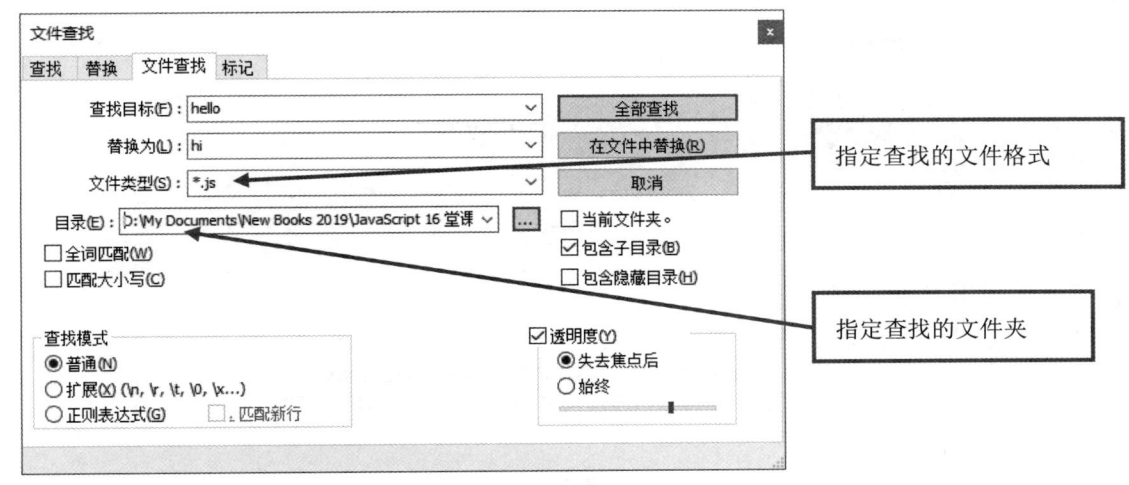

图 1-41

6. 保存文件

编写程序时要记得时常存盘，笔者习惯在打开空白文件之后就先存盘，具体过程是依次选择"文件"→"另存为"菜单选项，再选择文件要存储的位置并输入文件名，最后执行保存操作，如图 1-42 所示。在编写程序的过程中若想要存盘，则只要按 Ctrl+S 快捷键即可。

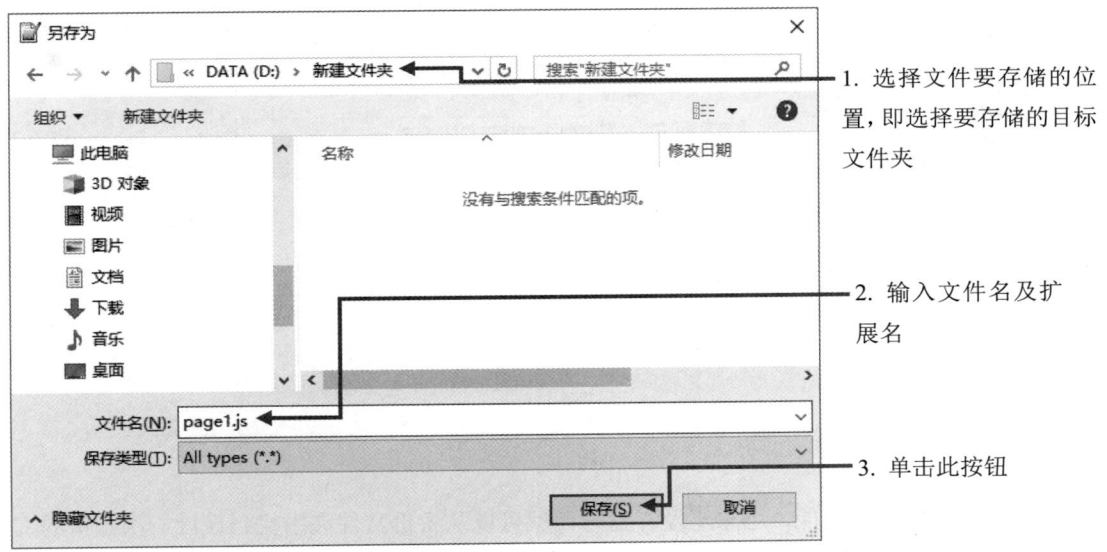

图 1-42

如果有固定的存盘位置，就可以依次选择"设置"→"首选项"菜单选项，而后在"默认目录"选项页签中设置"文件打开/保存路径"，如图 1-43 所示。

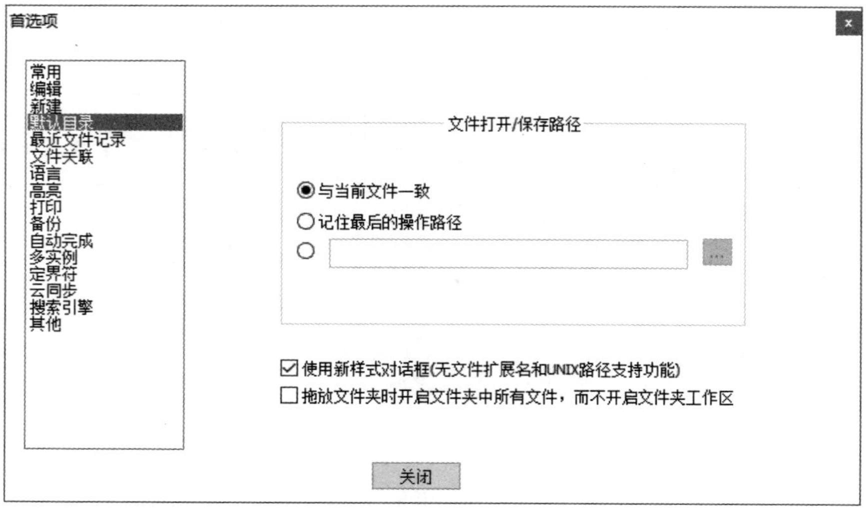

图 1-43

Notepad++默认会启用定期备份功能，可以在"首选项"的"备份"选项页签中设置启动备份的时间与文件夹，如图 1-44 所示。

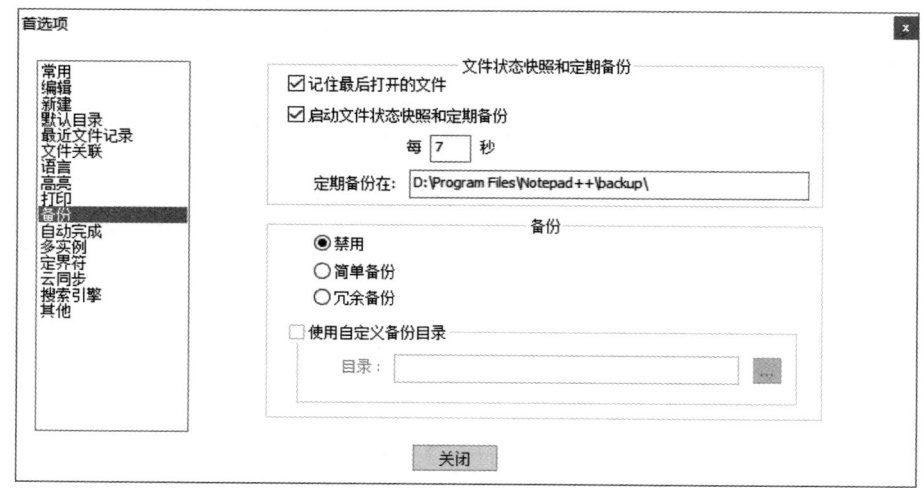

图 1-44

如果启用了定期备份功能，当来不及存盘时，就可以从备份文件夹中找到最近一次备份的文件。

1.2.4　浏览器控制台

开发者在编写前端 JavaScript 程序时最常使用的浏览器工具就是开发者控制台，各个浏览器都有自己的控制台，操作方式不尽相同，但基本功能大同小异。下面介绍 Google Chrome 浏览器的 DevTools Console。

首先启动 Chrome 浏览器并打开本书范例程序 ch01/testConsole.htm，按 F12 键，浏览器下边或右边就会显示 DevTools 的 Console 面板。

范例程序：ch01/testConsole.htm

```
<script>
    console.log("console 显示 5+7=", (5+7));
</script>
```

console.log()中的文字包含一个字符串（"console 显示 5+7="）与一个表达式（5+7），两者使用逗号分隔，Console 面板会以不同颜色加以区分，因而可以清楚地分辨出字符串与运算结果，如图 1-45 所示。

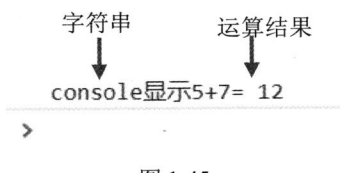

图 1-45

也可以写成 "console 显示 5+7=" + (5+7) 来输出字符串，输出的内容是相同的，如图 1-46 所示。

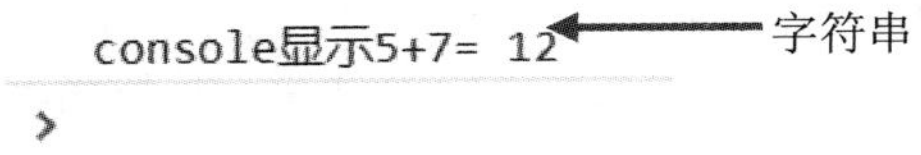

console显示5+7= 12 ← 字符串

图 1-46

console 是操作控制台对象的 API，这个 API 提供了许多方法供开发者使用，console.log()是其中的一个方法，它的功能是把一些信息输出到控制台，因此打开 textConsole.htm 文件之后，在 Console 面板就会显示如图 1-47 所示的信息。

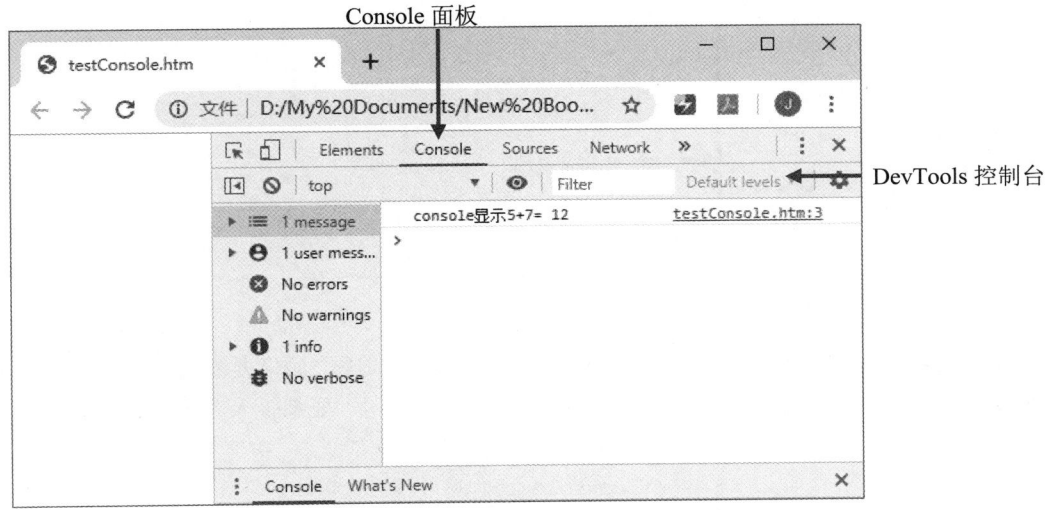

图 1-47

DevTools 控制台右上方的 ⋮ 按钮可用于选择控制台在页面显示的位置，从左到右依序是浮动、置于左方、置于下方和置于右方，如图 1-48 所示。

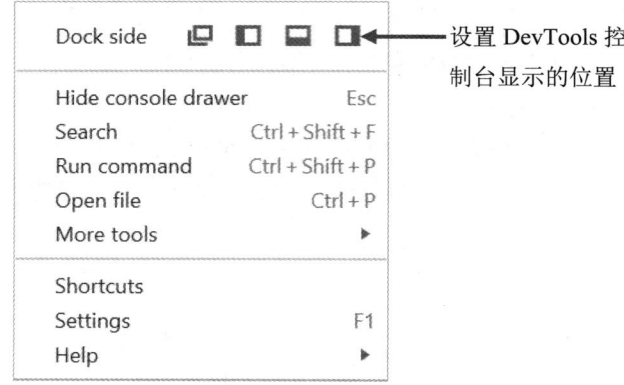

图 1-48

控制台不仅可以输出 JavaScript 的信息，也可以直接执行 JavaScript 程序代码，只要在 Console 面板上单击，就会出现光标，而后就可以在光标处输入 JavaScript 程序代码，输入完成之后，按 Enter 键就会执行刚输入的程序代码。下面试一试在光标处输入 5+7，而后按 Enter 键，马上就会显示运算的结果，如图 1-49 所示。执行无误的信息属于普通信息，单击 Console 面板左方的 info 类型，Console 面板就只显示 info 类型的信息，另外 3 种类型稍后再进行介绍。

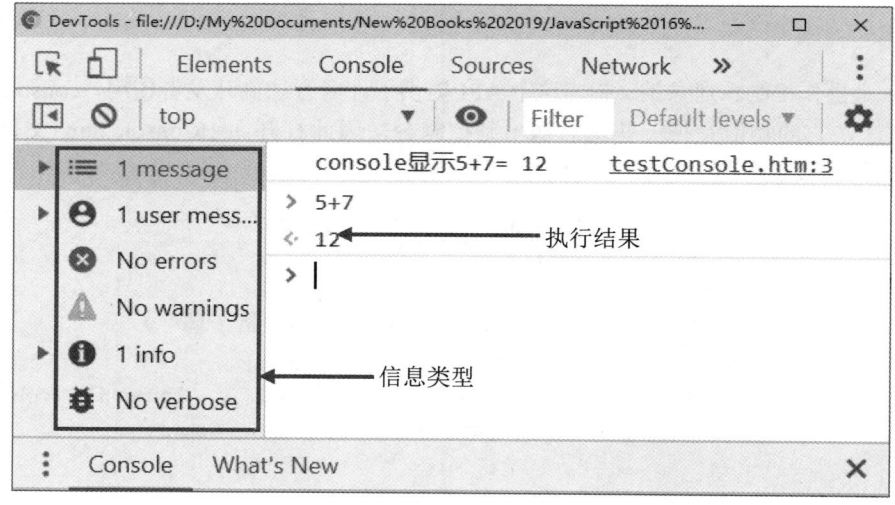

图 1-49

按 ↑ 方向键或 ↓ 方向键可以按序显示之前输入过的程序代码。如果要测试多行程序，那么可以按 Shift+Enter 快捷键换行。例如图 1-50 所示的 3 行程序语句，要都输入完成之后再执行。

```
> for(var i=0;i<10; i++){
      console.log(i)
  }
```

图 1-50

按 Enter 键执行之后，Console 面板就会输出 0~9。也可以在文本编辑器中编写好这些程序代码，再把程序代码复制并粘贴到 Console 中直接执行。

提　示
如果觉得 Console 中的文字太小，可以按 Ctrl+【+】快捷键放大字体，而按 Ctrl+【-】快捷键可以缩小字体，按 Ctrl+【0】快捷键可以恢复到原字体大小。

Console 对象可以调用的方法（Method）很多，log()是最常用的方法，其他方法的说明如下：

（1）assert()

语法如下：

```
assert(assertion,错误信息)
```

assertion 是一种逻辑判断表达式，结果只有真（True）和假（False）。如果结果是假，这个方法就输出错误信息，例如：

```
x = 5;
console.assert(x>10, "x 没有大于10");
```

因为 x 没有大于 10，所以 assert()会输出 "x 没有大于 10" 的错误信息，如图 1-51 所示。

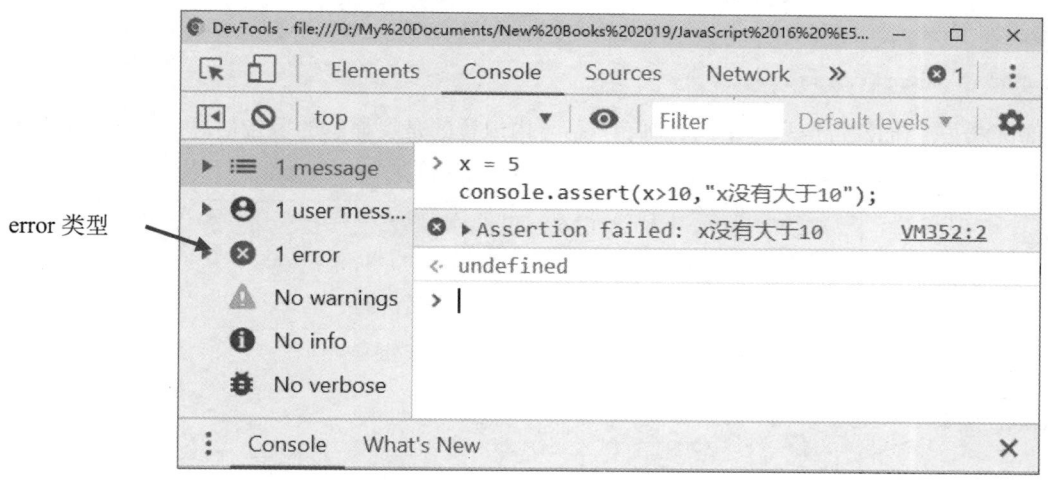

error 类型

图 1-51

（2）error()

语法如下：

```
console.error(message)
```

error()方法会把错误信息输出到控制台，括号内放置的是要显示的信息，可以是字符串或对象，例如 myObj 是一个对象（Object），调用 console.error(myObj)就会将 myObj 作为错误信息显示出来，如图 1-52 所示。

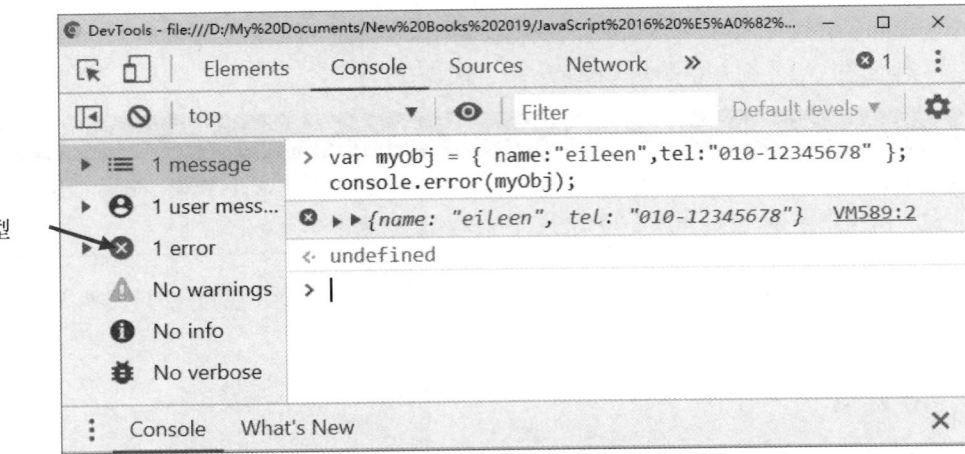

图 1-52

assert()方法与 error()方法都是主动将信息显示为错误信息，而如果编写的程序代码有错误，也会显示出错误信息，单击 Console 面板左边的 error 类型（见图 1-52），Console 面板就会只显示错误信息的部分。

（3）warn()

语法如下：

```
console.error(message)
```

warn()方法会把警告信息输出到控制台，括号内放置的是要显示的警告信息，可以是字符串或对象，警告信息的前方会显示出黄色三角的图标，如图 1-53 所示。

图 1-53

（4）clear()

语法如下：

```
console.clear();
```

用来清除控制台（Console 面板）上的信息。执行之后控制台会输出"Console was cleared"的信息。

如果想清除 Console 面板的信息，除了调用 clear()方法之外，也可以直接在 Console 面板空白处右击，再从弹出的快捷菜单中选择 Clear console 选项，如图 1-54 所示。这种方式也可以清除 Console 面板的信息。

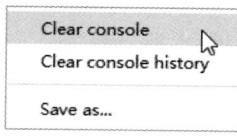

图 1-54

（5）count()

语法如下：

```
console.count(label);
```

count()方法用于显示调用次数，括号内可以放置要辨识的标签，不加标签则以 default 显示。

范例程序：ch01/count.htm

```
console.count()          //第 1 次调用
console.count("A")       //第 1 次调用
console.count("A")       //第 2 次调用
console.count("B")       //第 1 次调用
console.count()          //第 2 次调用
```

该范例程序的执行结果如图 1-55 所示。

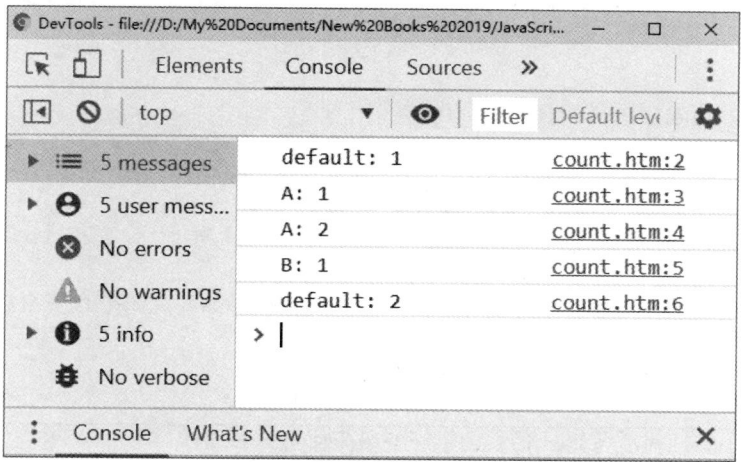

图 1-55

（6）group() 与 groupEnd()

语法如下：

```
console.group(label)    //开始分组
```

```
console.groupEnd()      //结束分组
```

group()方法用来建立分组信息的开始位置，之后的信息都会归类于这个分组，直到 groupEnd()
方法结束这个分组。

范例程序：ch01/group.htm

```
console.log("Hi");
console.group("A 分组");
console.log("Hello");
console.log("这是 A 分组中的信息");
console.groupEnd();
console.log("离开分组");
```

该范例程序的执行结果如图 1-56 所示。

图 1-56

（7）time()与 timeEnd()

语法如下：

```
console.time(label)      //开始计时
console.timeEnd(label)   //结束计时
```

time()方法用来计算程序执行的时间长度，单位是毫秒（ms），如果有多个程序需要计时，就
可以在括号内加上标签。

范例程序：ch01/time.htm

```
console.time("for Loop");      //开始计时
for (i = 0; i < 100; i++) {
    console.log("hi")
}
console.timeEnd("for Loop");   //结束计时
```

在 for 循环开始之前先加入 time()方法，for 循环会执行 100 次，之后在调用 timeEnd()方法结
束计时，该范例程序的执行结果如图 1-57 所示。

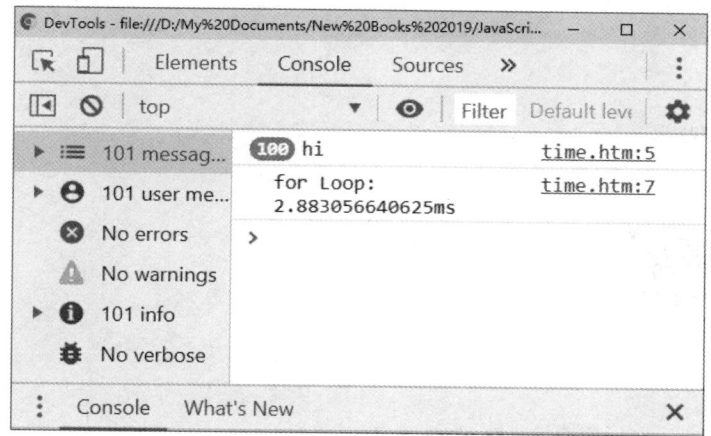

图 1-57

Console 面板的信息也可以保存起来，只要在空白处右击，在弹出的快捷菜单中选择"Save as…"选项即可，如图 1-58 所示。

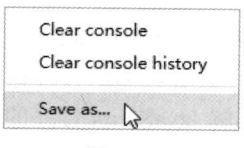

图 1-58

第**2**章

JavaScript 基础语法

不少想学习 JavaScript 程序的人常常以为 JavaScript 程序跟其他程序一样困难，不容易学习，事实上 JavaScript 是简单易学的。有程序设计经验的人轻轻松松就能上手，如果是没有程序设计经验的初学者，通过本章的学习就能够了解 JavaScript 程序的编写方式。

2.1　语法架构

本章将从基础的 JavaScript 语法开始，按序介绍 JavaScript 的基本架构、变量、运算符与流程控制结构等重要的组成元素，本书的 JavaScript 范例程序以 Google Chrome 浏览器来执行与测试，请读者准备好文本编辑器和浏览器，一起来学习 JavaScript。

1. HTML 文件加入 JavaScript

JavaScript 是一种脚本（Script）语言，在 HTML 中用<script></script>标签来使用或嵌入 JavaScript 程序，只要将编辑好的文件保存为.htm 或.html，就可以使用浏览器来查看执行结果。JavaScript 基本语法架构如下：

```
<script type="text/javascript">

    JavaScript 程序代码

</script>
```

<script>标签的 type 属性的作用是告诉浏览器当前使用的是哪一种脚本语言，目前常用的有 JavaScript 和 VBScript 两种脚本语言，由于 HTML 5 的 script 默认值就是 JavaScript，因此也可以不引用这个属性，直接用<script></script>就可以使用 JavaScript 程序。下面来看一个简单的范例程序。

范例程序：ch02/helloJS.htm

```
<script>
    document.write("JavaScript 好简单！");
</script>
```

该范例程序的执行结果如图 2-1 所示。

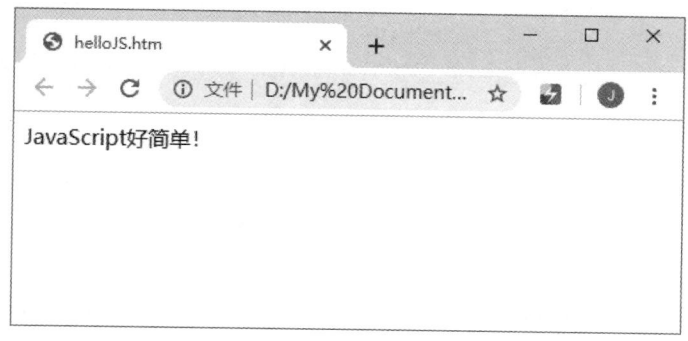

图 2-1

单击 helloJS.htm 文件就会启动浏览器，并显示出如图 2-1 所示的执行结果。

document.write 是 JavaScript 的指令，它的功能是将括号 "()" 中的内容显示在浏览器上，括号内使用单引号 "'" 或双引号 """ 将字符串包起来。document 是一个 HTML 对象，而 write 是方法（Method）。

提　示
document.write()方法会在被网页组件加载之后清空网页上的所有内容，再将括号 "()" 中的内容显示在网页上。如果只是单纯地测试显示数据或文字内容，使用 document.write()就非常方便，不过如果是正式的网页，请不要调用 document.write()来输出文字，建议使用 HTML 组件将数据或文字内容显示于网页上，例如\<div\>显示的数据或文字\</div\>。

JavaScript 程序是由一行行的程序语句（Statement）组成的，程序语句包含变量、表达式、运算符、关键字以及注释等，例如：

```
var x, y;                    //第 1 行程序语句
x = 2;                       //第 2 行程序语句
y = 3;                       //第 3 行程序语句
document.write( x + y );     //第 4 行程序语句
```

上述是 4 行程序语句。无论 JavaScript 程序语句结尾有没有分号，都可以正确执行，不过为了程序的完整与易读，以及日后方便程序的维护，建议最好还是养成在每一条程序语句结束处加上分号 "；" 的习惯。

在程序语句结尾使用分号时，可以将几条程序语句写在同一行，例如前面的程序语句可以如下表示：

```
var x, y; x = 2; y = 3; document.write( x + y );
```

不过，当遇到程序区块结构时，会使用大括号 "{}" 来划出程序区块的范围，这样可以很清

楚地定义出程序区块的起始与结束，大括号结束处就不需要再加分号了。例如下面的程序语句定义了一个名为 func 的函数（Function），函数区块结束不需要分号，但区块内是各个独立的程序语句，仍然要加上分号。

```
function func () {          ← 函数区块开始
    var x, y;
    x = 2; y = 3;
    document.write( x + y );
}                           ← 函数区块结束，不需分号
```

2. 载入外部 JavaScript 文件

如果要执行的 JavaScript 程序比较长，可以将它保存为 JavaScript 程序文件，再使用 src 属性将它加载到 HTML 文件中。连接外部的 JavaScript 文件有以下几项优点：

（1）JavaScript 程序代码可重复使用。

（2）HTML 和 JavaScript 代码分离，让程序文件更容易阅读和维护。

（3）缓存的 JavaScript 程序文件，有利于加快网页的加载（缓存功能请参考后面的小课堂）。

HTML 文件中的 JavaScript 程序文件以 .js 为扩展名。其加载语法如下：

```
<script src="文件名.js"></script>
```

下面来实际操作试试。在文本编辑器中打开新文件，输入以下程序语句：

```
var x, y;
x = 2;
y = 3;
document.write("<br> "+x+" + "+y+" = " + (x + y) );
```

输入完成之后将文件保存为 cal.js。再打开前一个范例程序 helloJS.htm，在现有程序的下一行输入以下程序代码：

```
<script src="cal.js"></script>
```

完成之后 helloJS.htm 整个程序代码如下：

```
<script>
    document.write("JavaScript 好简单！");
</script>
<script src="cal.js"></script>
```

双击 helloJS.htm 文件，在浏览器中可以看到如图 2-2 所示的执行结果。

从执行结果可以看出一个 HTML 文件可以加入多个 script 语句，JavaScript 引擎会按照程序代码的顺序执行，所以执行完第一个 script 区块中的程序代码就会接着加载 cal.js 并执行。

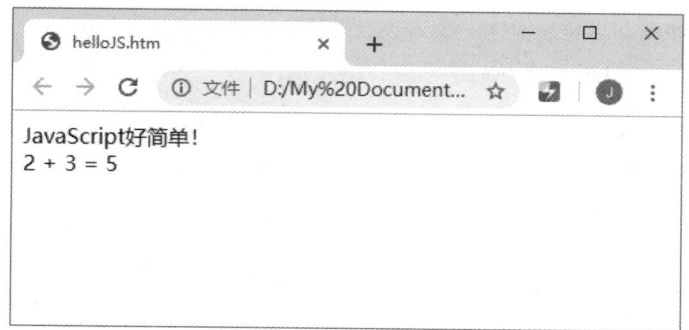

图 2-2

现在回头看看 cal.js 中第 4 行的程序代码，如下所示：

```
document.write("<br> "+x+" + "+y+" = " + (x + y) );
```


是 HTML 语法，用途是换行，x 与 y 是定义的变量，document.write 括号中将字符串相加，(x+y)会先计算 x+y，得到的结果值再与前面的字符串进行字符串的相加，于是浏览器就会呈现出 2 + 3 = 5。

小　课　堂

关于浏览器的缓存（Cache）功能

浏览器缓存是指浏览网页时，浏览器会暂存网页上的静态资源，包括外部 CSS 文件、JavaScript 文件以及图像文件等，当用户再次浏览同一个网页时，这些静态资源就不会被重新加载，优点是可以加快网页加载的速度，同时也能减少服务器的负担，缺点是当修改了这些静态资源之后，如果缓存时间尚未到期，那么浏览器只会显示暂存的旧数据，除非用户清除缓存的内容或使用 Ctrl+F5 快捷键强制重新加载。

为了避免用户浏览旧数据，建议在修改 CSS 文件、JS 文件或图像文件之后，在连接的外部文件名后方加上问号"?"以及随意字符串，例如：

```
<script src="txt.js?v001"></script>
```

如此一来，浏览器就会认为网址不同，而向服务器要求重新加载。

随意字符串可以是英文字母或数字，可以自定义版本号或日期，只要不与旧版本重复就行，例如：

txt.js?20160215

txt.js?a1

---

3. JavaScript 注释符号

"注释"只是作为程序说明，并不会在浏览器中显示出来。它是程序设计非常重要的一环，给程序代码加注释可以让程序代码更易阅读，也更易于将来的维护。

注释应该要简洁、易懂，尤其是团体协同开发时，注释内容就更为重要。通常程序设计人员会在程序区块及函数前加上注释：

- 程序区块注释包含简短的描述、编写者以及最后的修改日期。
- 函数（Function）注释包含功能、参数、返回值。

如此一来，开发团队的每个成员都可以快速了解程序及函数的功能，方便彼此沟通。
JavaScript 语法的注释分为"单行注释"和"多行注释"。

单行注释用双斜线"//"

只要使用了//符号，则从符号开始到该行结束都是注释文字。

多行注释用斜线星号"/*...注释...*/"

如果注释超过一行，只要在注释文字前后加上 /* 和 */ 即可。

提　示
注释符号中间不可以有空格。例如"/ /"和"/　*"都是不允许的。

尽管注释很重要，不过仍应避免多余的注释。打开范例程序文件夹 ch02 中的 comment.htm 文件，来看看注释的实例。

范例程序：ch02/comment.htm

```
1.  <script>
2.  /*
3.  *********************
4.  功能：计算 x+y，并完整显示出计算结果
5.  编写：大凌
6.  日期：20190330
7.  *******************
8.  */
9.  //声明 x、y 变量
10. var x, y;
11. x = 2;
12. y = 3;
13. //输出 x+y 的结果
14. document.write("<br> "+x+" + "+y+" = " + (x + y) );
15. </script>
```

该范例程序的执行结果如图 2-3 所示。

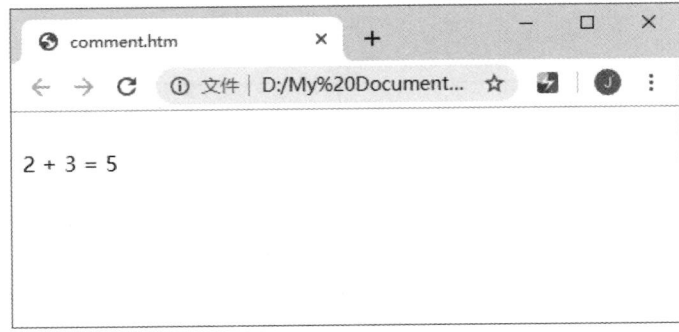

图 2-3

注释文字只在文件内看得到，执行时并不会显示出来。程序 2~8 行是多行注释；第 9 行和第 13 行是单行注释，这两个单行注释就属于多余的注释，因为程序设计人员从程序语句就能直接看出用途，所以不需要再用注释来说明一遍。

2.2　变量与数据类型

"程序"简单来说就是告诉操作系统使用哪些数据（Data）按照指令一步步来完成操作，这些数据会存储在内存中，为了方便识别，会给它们分别取一个名字，称为"变量"。为了避免浪费内存空间，每个数据会根据需求给定不同的内存大小，因此有了"数据类型"（Data Type）来加以规范。JavaScript 并不是一种很严谨的程序设计语言，属于"弱类型"的程序设计语言，因此数据类型的声明与一般程序设计语言会有差异。本节就来看看 JavaScript 的变量与数据类型。

2.2.1　数据类型

JavaScript 原生的数据类型包括字符串（String）、数值（Number）、布尔（Boolean）、未定义（Undefined）、空值（Null）、对象（Object）以及符号（Symbol）。

下面分别来认识这些原生数据类型。

1. 数值（Number）

JavaScript 唯一的数值类型可以是整数或带有小数点的浮点数，例如 123、0.01。需要特别注意的是，JavaScript 数值是采用 IEEE 754 双精确度（64 位）格式来存储的，IEEE 754 标准的浮点数并不能精确地表示小数，所以在进行小数运算时必须小心，举例来说：

```
var a = 0.1 + 0.2;
```

上式变量 a 得到的结果值并不等于 0.3，而是 0.30000000000000004。这并不是 JavaScript 独有的问题，只要使用 IEEE 754 标准来实现浮点数，在进行运算时都会有浮点数精确度的问题，这是因为计算机只认识 0 和 1，所以在把十进制数转换成二进制数进行计算时会产生精确度误差，大多数的程序设计语言都已经针对精确度问题进行了处理，而 JavaScript 则必须手动排除这个问题。当然，这对运算结果的影响微乎其微，如果想避免这样的问题，有两种方式可以尝试：

（1）将数值比例放大，变成非浮点数，运算之后再除以放大的倍数，例如：

```
var a= (0.1* 10 + 0.2 * 10) / 10;
```

（2）使用内建的 toFixed 函数强制取到小数点的指定位数，例如：

```
a.toFixed(1);
```

如此一来，得到的结果值就会是 0.3 了。

2. 字符串（String）

字符串是由 0 个或 0 个以上的字符组合而成的，用一对英文双引号（"）或单引号（'）引住字符，例如 "Happy New year"、"May"、"42"、'c'、'三年一班'. 字符串内也可以不输入任何字符，称为空字符串""。

原生数据类型不是对象，所以没有任何属性。为了方便使用，可以把原生数据类型当作对象来使用，JavaScript 引擎会自动转型成对应的对象类型，这样就可以使用对象的属性了（Null 和 Undefined 数据类型除外，它们两者没有对应的对象类型），例如：

```
var mystring = "Hello, World!";
document.write(mystring.length);
```

length 是字符串对象的属性，用来获取字符串的长度。

3. 布尔（Boolean）

布尔数据类型只有两种值：true（1，）和 false（0），对应"真"和"假"。任何值都可以被转换成布尔值。

（1）false、0、空字符串""、NaN、null 以及 Undefined 都会被当成或转换成 false。
（2）其他的值都会被当成或转换成 true。

可以用 Boolean()函数来将其他值转换成布尔值，例如：

```
Boolean(0)     //false
Boolean(123)   //true
Boolean("")    //false
Boolean(1)     //true
```

通常 JavaScript 遇到需要接收布尔值的时候，会无声无息地进行布尔值转换，很少需要用到 Boolean() 函数来进行转换。

4. 未定义（Undefined）

Undefined 是指变量没有被声明，或者声明了变量但尚未指定变量的值。下面来看一个简单的范例程序。

范例程序：ch02/undefined.htm

```
var x;
console.log(x)
```

console.log()是在浏览器的网页开发者工具（Web Developer Tool）中显示括号"()"内的数据或文字内容。只要在浏览器中打开 undefined.htm，按 F12 键就会显示出网页开发者工具并输出 console.log()的信息。例如 Google Chrome 将会出现如图 2-4 所示的 DevTools。

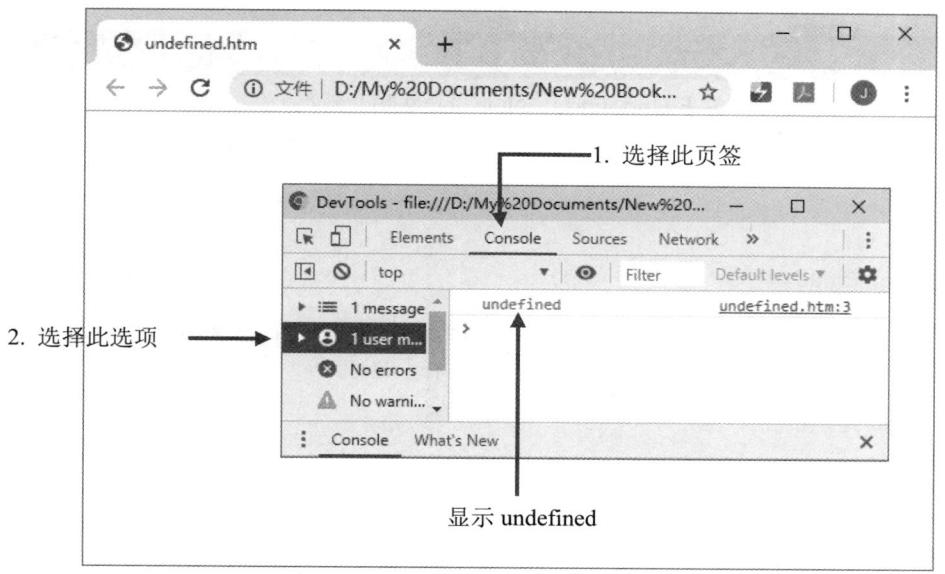

图 2-4

因为 x 尚未赋值，所以会显示 undefined。

可以使用 typeof 关键字来判断变量的类型是否为 undefined，例如想要判断变量 x 是否为 undefined，可以如下表示：

```
var x;
console.log(typeof x === "undefined")  //true
```

3 个等号（===）是严格相等的意思，用来比较左右两边是否相等。稍后 2.3 节会有相关介绍。

5. 空值（Null）

Null 表示"空值"，当想要将某个变量的值清除时，就可以把该变量赋值为 Null。

范例程序：ch02/null.htm

```
1.  var x=2;
2.  console.log(x)
3.  x = null;
4.  console.log(x)
```

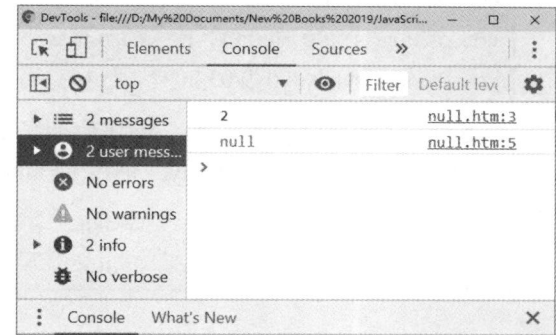

图 2-5

该范例程序的第 2 行会在 Console 控制台输出 2，第 4 行则会输出 null，如图 2-5 所示。

可以使用下面的方式来判断变量是否为 null。

```
var x=2;
console.log(x === null)  //false
```

小 课 堂

关于 Undefined、Null、NaN 和 Infinity

Null 与 Undefined 是很奇妙的两个原生数据类型，使用 typeof 来查询它们的数据类型，会得到如下结果：

```
typeof(null);        // 得到 object
typeof(undefined);   // 得到 undefined
```

当使用等于运算符（==）来比较 null 和 undefined 时，会返回 true，系统认为这两者是相同的，使用严格等于运算符（===）来比较时，则会得到 false。

```
document.write(undefined == null);    // 得到 true
document.write(undefined === null);   // 得到 false
```

必须说明一下，null 不是 object（对象），ECMAScript 曾想修复这个程序错误（Bug），但考虑到要保持程序的兼容性，因此 typeof(null) 仍会返回 object。

JavaScript 还有两个常会搞混的特殊返回值 NaN 和 Infinity。

NaN 表示无效的数字，返回 NaN 通常是碰到以下两种情况：

（1）进行运算的操作数的数据类型无法转换为数值，例如：

```
var x="a"; y = Number(x); console.log(y);
```

Number() 是将对象转换为数值的函数，由于 x 是字符串，无法转换为数字，因此输出 y 时就会显示 NaN。

（2）无意义的运算，例如 0/0。

可以调用 isNaN() 函数来检查是否为 NaN，例如：

```
console.log(-0.2/0)                    // false
console.log(isNaN(-1) )                // false
console.log(isNaN('Hello')  )          // true
console.log(isNaN('2019/03/30'))       // true
```

Infinity 表示数学的无限大，非 0 的数字除以 0，结果都是 Infinity。例如，1/0 会返回 Infinity，-1/0 会返回 -Infinity。调用 isFinite 函数可以检查是否为有限数值，例如：

```
console.log(isFinite(2/0))       // false
console.log(isFinite(2/2))       // true
```

6. 对象（Object）

除了上述几种之外，其他都可以归类到对象类型（Object），像是 Function（函数）、Object（对象）、Array（数组）、Date（日期）等，例如 { age: '17' }（对象）、[1, 2, 3]（数组）、function a() { ... }（函数）、new Date()（日期）。

7. 符号（Symbol）

Symbol 是 ES6（ECMAScript 6）新定义的原生数据类型，Symbol 类型的值通过 Symbol()函数来产生，Symbol()函数有一个 description 属性，用来定义 Symbol 的名称，返回的值是唯一的识别值，例如：

```
var x = Symbol('s');
var y = Symbol('s');
document.write(x===y)   //显示 false
```

由于 Symbol()每次返回的识别值都是唯一的，因此 x 与 y 比较是否相等就会返回 false（假）。

2.2.2　变量声明与作用域

JavaScript 会在变量声明与使用时动态分配内存，并具有内存回收的机制（Garbage Collection，简称 GC，也称为垃圾回收机制）。JavaScript 的 GC 机制并没有办法由程序去控制内存的回收，而是系统经过一段时间自动寻找不需要使用的对象，将对象占用的内存释放掉，即归还给系统。就变量而言，当变量超出了它的作用域（Scope of Variables），也就是不需要再使用了，这时候 GC 机制就会将它占用的内存释放掉。

变量按照作用域可分为全局变量（Global Variable）和局部变量（Local Variable）。

所谓局部变量，就是变量只能"存活"在一个固定的区域范围内，也就是前文介绍的作用域，例如一个函数中声明的变量只能够在这个函数内使用，当函数执行完成并返回之后，这类变量就会失效；而全局变量"存活"于整个程序，程序的任何地方都可以使用这个变量，直到整个程序执行结束。

初学者常犯的错误之一就是喜欢将所有变量都声明为全局变量，随时随地都可以使用，且不用考虑变量作为参数传送的问题，觉得这样做相当方便。当程序代码少的时候没什么影响，一旦遇到程序代码量很大时，这种方式稍微不慎就可能无意中改变某全局变量的值，从而造成程序执行结果不正确，不仅调试困难，也白白消耗内存。

下面介绍如何声明变量。

JavaScript 会在声明变量时完成内存分配，例如：

```
var a = 123;       // 分配内存给数值
var s = 'hello';  // 分配内存给字符串
var obj = { a: 1, b: 'hi' };     // 分配内存给对象
var arr = [1, 'hi'];  // 分配内存给数组
var d = new Date();    // 分配内存给日期对象
var x = document.createElement('div');    // 分配内存给 DOM 对象
```

可以使用 var 与 let 关键字来声明变量，用 const 关键字来声明常数。let 与 const 关键字从 ES6 开始才正式加入 JavaScript 语言规范中。let 和 var 最大的差别在于变量的作用域。下面分别来看看如何声明变量并了解它们的作用域。

1. 使用 var 关键字声明变量

使用变量包含两个操作，"声明"和"初始化"。所谓"初始化"，就是给变量一个初始值。

可以先声明变量之后再给变量赋初始值，也可以声明和初始化一同完成。

- 声明变量

```
var name;
```

- 声明多个变量

```
var name,score;
```

上述方式只是声明变量，这时变量并没有初始值，同一行可以声明多个变量，只要用逗号（,）分隔开变量即可。

- 声明变量并初始化

声明变量的同时赋初始值：

```
var name="Eileen",score=25,flag="true";
```

声明变量时并不需要加上类型，JavaScript 会根据需求自动转换变量类型，例如：

```
var thisValue;
thisValue = 123;        //变量 thisValue 的内容为数值 123
thisValue = "Hello";  //变量 thisValue 的内容为字符串 Hello
```

下面几种数值与字符串转换的情况需要读者特别留意：

（1）JavaScript 允许字符串相加，当字符串内容为数值时，使用加号（+）相连接，运算结果仍为字符串。

（2）当字符串内容为数值时，使用减号（-）、乘号（*）、除号（/）相连接，运算结果为数值。

（3）Null 乘以任何数的结果皆为零。

参考下面的范例程序：

范例程序：ch02/var.htm

```
1.  <script>
2.  var x="5",y="3",z="1",w=null;
3.  a=x+y+z;      //字符串内容为数值时，相加后结果仍是字符串
4.  b=x-y-z;      //字符串内容为数值时，相减后结果则为数值
5.  c=w*55;      //变量值为 null 时，乘以任何数的结果皆为 0
6.  console.log("x+y+z=", a);
7.  console.log("x-y-z=", b);
8.  console.log("w*55=", c);
9.  </script>
```

该范例程序的执行结果如图 2-6 所示。

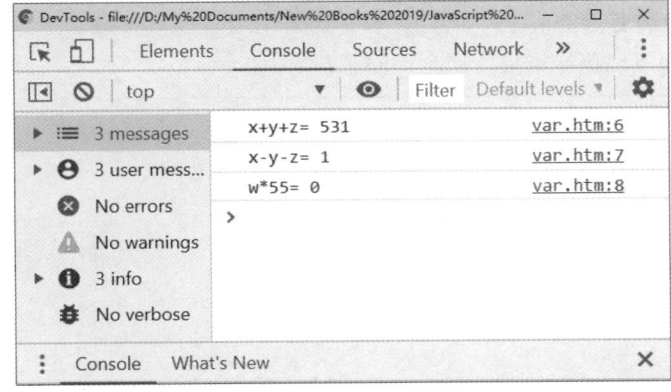

图 2-6

2. var 声明变量的作用域

var 关键字用于声明变量，这些变量按作用域（Scope）可区分为全局变量和局部变量。

（1）全局变量
不在函数内的变量都属于全局作用域的变量，在此程序文件内都可以引用这类变量。

（2）局部变量
如果变量在函数内声明，那么只有在这个函数区域内方可引用这类变量。
通过下面的范例程序就可以理解 var 变量的声明及变量的作用域。

范例程序：ch02/scope.htm

```
1.  <script>
2.  var x=2;
3.  function cal(){          //定义 cal 函数
4.   var x=5, y=1;
5.   console.log(x+y);       //输出结果为 6
6.  }
7.  cal();                   //调用 cal 函数
8.  console.log(x);          //输出结果为 2
9.  </script>
```

该范例程序的执行结果如图 2-7 所示。

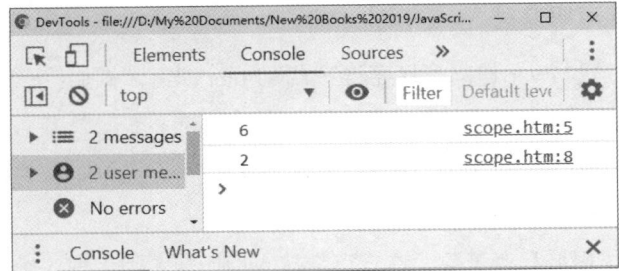

图 2-7

声明在 cal 函数中的变量 x 是局部变量，它的作用域只在函数里面，不会影响全局变量，因此第 8 行的 x 仍然是全局变量的值。

如果程序修改如下，执行结果就完全不同了：

```
1.   <script>
2.   var x=2;
3.   function cal(){          //定义 cal 函数
4.    x=5, y=1;               //x 是全局变量
5.    console.log(x+y);       //输出结果为 6
6.   }
7.   cal();                   //调用 cal 函数
8.   console.log(x);          //输出结果为 5
9.   </script>
```

程序第 4 行没有用 var 来声明变量，此时的变量是全局变量 x，因此当函数内的 x 变更为 5 时，等于改变了全局变量 x 的值，第 8 行的 x 值也会跟着变更。

变量使用前必须先声明，否则会出现 ReferenceError 错误，例如：

```
var x=y+1;   //ReferenceError: y is not defined
```

上一行语句中的变量 y 尚未声明，因此显示出"ReferenceError: y is not defined"的错误信息。

然而，变量可以不声明而直接赋初始值，这种省略声明的变量都会被视为全局变量，例如下面语句中的变量 y：

```
y=2;
var x=y+1;   //x 的值为 3
```

JavaScript 的声明具有 Hoisting（提升）的特性，这是因为一段程序代码在开始执行之前会先建立一个执行环境，这时变量、函数等对象会被创建，直到运行时才会被赋值。这就是使用变量的程序代码即使放在变量声明之前，程序代码仍然可以正常运行的原因。由于创建阶段尚未有值，因此变量会自动以 undefined 初始化，例如：

```
console.log(x);   // undefined
var x;
```

上面这段程序执行时并不会出现错误，只是控制台会显示返回的是 undefined。

Hoisting 是编写 JavaScript 程序很容易忽视的特性，如果开发时没有注意，程序执行结果就有可能出错。为了避免错误，在使用变量之前，最好还是进行声明并指定初始值比较妥当。

3. 使用 let 关键字声明变量

let 关键字的声明方式与 var 相同，只要将 var 换为 let 即可，例如：

```
let x;
let x=5, y=1;
```

4. let 声明的作用域

var 关键字认定的作用域只有函数，这一点常被人们诟病，因为程序中的区块不只有函数，程序的区块是以一对大括号"{}"来界定的，如 if、else、for、while 等控制结构或纯粹定义范围的纯区块"{}"等都是程序区块。

在 ES6 标准中，新的 let 声明语句带入了区块作用域的概念，在区块内属于局部变量，区块以外的变量就属于全局变量。下面来看一个实例。

范例程序：ch02/let.htm

```
1.   <script>
2.   var a=5,b=0;
3.   let x=2,y=0;
4.   {
5.    var c = a + b;
6.    let z = x + y;
7.   }
8.   console.log("c=", c);       //5
9.   console.log("z=", z);       //error
10. </script>
```

该范例程序的执行结果如图 2-8 所示。

图 2-8

变量 z 是在区块内以 let 关键字声明的，因此变量 z 只存在于区块内，当第 9 行使用变量 z 时就会出现 z 未定义的错误信息。单击 Console 窗口中的 1 error，就会清楚错误原因，如图 2-9 所示。

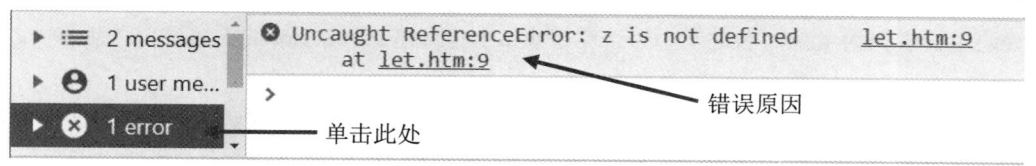

图 2-9

let 指令是比较严谨的声明方式，同一区块不可以重复声明同名变量，而且变量尚未初始化之前不会以 undefined 初始化，因此从变量声明到初始化之前，变量将无法操作，这一段时间俗称"暂时死区"（Temporal Dead Zone，TDZ）。如果在变量尚未初始化之前试图去操作它，就会出现错误，例如：

```
console.log(x);   // ReferenceError: x is not defined
let x;
```

5. 使用 const 关键字声明常数

const 与 let 关键字一样都是 ES 6 新加入的声明方式，它也具有区块作用域的概念。const 用来声明常数（Constant），即不变的常量，因此常数不能重复声明，而且必须指定初始值，之后就不能再变更它的值。参考下面的范例程序。

范例程序：ch02/const.htm

```
<script>
const x = 10;
x = 15;              //常数不能再赋值
console.log(x);
</script>
```

该范例程序的执行结果会出现给常数赋值的错误，如图 2-10 所示。

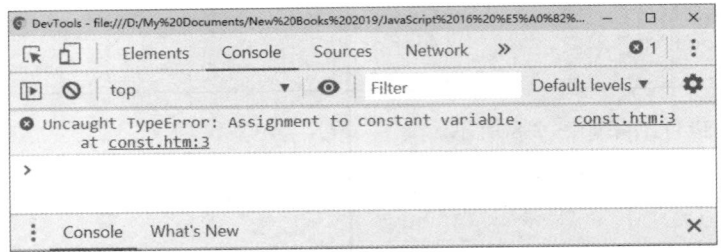

图 2-10

6．变量名称的限制

JavaScript 语言的语法虽然较松散，但是变量名称还是必须遵守一些规则的。

（1）第一个字符必须是字母（大小写皆可）或下画线（_），之后的字符可以是数字、字母或下画线。

（2）区分英文字母大小写，例如 var ABC 并不等于 var abc。

（3）变量名称不能用 JavaScript 的保留字，保留字是指程序设计语言已定义好的单词库，其中每一个单词或标识符都有特别的含义，所以程序设计人员不可以再赋予它们不同的用途。

为避免读者在为变量命名时不小心误用，表 2-1 将列出 JavaScript 的保留字供读者参考。

表 2-1　JavaScript 的保留字

保留字	保留字	保留字	保留字	保留字
abstract	boolean	break	byte	case
catch	char	class	const	continue
default	do	double	else	extends
false	final	finally	float	for
function	goto	if	implements	import
in	instanceof	int	interface	long
native	new	null	package	private
protected	public	return	short	static
super	switch	synchronized	this	throw
throws	transient	true	try	var
void	while	with		

2.2.3　强制转换类型

　　JavaScript 具有自动转换数据类型的特性,这让程序设计人员在编写程序时更灵活且具有弹性。不过，有时也会造成困扰，例如：

```
let x = 3, y = '5';
let z = x + y;
console.log(x+y);
console.log(typeof z);   //string
```

　　从上面的程序语句可知变量 y 是字符串，所以按照前面所学的，读者应该判断得出来变量 z 的答案,答案就是字符串 35。可以用 typeof 指令来查看变量 z 的类型,会得到变量 z 的类型是 string，如图 2-11 所示。

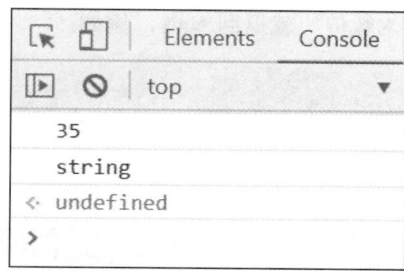

图 2-11

　　下面来模拟一种情况，假设下列语句是计费的程序，x 与 y 都是函数的参数：

```
function billing(x, y){
    let z = x + y;
}
```

　　假设函数参数传入时没有注意类型，如此输入：

```
billing(3, '5')
```

　　读者可以想象计算出来的费用会有多离谱！

　　因此，编写程序的时候要防范强制转换类型可能带来的错误。以上面的程序来说，在计算之前可以先检查传入的参数是否为数值，例如：

```
function billing(x, y){
    if(typeof(x)==="number" && typeof(y)==="number"){   //if 条件判断表达式
        let z = x + y;
    }
}
```

　　检查变量 x 与 y 的值都是 number 类型时再进行运算。

　　除此之外，也可以调用一些 JavaScript 内建的函数来转换数据类型，以确保数据类型符合实际的应用需求。下面就来介绍一些常用的转换类型的内建函数。

（1）parseInt()：将字符串转换为整数

从字符串最左边开始转换，一直转换到字符串结束或遇到非数字字符为止。如果该字符串无法转换为数值，就返回 NaN，例如：

```
a = parseInt("35");        // a = 35
b = parseInt("55.87");     // b = 55
c = parseInt("3 天");      // c = 3
d = parseInt("page 2");    // d = NaN
```

（2）parseFloat()：将字符串转换为浮点数

用法与 parseInt() 相同，例如：

```
a = parseFloat("35.345");  // a = 35.345
b = parseFloat("55.87");   // b = 55.87
```

（3）Number()：将对象或字符串转换为数值

如果对象或字符串无法转换为数值，就返回 NaN，例如：

```
a = Number("10a")          // a=NaN
b = Number("11.5")         // b=11.5
c = Number("0x11")         // c = 17
d = Number("true")         // d = 1
e = Number(new Date())     // e = 1553671784021(返回从 1970/1/1 到今天累计的毫秒数)
```

提 示

Date 对象是以世界标准时间（UTC）1970 年 1 月 1 日开始的毫秒数值来存储时间的，因此当使用 Number() 将 Date 对象转换为数值时，就会得到 1970 年 1 月 1 日到程序执行当下的累计毫秒数。

（4）typeof：返回数据类型

typeof 是类型运算符，它能够返回数据的类型，以下两种方式都可以使用：

- typeof 数据
- typeof（数据）

例如：

```
typeof("Eileen");   // 返回 "string"
typeof 123;         // 返回 "number"
typeof null;        // 返回"object"
```

typeof 带入任何数据都会返回字符串，如果是尚未声明的变量，就会返回"undefined"，例如：

```
console.log(typeof x);   //返回字符串"undefined"
console.log(x);          //返回 undefined
var x;
```

仔细比较一下使用 typeof 指令读取 x 与单独读取变量 x 返回值的差异，因 JavaScript 的提升（Hoisting）特性，会返回 undefined。typeof 指令返回的数据都是字符串，因此 Console 显示的是字符串，如图 2-12 所示。

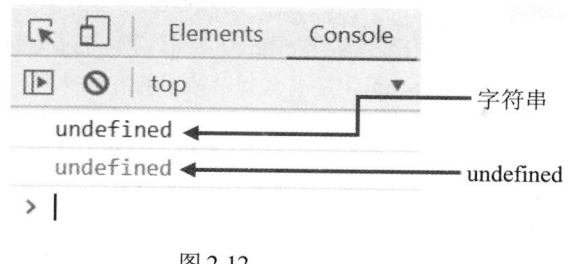

字符串

undefined

图 2-12

2.3　表达式与运算符

函数（Function）、语句（Statement）、表达式（Expression）是 JavaScript 语言很重要的成员。一个表达式是由操作数（Operand）和运算符（Operator）组成的，所以操作数与运算符是学习 JavaScript 的基础之一。

1．表达式

运算符和操作数的组合称为表达式。例如 1+2=3，其中的"+"是运算符，1 和 2 是操作数。JavaScript 表达式可分为 4 种：赋值表达式、算术表达式、布尔表达式和字符串表达式。

（1）赋值表达式

使用赋值运算符（=、+=、-=、*=、/=、%=等）将表达式右边的值赋值给左边的变量，例如：

```
a=3;
```

上式会将等号右边的 3 赋值给变量 a。

（2）算术表达式

由常数、变量、函数、括号、运算符（*、/、\、+、-等）所组成的式子，例如：

```
a+b;
a++;          //a 增加 1
(a+b)%10;     //%为求余数
a-8*b/c;
```

（3）字符串表达式

两个以上的字符串使用"+"号可以组合成一个新的字符串（串联运算），例如：

```
"Hello!!" +"world "      //输出结果为"Hello!!world "
```

如果表达式中同时含有数值和字符串，数值就会自动转换为字符串。

```
let  a="我今年",b=18,c="岁";
d=a+b+c;          //输出结果为：d=我今年 18 岁
```

补 给 站

JavaScript 允许使用转义（Escape）字符（\），加入具有特殊用途的符号，如表 2-2 所示。

表 2-2　JavaScript 的转义字符

Escape 特殊字符串	说明
\b	退格（相当于按 Backspace 键）
\f	换页
\n	换行
\r	光标返回行首
\t	水平制表符（相当于按 Tab 键）
\'	单引号（'）符号
\"	双引号（"）符号
\\	反斜杠（\）符号

（4）布尔表达式

布尔表达式（Bool Expression）通常搭配逻辑运算符来使用：

```
expression1 && expression2
```

逻辑运算符"&&"表示"与"（且），当 expression1 和 expression2 都成立时结果才为 true，否则结果为 false，例如：

```
x = 10;
y = 30;
(x > 25)&&(y>10)   //输出结果为 false
```

认识了表达式之后，接下来介绍 JavaScript 程序中常使用的各种运算符。

2．赋值运算符

赋值运算符的用途是将赋值运算符右方的值设置给左方的变量，常用的赋值运算符是等号（=）。特别注意，JavaScript 中的赋值运算符（=，等号）并不是数学上的"等于"的意思，而是"赋值"的意思。在 JavaScript 中，数学上的"等于"用两个等号（==）来表示。表 2-3 所示为 JavaScript 中常用的赋值运算符。

表 2-3　JavaScript 中常用的赋值运算符

赋值运算符	范例	说明
=	a=b	将 b 的值赋值给 a
+=	a+=b	a = a+b
-=	a-=b	a = a-b
*=	a*=b	a = a*b
/=	a/=b	a = a/b
%=	a%=b	a = a%b（%为求余数）

范例程序：ch02/assignment_operator.htm

```
<meta charset="UTF-8" />
<script>
let a = 30;
let b = 60;
console.log("a=",a,",b=",b);
a += b;                         //a=a+b
console.log("a+=b, a=",a);
a-=b;                           //a=a-b
console.log("a-=b, a=",a);
a*=b;                           //a=a*b
console.log("a*=b, a=",a);
a/=b;                           //a=a/b
console.log("a/=b, a=",a);
a%=b;                           //a=a%b（a 除以 b 得到的余数赋值给 a）
console.log("a%=b, a=",a);
a=b;                            //将 b 值赋值给 a
console.log("a=b, a=",a);
</script>
```

该范例程序的执行结果如图 2-13 所示。

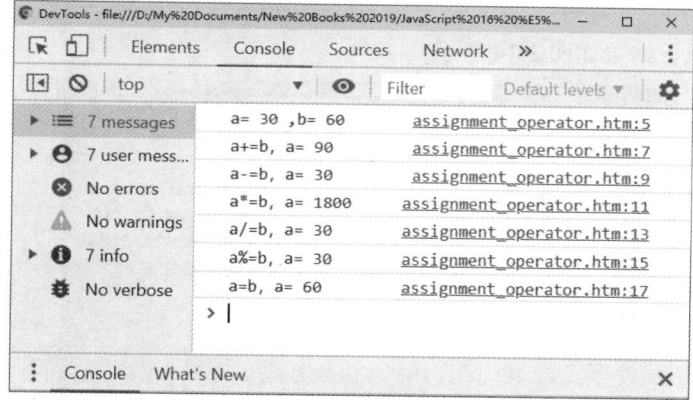

图 2-13

3．算术运算符

算术运算符就是一些基本的四则运算，包括加、减、乘、除以及求余数等。为了让表达式更精简，运算常用到增量运算，例如 a=a+1 可以用 a++来表示。表 2-4 所示为常用的算术运算符。

表 2-4　JavaScript 中常用的算术运算符

算术运算符	范例	说明
+	a=b+c	加
-	a=b-c	减
*	a=b*c	乘
/	a=b/c	除
%	a=b%c	求余数

（续表）

算术运算符	范例	说明
++	a++	相当于 a=a+1
--	a--	相当于 a=a-1
-	-a	负数

范例程序：ch02/arithmetic_operator.htm

```
<meta charset="UTF-8" />
<script>
//算术运算符
let a = 5;
let b = 2;
let c = a + b;
console.log("a=",a,",b=", b);
console.log("a+b=", c);
a++;                //相当于 a=a+1;
console.log("a++, a=",a);
x = 10 % 3;         //求余数
console.log("10 除以 3,余数为 ",x);
</script>
```

该范例程序的执行结果如图 2-14 所示。

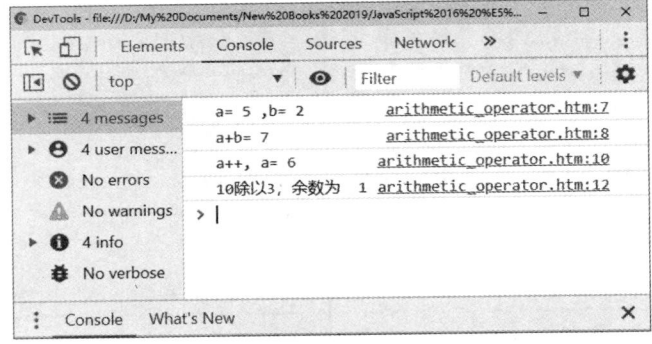

图 2-14

算术运算符"++"和"--"的作用分别是增量和减量，例如 arithmetic_operator.htm 范例程序中的 a=5，所以执行 a++之后，a 等于 6。"++"运算符也可以放在变量前面，例如++a。增量或减量运算符放置在变量前后的位置会影响变量是在参与其他计算之前还是之后进行增量或减量运算，可参考表 2-5 的说明。

表 2-5　增量和减量运算符在变量前后不同位置时的计算顺序

算术运算符	说明
++a	运算前增量，即参与其他运算前先执行增量运算
a++	运算后增量，即参与其他运算后再执行增量运算
--a	运算前减量，即参与其他运算前先执行减量运算
a--	运算后减量，即参与其他运算后再执行减量运算

参考下面的范例程序，以比较表 2-5 中的不同计算顺序带来的影响。

范例程序：ch02/assignment_operator1.htm

```
<script>
let a,z;
a=5,z=a++;
console.log(z);
a=5,z=++a;
console.log(z);
a=5,z=a--;
console.log(z);
a=5,z=--a;
console.log(z);
</script>
```

该范例程序的执行结果如图 2-15 所示。

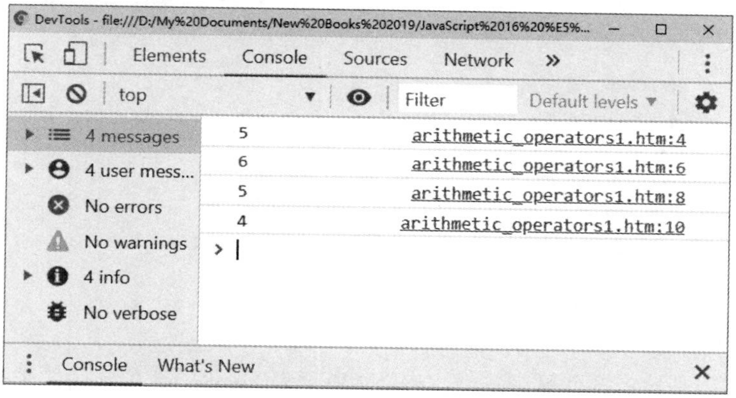

图 2-15

从这个范例程序的执行结果可知，"a++"是运算后增量，所以在"z=a++"语句中，a 值会先赋值给 z，所以 z 值为 5；而"++a"是运算前增量，因此在"z=++a"语句中，a 值会先加 1，再赋值给 z，所以 z 值等于 6。

4. 比较运算符

比较运算符常用于比较两个操作数或表达式之间的大小关系，当关系成立时结果为 true（1），关系不成立时则为 false（0）。表 2-6 所示为 JavaScript 中常用的比较运算符。

表 2-6　JavaScript 中常用的比较运算符

比较运算符	范例	结果（假设 a=5）	说明
==	a == 10	false	等于
!=	a != 10	false	不等于
>	a >10	false	大于
>=	a >= 10	false	大于或等于
<	a < 10	true	小于
<=	a <= 10	true	小于或等于

详细用法可参考下面的范例程序。

范例程序: ch02/comparison_operator.htm

```
<script>
//比较运算符
let a=5;
console.log(a < 10)
console.log(a == 5)
console.log(a > 10)
</script>
```

该范例程序的执行结果如图 2-16 所示。

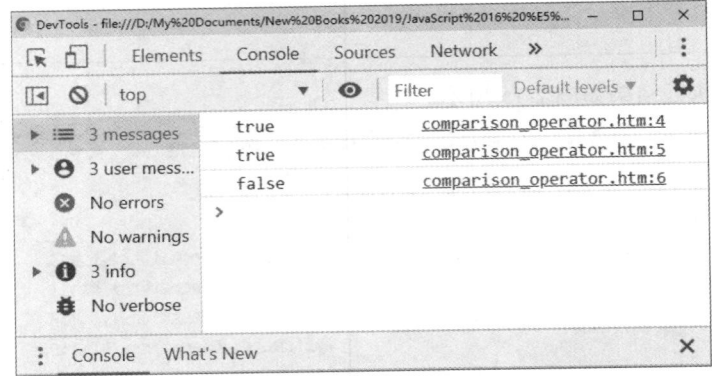

图 2-16

5. 逻辑运算符

逻辑运算符多用来检查条件是否符合。表 2-7 所示为 JavaScript 中常用的逻辑运算符。

表 2-7　JavaScript 中常用的逻辑运算符

逻辑运算符	范例	说明
&&	a && b	and(逻辑关系"与",只有 a 与 b 两者都为 true,结果才为 true)
||	a || b	or(逻辑关系"或",只要 a 与 b 一方为 true,结果就为 true)
!	!a	Not(逻辑关系"非",只要不符合 a 者,结果都为 true)

&& 和 ‖ 运算符事实上是将 a 与 b 转换为布尔值来比较。对于 a && b 表达式,可以这么理解:如果 a 是 false,就返回 a,否则返回 b,所以只有在 a 和 b 都是 true 时,这个表达式的结果才为 true。

对于 a‖b 表达式,可以这么理解:如果 a 是 true,就返回 a,否则返回 b,所以 a 和 b 其中一个是 true,这个表达式的结果就为 true。

逻辑运算符的使用方式可参考下面的范例程序。

范例程序: ch02/logical_operator.htm

```
<script>
//逻辑运算符
let a=10,b=50;
```

```
console.log(a <= 10  &&  a == b)     //两边都必须成立才为true
console.log(a <= 10  ||  a == b);    //两边其中一个成立就为true
console.log(!(a == 10));             //当a不等于10时为true
</script>
```

该范例程序的执行结果如图 2-17 所示。

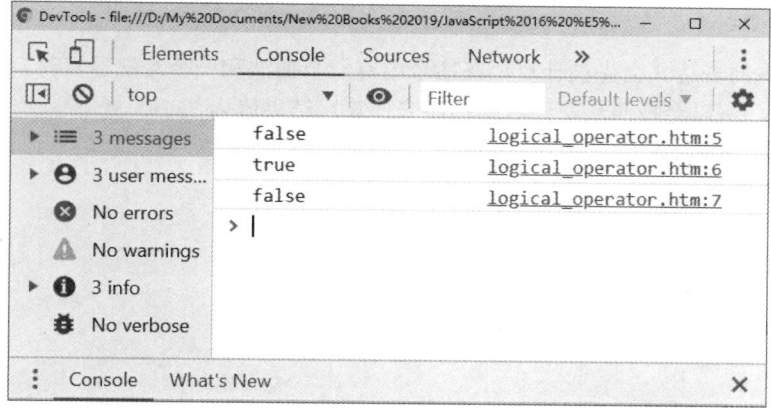

图 2-17

范例程序中分别使用了&&（与）、||（或）、!（非）3 种逻辑运算符，其中 "!(a==10)" 的结果为 false，因为 "a==10" 为 true，加上!（非）逻辑运算符之后就变为 false 了。

6．运算符的优先级

当程序执行时，拥有较高优先级的运算符会在拥有较低优先级的运算符之前执行。例如，乘法会比加法先执行或运算。

表 2-8 列出了 JavaScript 运算符的优先级，从最高优先级排到最低优先级。

表 2-8　JavaScript 运算符的优先级（从高到低）

功能	运算符
括号	、[]、()
增量、减量、负号、求反、逻辑 "非"	++、--、-、~、!
乘除法	*、/、%
加减法	+、-
位移	<<、>>
比较	<、<=、>、>=
等于、不等于	==、!=
位逻辑 "与"	&
位逻辑 "异或"	^
位逻辑 "或"	|
逻辑 "与"	&&
逻辑 "或"	||
条件运算符（三目运算符）	?:
赋值符号	=

括号 "()" 的优先级最高，所以括号 "()" 内的表达式会先被执行或运算，例如：

```
a = 100 * (80 - 10 + 5)
```

表达式中有 5 个运算符：=、*、()、-、和+。根据运算符优先级的规则，这个表达式的运算顺序为：()、-、+、*、=。

运算步骤如下：

（1）括号内的表达式会先被计算，在括号内有一个加法和一个减法运算符，因为这两个运算符的优先级相同，所以会按照从左到右的顺序来计算，结果值为 75。

（2）进行乘法的运算，结果为 7500。

（3）将值 7500 赋值给 a。

第3章

流程控制结构

控制结构是学习程序设计的一门很重要的课程，程序执行未必得从上到下一行一行执行，有时可以设置一些条件让程序按照我们的需求来执行，也就是控制程序的流程。流程控制结构可分为顺序结构、选择结构和重复结构。顺序结构就是基本的按照一行一行程序语句的先后顺序逐步完成。本节将说明两种流程控制结构：选择结构与重复结构。

3.1 选择结构

选择结构是经常使用的一种流程控制结构，JavaScript 提供了"if...else"和"switch...case"两种选择结构。

3.1.1 if...else 条件语句

if...else 条件语句主要用于判断条件表达式是否成立，当条件表达式成立时才执行指定的程序语句。如果只有单一判断，就可以单独使用 if 语句。

下面举两个例子来体会一下使用选择结构的时机。

- 如果消费满 1000 元，就免运费。

```
→ if（消费满1000元）{ 免运费 }
```

- 如果学生分数大于等于 90 分，就得到等级 A；如果分数介于 60~89 分，就得到等级 B；如果分数小于 60 分，就得到等级 C。

```
        →
    if（分数大于等于90）{
        等级 A
```

```
    } else if ( 分数介于 60~89 分 ) {
        等级 B
    } else {
        等级 C
    }
```

1. if 语句

在条件语句中，最常使用的就是 if 语句，其一般格式如下：

```
if (条件表达式){
    程序语句;
}
```

在上述格式中，若条件表达式的值是 true，则执行大括号 "{}" 中的程序语句；否则跳过 if 语句往下执行其他语句，如图 3-1 所示。

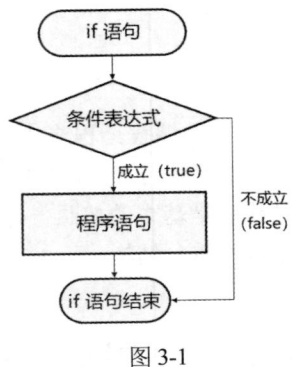

图 3-1

如果 if 内的程序语句只有一行，就可以省略大括号 "{}"：

```
if (条件表达式)
    程序语句;
```

2. if…else 语句

如果条件表达式有两种以上不同的选择，就可使用 if-else 语句，格式如下：

```
if (条件表达式) {
    程序语句;
} else {
    程序语句
}
```

当 if 条件表达式成立，即布尔值为 true 时，就会执行 if 内的程序语句，并跳过 else 内的程序语句；当 if 条件表达式不成立，即布尔值为 false 时，就会执行 else 内的程序语句。

如果 if 和 else 内的程序语句只有一行，同样可以省略大括号 "{}"，例如：

```
if(a==1) b=1; else b=2;
```

上面这条程序语句也可以使用三目运算符 "?:" 来实现。三目运算符的格式如下：

```
条件表达式 ? 程序语句 1 ：程序语句 2
```

条件表达式成立（布尔值为 true）就执行程序语句 1，否则执行程序语句 2。这条语句可以进一步简写成如下形式：

```
b = (a==1 ? 1 : 2);
```

在这里三目运算符并不需要加上括号，加上括号只是为了使程序更加易于阅读。

如果有两种以上的选择，就可以使用 else if 语句来设置新条件，格式如下：

```
if (条件表达式 1) {
    程序语句;
} else if (条件表达式 2) {
    程序语句
} else {
    程序语句
}
```

下面的范例程序自动产生一个 0~900 的随机整数，而后程序判断此整数是大于等于 50 还是小于 50。

范例程序：ch03/if…else.htm

```
<script>
//if...else 语句

let n = Math.floor(Math.random()*100);

if (n >= 50)
{
    console.log(n + " 大于等于 50");
} else {
    console.log(n + " 小于 50");
}

//使用三目运算符的写法
n >= 50 ? (
    console.log(n + " 大于等于 50")
) : (
    console.log(n + " 小于 50")
);
</script>
```

该范例程序的执行结果如图 3-2 所示。

这个范例程序希望 n 是随机的 0~99 的整数，因此程序中调用了 JavaScript 的内建函数 Math.random() 和 Math.floor()，Math.random() 用来随机产生 0~1 的小数，而 Math.floor 则用于返回无条件舍去小数部分后的最大整数。

学习这个范例程序之后，相信读者对 if 语句更加了解了。

如果程序需要根据某个变量或表达式的值来选择相对应的操作，并且选择很多，使用 else if 语句就必须写很多层，不仅编写容易出错，程序也不易阅读，这时可以考虑使用另一种选择结构——switch…case 语句。

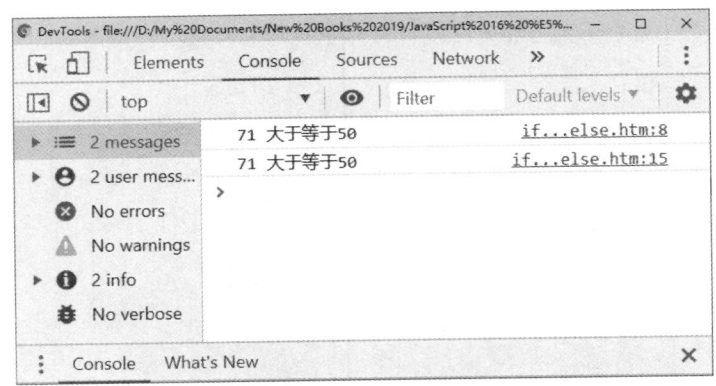

图 3-2

3.1.2 switch…case 语句

switch 语句只需要在入口取得变量或表达式的值，然后与 case 值对比是否符合，符合时就执行对应的程序语句，如果没有任何 case 匹配，就执行默认的程序语句。举个例子来说，漫威超级英雄很多，想要找到一位超级英雄，如果找到了就显示他的超能力或武器，如果找不到就显示"找不到符合的漫威英雄"。

如果使用 if…else 语句，就可以这样编写程序：

```
if (漫威英雄===雷神索尔){
    雷神之锤;
} else if (漫威英雄===钢铁人){
    动力装甲、掌心冲击光束;
} else if (漫威英雄===蜘蛛人){
    蜘蛛感应、蜘蛛丝;
} else if (漫威英雄===美国队长){
    星形盾牌;
} else if (漫威英雄===绿巨人浩克){
    力量与耐力;
} else if (漫威英雄===金刚狼){
    超强自愈能力、金刚爪;
} else {
    找不到符合的漫威英雄;
}
```

从上面的程序语句中可以看到条件表达式都是直接对比漫威英雄人物，这种情况就很适合用 switch…case 来实现。下面用 switch…case 语句来编写。

```
switch ( 漫威英雄 ) {
    case "雷神索尔":
        雷神之锤;
        break;
    case "钢铁人":
        动力装甲、掌心冲击光束;
        break;
```

```
    case "蜘蛛人":
        蜘蛛感应、蜘蛛丝;
        break;
    case "美国队长":
        星形盾牌;
        break;
    case "绿巨人浩克":
        力量与耐力;
        break;
    case "金钢狼":
        超强自愈能力、金刚爪;
        break;
    default:
            找不到符合的漫威英雄;
}
```

使用 switch…case 语句来编写简洁多了。下面就来具体学习 switch…case 语句的用法。

若想要根据变量或表达式的值来决定执行的程序语句，就可以使用 switch…case 语句。其格式如下：

```
switch(变量或表达式)
{
    case value1:
        程序语句;
        break;
    case value2:
        程序语句;
        break;
        .
        .
        .
    case valueN:
        程序语句;
        break;
    default:
        程序语句;
}
```

switch 语句中可以有任意数量的 case 语句，value1~valueN 是用来对比的值，当括号“()”内变量的值与某个 case 的变量值相同时，就执行该 case 所指定的语句；当括号“()”内变量的值与每个 case 值都不相同时，就会执行 default 所指定的指令。当 JavaScript 执行到 break 关键字时，就会离开 switch 程序区块。

例如：

```
switch(week){
    case "一":console.log("星期一");break;
    case "二":console.log("星期二");break;
    case "三":console.log("星期三");break;
}
```

上例是以变量 week 的值来决定程序的执行。当 week 等于"一"时，会执行 case "一"指定的语句，即 case "一"之后到 break 之前的程序语句。

下面的范例程序使用 switch...case 语句来判断今天是星期几。

范例程序：ch03/switch...case.htm

```
<script>
//switch...case 语句
let day;
switch (new Date().getDay()) {
    case 0:
        day = "星期日";
        break;
    case 1:
        day = "星期一";
        break;
    case 2:
        day = "星期二";
        break;
    case 3:
        day = "星期三";
        break;
    case 4:
        day = "星期四";
        break;
    case 5:
        day = "星期五";
        break;
    case 6:
        day = "星期六";
}
console.log("今天是 "+day)
</script>
```

该范例程序的执行结果如图 3-3 所示。

图 3-3

在 JavaScript 中可以使用 new Date()来创建日期时间对象，接着就可以通过调用 getFullYear()、getMonth()、getDate()方法来分别获取年、月、日。其中，getDay()方法会返回星期几的数值，数值是 0~6 的整数，0 代表星期天，1 代表星期一，2 表示星期二，以此类推。

　　每个 case 语句种的程序片段结束时，记得要加上 break 语句来跳出 switch 语句，否则就会继续往下执行其他的 case 程序（如果这不是我们期望的，就必须加上 break 语句）。如果不同的 case 变量想执行相同的程序片段，就可以将这些 case 语句写在一起，最后共用一个 break 语句。下面来看另一个范例程序。

范例程序：ch03/switch...case1.htm

```
<meta charset="UTF-8" />
<script>
//switch...case 语句
let val;
switch (new Date().getDay()) {
    case 4:
    case 5:
        val = "快要放假了！";
        break;
    case 0:
    case 6:
        val = "今天是放假日！";
        break;
    default:
        val = "好想放假！";
}
console.log(val)
</script>
```

该范例程序的执行结果如图 3-4 所示。

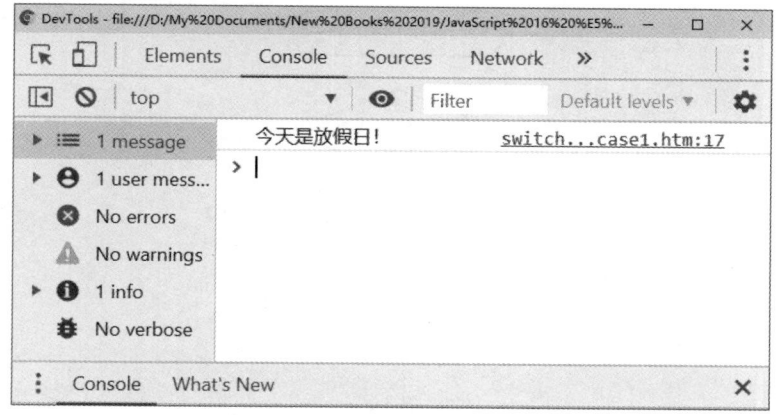

图 3-4

这个范例程序的 case 4 和 case 5 会共享相同的程序片段，case 0 和 case 6 共享另一个程序片段。

3.2　重复结构

重复结构的逻辑就如同日常生活中的"如果…就继续…"的情况，当条件表达式成立时，就会重复执行某一段程序语句，因此这种流程控制结构被称为"循环"。

循环语句是在条件表达式成立时，重复执行循环体内的程序语句。循环条件表达式的设计要十分谨慎，如果条件一直都成立（布尔值为 true），循环体内的程序语句就会一直重复执行，造成"无限循环"，也称为"死循环"。

JavaScript 的循环语句有 for 语句、for…in 语句、while 语句以及 do…while 语句。

3.2.1　for 循环

for 循环的循环控制变量可以使用 const、let 或 var 来声明，使用 const、let 声明的变量，它们的生命周期只在循环内，循环执行结束这些变量的"生命周期"就跟着结束了。for 循环语句的格式如下：

```
for (let 循环变量的起始值；循环条件表达式；循环变量的增减值)
{
    程序语句；
}
```

for 循环在每轮循环重复之前都会先测试循环条件表达式是否成立。如果成立，就执行循环体内部的程序语句；如果不成立，就跳出循环，而继续执行循环体之后的第一行程序语句。图 3-5 所示为一个 for 循环范例的流程图。

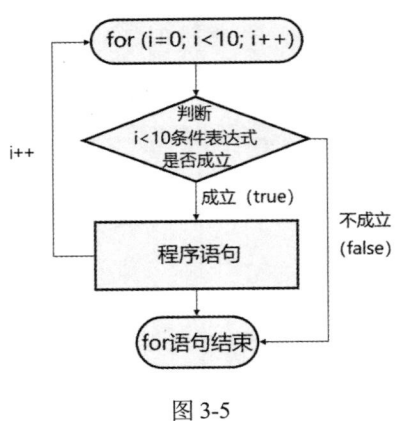

图 3-5

下面的范例程序使用 for 循环来计算 1~10 的平方值。

范例程序：ch03/for_loop.htm

```
<script>
//for 循环
for (i=1; i<=10; i++) {
    console.log(i + " 平方 = " + (i*i));
}
console.log(" 现在 i 值 = " + i);
</script>
```

该范例程序的执行结果如图 3-6 所示。

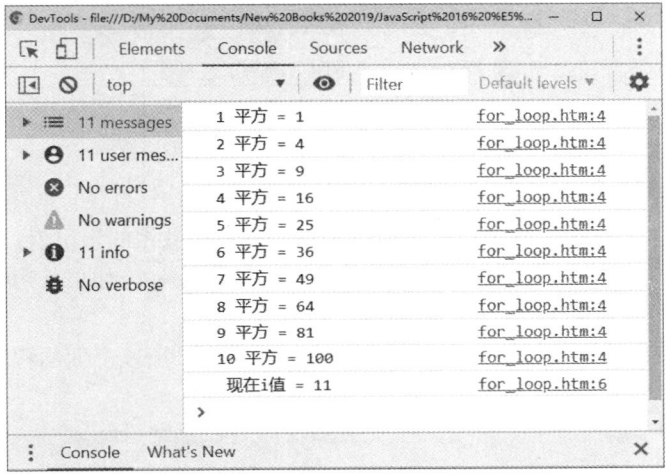

图 3-6

这个范例程序中的 for 循环语句如下：

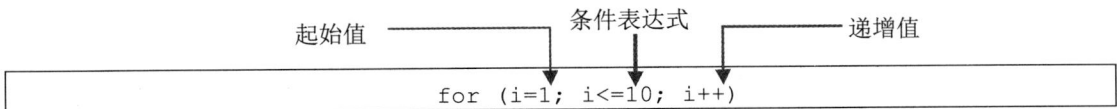

for 循环每执行一次 i 值就会加 1，当 i 值小于或者等于 10 时，就会进入循环，执行循环体内的程序语句，当 i 值增加到 11 时，因为不符合条件表达式（i<=10），所以会离开循环，也就是结束循环了。

3.2.2　for…in 循环

for…in、forEach、for…of 循环主要用来遍历可迭代对象。所谓遍历，是指不重复拜访对象元素的过程。这一小节我们先来看看 for…in 循环的用法。

for…in 循环用于可枚举属性（Enumerable）的对象，格式如下：

```
for (let 变量 in 对象) {
    程序语句
}
```

例如：

```
let fruit = ["Apple", "Tomato", "Strawberry"];   //数组 Array
for (let x in fruit) {
  console.log(fruit[x]);
}
```

JavaScript 的对象属性是一对键（Key）与值（Value）属性的组合，上面的程序语句创建了一个名为 fruit 的数组对象，数组内有 3 个元素，每个数组元素会自动指定从 0 开始的 Key 值，如表 3-1 所示。

表 3-1　数组元素

键（Key）	值（Value）
0	"Apple"
1	"Tomato"
2	"Strawberry"

x 是自定义的变量，x 对应 fruit 对象的 Key 属性，也就是数组的索引值，使用中括号"[]"是用键存取值的方式，所以使用 fruit[x]可以存取对应的值（Value）。如果使用 console.log(x)将 x 输出，就会得到 0、1、2。

for...in 循环会按序读取下一个元素，直到没有元素为止，所以上面的程序执行之后将会得到如图 3-7 所示的结果。

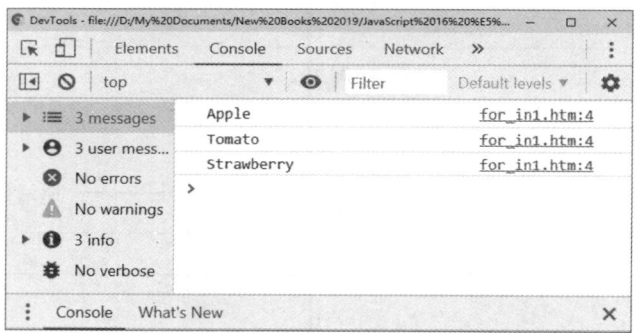

图 3-7

for...in 遍历的是对象的属性而不是索引，也可以用来遍历对象（Object），对象与数组在之后的章节会介绍，这里仅简单说明。通过下面的范例程序来实践一下 for...in 的用法。

范例程序：ch03/for...in.htm

```
<script>
//for..in 循环
let person = {name:"Eileen", age:19, tel:"010-11112345"};  //对象 object
for (let x in person) {
  console.log(person[x]);
}
</script>
```

范例程序的执行结果如图 3-8 所示。

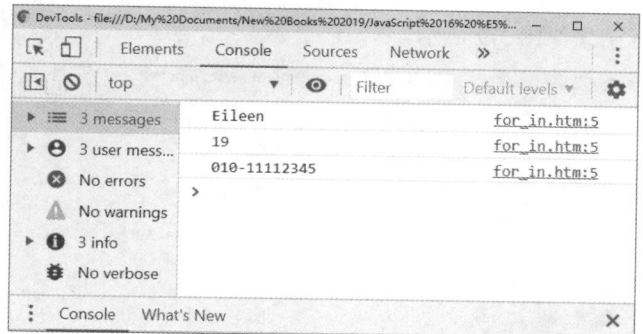

图 3-8

对象可以指定 Key 与 Value 属性，如果调用 console.log(x)将 x 输出，就会输出 name、age、tel。

提　示

JavaScript 的对象属性除了键-值（Key-Value）之外，还包含其他属性，ECMAScript 5 标准之后允许开发者通过属性描述器的接口 PropertyDescriptor 来定义新属性或修改属性，可设置的属性包括 value（值）、writable（可修改）、enumerable（可枚举）、configurable（可配置）、set 与 get 等。如果 enumerable 属性设为 false，表示不可被枚举，那么使用 for...in 循环来枚举时将不会显示出来。

3.2.3　forEach 与 for...of 循环

1. forEach 循环

forEach 循环只能用于数组（Array）、映射（Map）、集合（Set）等对象，用法与 for...in 循环的用法类似，格式如下：

```
对象.forEach(function(参数[,index]){
    程序语句
})
```

这里的 function 是匿名函数，这个函数将会把对象的每一个元素作为参数，带进函数中一一执行。function 也可以使用 ES 6 规范的箭头函数。

```
对象.forEach(参数 => {
    程序语句
})
```

范例程序：ch03/forEach.htm

```
<script>
//forEach 循环
let fruit = ["Apple", "Tomato", "Strawberry"];   //数组 Array
fruit.forEach(function(x) {
  console.log(x);
})
</script>
```

该范例程序的执行结果如图 3-9 所示。

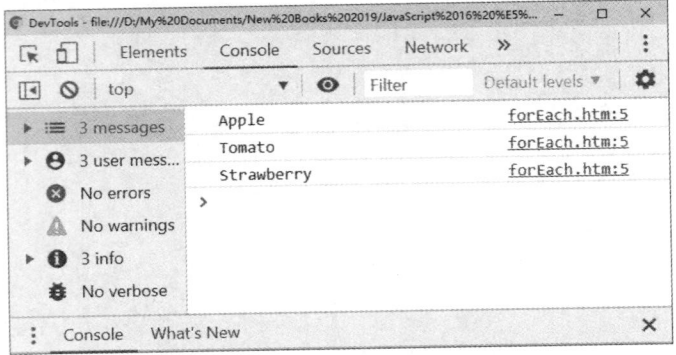

图 3-9

2. for…of 循环

for…of 循环的语法与 for...in 循环的语法相似，应用的范围很广泛，如数组（Array）、映射（Map）、集合（Set）、字符串（String）、参数（Argument）对象都可以使用。不过，它不能用来遍历一般对象（Object），循环变量可以使用 const、let 或 var 来声明，格式如下：

```
for (let 变量 of 对象) {
    程序语句
}
```

范例程序：ch03/for_of.htm

```
<script>
//for…of 循环
let fruit = ["Apple", "Tomato", "Strawberry"];
for (x of fruit) {
  console.log(x);
}
console.log(x);
</script>
```

该范例程序的执行结果如图 3-10 所示。

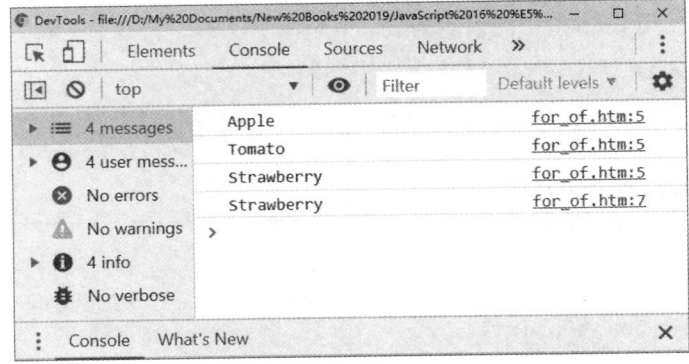

图 3-10

for...in 与 forEach 循环是 ES 5 的规范，for...of 循环是 ES 6 的规范。for...in 循环不仅遍历对象实例的属性，也包括原型属性，在不同浏览器中可能会造成遍历的顺序不同。使用 for...in 与 for...of 循环比较起来，for...of 是比较好的选择，但 for...of 循环是 ES 6 新的规范，兼容性还有些问题，如 IE 浏览器就不支持 for...of 语句，因此使用时必须多加考虑。

3.2.4　while 循环

while 循环的格式如下：

```
while(条件表达式)
{
    程序语句
}
```

while 循环会在条件表达式成立时反复执行循环内的程序语句。while 循环语句的流程图如图 3-11 所示。

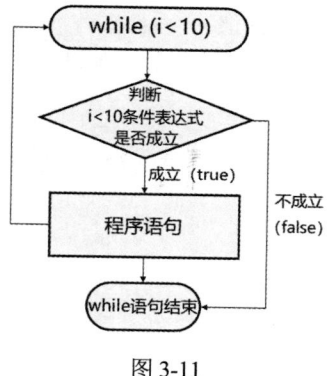

图 3-11

在下面的范例程序中，使用 while 循环来计算 1~10 的平方值。

范例程序：ch03/while_loop.htm

```
<script>
//while 循环
let i=1;
while(i<=10) {
  console.log(i + " 平方 = " + (i*i));
  i++;
}
console.log(" 现在 i 值 = " + i);
</script>
```

该范例程序的执行结果如图 3-12 所示。

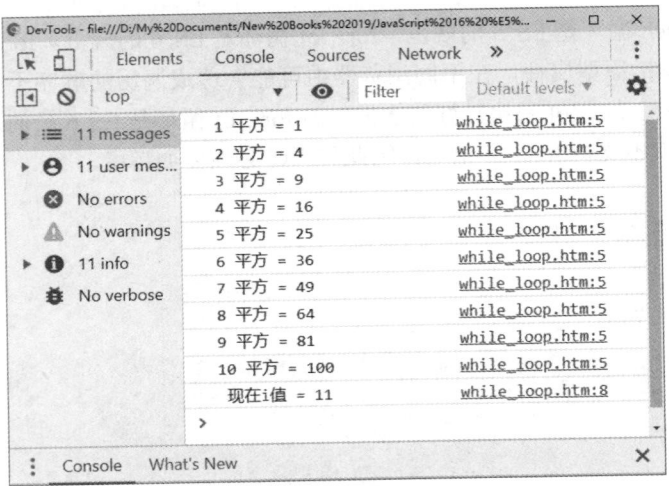

图 3-12

使用 while 循环有两个重点，要特别注意：

（1）必须先给控制循环的变量赋起始值。

（2）条件表达式中变量值的增减必须写在 while 循环体内，否则循环变量永远不会改变，循环就会一直执行而造成无限循环（死循环）。

上面的范例程序中，while 循环体内的"i++;"这条语句的作用是让循环变量每执行一次，i 值就加 1，直到 i 大于 10 就会离开循环。

3.2.5 do…while 循环

do…while 循环的格式如下：

```
do{
    程序语句
} while(条件表达式)
```

do…while 循环与 while 循环一样，会在条件表达式成立时反复执行循环体内的程序语句。两者的差异在于，while 循环的条件表达式是在循环体之前，当条件表达式不成立时，就会跳出 while 循环，循环体内的程序语句有可能一条都不执行；而 do…while 循环的条件表达式是在循环体之后，所以即使条件表达式不成立，循环体内的程序语句至少会被执行一次。do…while 循环的流程图如图 3-13 所示。

在下面的范例程序中，使用 do…while 循环来计算 1~10 的平方值。

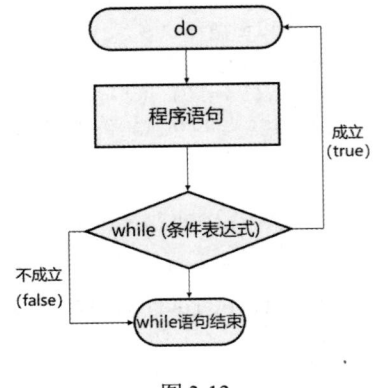

图 3-13

范例程序：ch03/do...while_loop.htm

```
<script>
//do...while 循环
let i=1;
do {
    console.log(i + " 平方 = " + (i*i));
    i++;
} while(i<=10)

console.log(" 现在 i 值 = " + i);
</script>
```

该范例程序的执行结果如图 3-14 所示。

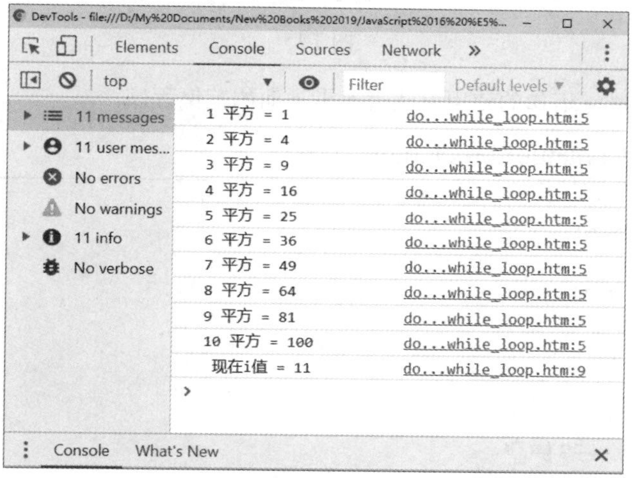

图 3-14

do...while 循环与 while 循环一样都必须注意给控制循环的变量设置起始值，并在循环体内控制循环变量的增减值。

3.2.6　break 和 continue 语句

break 和 continue 语句可以用来控制循环流程。break 语句的作用是强迫中止循环的执行，跳出最内层的循环，直接执行循环外的第一行语句。

例如：

```
if (i>5) break;
```

continue 语句的作用是马上回到当前循环的开始，再继续执行新一轮的循环。

```
if (i<7) continue;
```

break 语句和 continue 语句流程图的对比如图 3-15 所示。

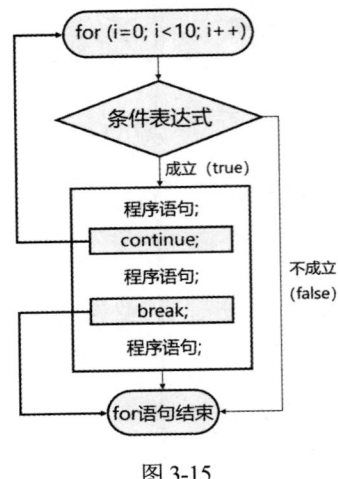

图 3-15

break 语句和 continue 语句的使用方法可参考下面的范例程序。

范例程序:ch03/continue&break.htm

```
<script>
//continue and break 语句
for (let a = 0 ; a <= 10 ; a++) {
    if (a === 3){
        console.log(a);
        continue;
    }
    if (a === 8) {
        console.log(a);
        break;
    }
    console.log("for loop a="+a);
}
</script>
```

该范例程序的执行结果如图 3-16 所示。

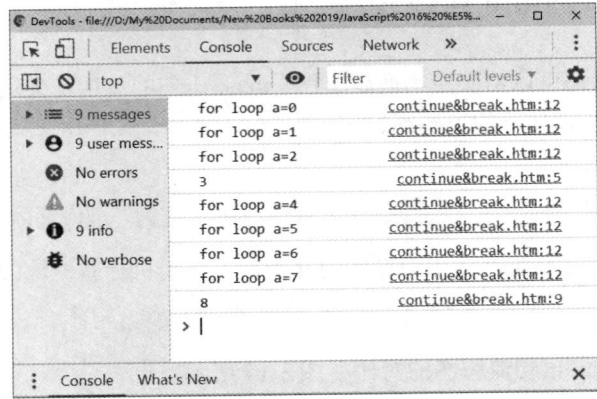

图 3-16

　　当 a 等于 3 时会执行到"continue;"语句，就会忽略本轮循环剩下的程序语句，跳回 for 循环开始处，所以不会输出"for loop a=3"。当 a 等于 8 时会执行到"break;"语句，于是跳出当前循环体。

提　示
forEach 循环不能使用 break 指令中断循环。

3.3　错误与异常处理

　　程序有错误（Error）时，Console 面板就会显示出红色的错误信息。别担心，程序出错在所难免，否则哪里还需要程序测试人员呢。为了避免错误导致程序无法继续执行，通常会在程序中加上异常处理程序代码（Exception Handling Code）。本节就来看看如何做好异常处理。

3.3.1　错误类型

　　当 JavaScript 程序执行发生错误时，会抛出异常情况（Throw an Exception），JavaScript 就会去寻找程序中有没有异常处理程序代码（Exception Handling Code），如果没有异常处理程序代码，JavaScript 引擎就会停止运行并抛出错误（Error）。

　　下面介绍常见的 4 种错误。

1. SyntaxError（语法错误）

　　语法错误常见的情况是程序语句输入错误或者括号"()"或大括号"{}"不完整等造成的错误，例如：

```
<script>
let n=35;
if (n >= 50){
    console.log(n + " 大于等于 50");
else{
    console.log(n + " 小于 50");
}
</script>
```

　　上面的程序中 else 之前少了右括号，执行时就会出现如图 3-17 所示的错误信息。

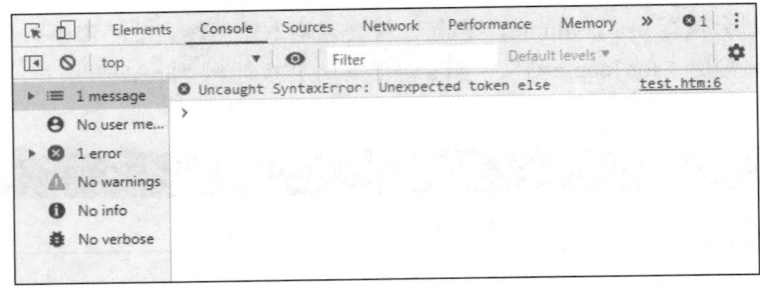

图 3-17

2. Uncaught ReferenceError（引用错误）

引用一个未定义的变量或者赋值错误，例如：

```
<script>
if (n >= 50){    //n 未定义
   .console.leg(n + " 大于等于 50");
}
</script>
```

n 未定义，执行这段程序就会出现如图 3-18 所示的错误信息。

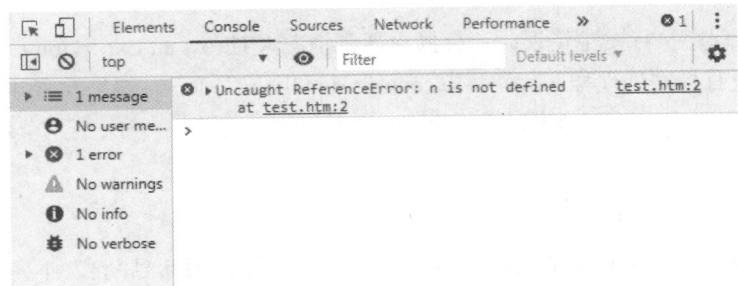

图 3-18

错误的赋值，例如下面的语句将 50 赋给无法赋值的对象：

```
console.log() = 50;
```

就会出现如图 3-19 所示的错误信息。

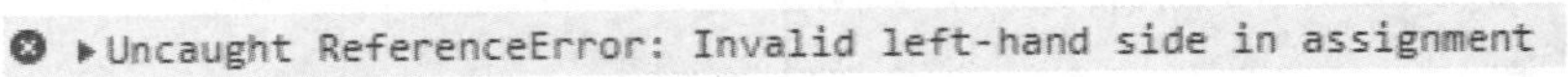

⊗ ▶ Uncaught ReferenceError: Invalid left-hand side in assignment

图 3-19

3. RangeError（范围错误）

当值在不允许的范围内而发生的错误，例如：

```
let num = 1.12345678;
console.log(num.toFixed(-1));
```

toFixed()方法是将数值四舍五入为指定小数位数的数值，括号内的参数应该是小数的位数，必须在 0~100 之间，值太小或太大都会抛出 RangeError。

4. TypeError（类型错误）

类型和预期的不同或者调用不存在的函数都会抛出 TypeError，例如：

```
let num = 1.12345678;
console.log(num.tofixed(-1));  //
```

JavaScript 语言是区分字母大小写的，toFixed()方法的 F 必须要大写，写成 tofixed()则会抛出函数不存在的 TypeError 错误，如图 3-20 所示。

```
⊗ ▶Uncaught TypeError: num.tofixed is not a function
```

图 3-20

程序设计的过程中发生了错误，导致程序无法正常执行，开发人员可以从 JavaScript 引擎抛出的错误信息来判断问题，但是当用户执行这段程序时只知道程序停止了，根本不知道发生了什么事情。因此，程序开发人员可以加上异常处理的机制，让程序出错时可以依照开发人员所编写的错误处理程序代码来处理，并提供给用户看得懂的错误信息。

3.3.2　异常处理

JavaScript 的 try…catch…finally 异常处理机制可以用于捕捉程序执行时的错误，try 区块是要监控的程序代码，catch 区块是异常发生时用于处理异常的程序代码。

```
try{
    需要监控的程序代码
}
```
```
catch(exception){
    处理异常的程序代码
}
```
```
finally{
    结束执行的程序代码
}
```

无论是否有异常发生，finally 区块里的程序代码都会执行，通常会编写释放资源的程序代码，如关闭文件或关闭流对象等。

try 语句必须至少搭配一个 catch 语句或 finally 语句，因此 try 语句会有下面 3 种形式：

```
1. try...catch
2. try...finally
3. try...catch...finally
```

可以使用 catch 语句括号中异常对象的 name 和 message 属性来获取错误的名称及信息。一起来看下面的范例程序。

范例程序：ch03/try…catch.htm

```
<script>
try {
    let n = 65;
```

```
    if (n >= 50)
    {
        console.log(a + " 大于等于 50");  //故意将变量 n 改成 a
    }else{
        console.log(n + " 小于 50");
    }
}catch(e) {
    console.log(e.name + ">" + e.message);
    alert("程序出错了！")
}
</script>
```

该范例程序的执行结果如图 3-21 所示。

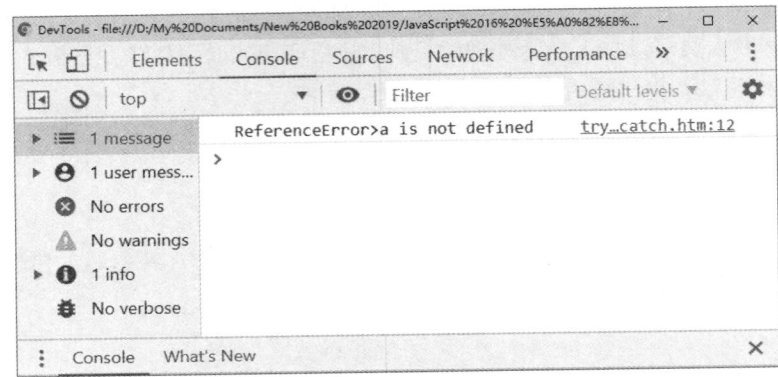

图 3-21

e.name 返回错误类型，e.message 返回错误信息（注意：不同的浏览器 message 可能会有所不同）。alert()方法是跳出警告窗口，程序执行之后会先在 Console 中显示错误信息，并跳出警告窗口。

提　示
如果想让 catch 区块在 Console 中显示的信息用错误信息来表示，那么可以改用 console.error()。

如果想针对不同错误类型进行处理，那么可以使用 instanceof 运算符来判断，当检测的对象符合指定的类型时，instanceof 会返回 true，语法如下：

```
对象 instanceof 对象类型
```

请看下面的范例程序。

范例程序：ch03/catch.htm

```
<script>
try {
    let n = 65;
    if (n >= 50)
```

```
        {
            console.log(a + " 大于等于 50");   //故意将变量 n 改成 a
        }
    }catch(e) {
        if (e instanceof TypeError) {
        console.error("这是 TypeError")
        } else if (e instanceof RangeError) {
            console.error("这是 RangeError")
        } else if (e instanceof ReferenceError) {
            console.error("这是 ReferenceError")
        } else {
            console.error("error")
        }
    }
</script>
```

该范例程序的执行结果如图 3-22 所示。

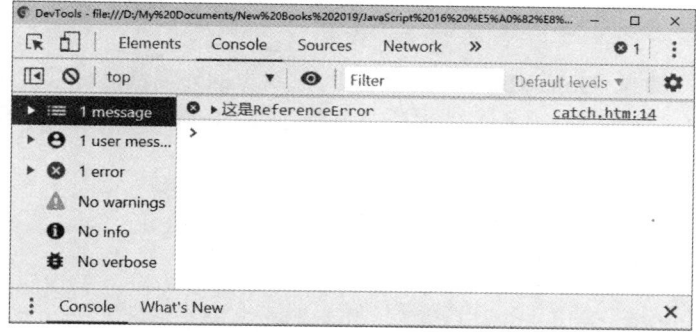

图 3-22

第4章

JavaScript 内建的标准对象

JavaScript 是基于对象（Object-Based）的描述语言。对象的外观特征可以使用"属性"（Property）来描述，而对象的"方法"（Method）能够让对象执行特定的行为或操作。

JavaScript 对象可分为三类：

- 内建的对象（例如日期、数学等对象）
- 用户自定义的对象
- Windows 对象

有关用户自定义的对象及 Windows 对象，在之后的章节会有完整的介绍，这一章我们先来熟悉 JavaScript 常用的内部对象。

4.1　日期对象

日期对象是很实用的对象，无论是判断用户输入的日期格式是否正确还是要获取当前的日期时间等，都可以使用日期对象。

想要操作对象，必须先了解什么是对象的属性与方法。下面就先来了解对象的属性与方法。

4.1.1　对象的属性与方法

JavaScript 除了基本数据类型（例如数字、字符串、布尔等）外，所有的数据类型都被看成是对象。

JavaScript 大部分的内部对象都是构造函数（Constructor），使用之前必须用构造函数创建一个新的对象实例。下面以日期函数为例：

```
var d = new Date();    //创建一个具有当前日期时间的日期实例
```

new Date()是使用当前的日期和时间创建一个日期对象实例，这时变量 d 就代表这个日期时间的实例。

如果内部对象不是构造函数且提供静态的属性与方法，就可以直接使用内部对象而不需要通过 new 关键字来创建对象实例，例如数学对象（Math）：

```
var a = Math.abs(3.14)  //取绝对值
```

Math 不是构造函数，我们可以直接使用它的静态属性及方法。如果检查一下 Date 与 Math 的类型，就清楚这两者的差别了。

```
console.log(typeof Date)    //Date 是 function
console.log(typeof Math)    //Math 是 object
```

这两条程序语句的执行结果如图 4-1 所示。

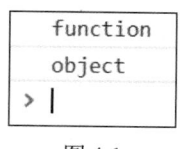

图 4-1

对象由属性与方法组成，这两者称为对象成员（Member）。

- 属性：对象本身可描述的特征，例如房车这个对象的属性包括品牌、车体颜色、四门或两门、速度、排气量等。在程序设计或程序的执行阶段，我们可以通过改变属性值来改变对象的特征。
- 方法：对象提供的可操控的行为或操作，例如房车这个对象所提供的方法有启动、踩油门、踩刹车、打方向灯等行为。

每一个对象都有各自的属性与方法，所以在使用该对象之前必须先了解该对象提供了哪些属性与方法。至于方法的调用都是相同的，属性的使用方式是使用点号（.）来连接对象名称与属性名称，格式如下：

```
对象.属性名称
```

具体的使用示例如下：

```
var a = "hello!"
console.log( a.length )   //获取对象的长度属性
```

方法的调用方式也是使用点号（.）来连接对象名称与方法名称，方法其实就是对象提供的函数，因此调用时必须在方法之后加上括号“()”，括号内也可以放入参数，格式如下：

```
对象.方法名称()
```

具体的使用示例如下：

```
Math.abs(10.25);   //求绝对值
```

Math 是数学对象，abs()是 Math 对象提供的方法，括号“()”内放置参数，它的功能是返回括号内参数的绝对值。

既然每个对象都有自己的属性与方法，那么要如何知道这个对象有哪些属性与方法可以用呢？

很简单，使用 console.log()来查询就会列出对象完整的属性及方法，构造函数的对象则必须以它的原型（Prototype）来查询。例如 Date 对象可以使用以下方式来查询它的属性与方法：

```
console.log( Date.prototype )
```

执行上面这条语句之后就会显示 Date 构造函数提供的方法，如图 4-2 所示。

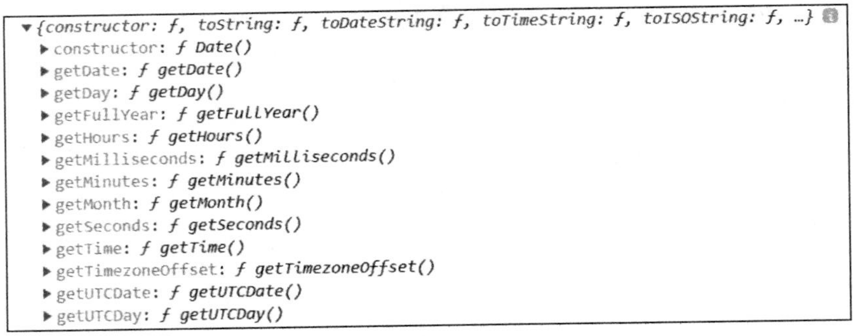

图 4-2

Math 对象可以直接使用下面的方式来查询它的属性与方法：

```
console.log( Math )
```

上面这条语句的执行结果如图 4-3 所示。

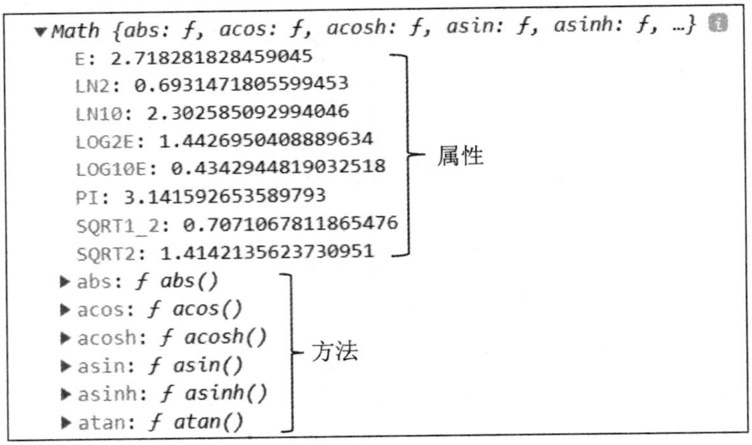

图 4-3

JavaScript 的内部对象可分为 4 大类：

- 日期（Date）对象
- 数学（Math）对象
- 字符串（String）对象
- 数组（Array）对象

4.1.2　日期对象

日期对象用来处理日期和时间，如获取当前的系统日期、进行日期换算等。

JavaScript 内建的日期对象要先用 new Date()方法来创建对象实例，随后就可以调用它的方法了。创建日期对象的语法如下：

```
var dateObject = new Date(DateTime)
```

dateObject 是日期对象的名称，"()"内的 DateTime 为设置的年月日时刻。如果省略参数，就表示是当前的日期时间，例如：

```
var theDate = new Date();
```

上面的程序语句表示获取当前的日期时间的日期对象 theDate。

也可以输入日期转换成日期对象，例如：

```
var theDate = new Date("May 1, 2019");
var theDate = new Date("2019-5-1");
var theDate = new Date("2019/5/1");
var theDate = new Date("2019-5");
```

上面这几条语句表示创建以 2019 年 5 月 1 日为基准的日期对象，而后都会返回"Wed May 01 2019 00:00:00 GMT+0800 (北京标准时间)"。

如果带入的日期少了月或日，就默认返回该年或该月的第一天，例如：

```
var theDate = new Date("2019-5");   //日期为 2019-5-1
var theDate = new Date("2019");     //日期为 2019-1-1
```

创建一个 Date 对象后，就可以调用方法获取相关的日期与时间信息。表 4-1 所示为 Date 对象常用的方法。

表 4-1　Date 对象常用的方法

方法	说明
setFullYear() / getFullYear()	设置/获取公元年份
setMonth() / getMonth()	设置/获取月份（0~11） （0=一月，1=二月，3=三月，以此类推）
setDate() / getDate()	设置/获取月份中的日期
setDay() / getDay()	设置/获取星期数（0~6） （0=星期日，1=星期一，2=星期二，以此类推）
setHours() / getHours()	设置/获取小时（0~23）
setMinutes() / getMinutes()	设置/获取分钟（0~59）
setSeconds() / getSeconds()	设置/获取秒数（0~59）
setTime() / getTime()	设置/获取时间（单位：千分之一秒，即毫秒）

要创建一个日期对象并获取年份及月份，可以使用如下语句：

```
setFullYeavar thdDate = new Date()            //创建日期对象 now
```

```
var this year = theDate.getFullYear()        //获取年份
var thisHours = theDate.getMonth()+1         //获取月份
```

提 示

setMonth()与 getMonth()的数值是从 0 开始的，0 代表一月，11 代表十二月，所以调用这两个方法时都必须再加 1，才是正确的月份值。

下面的范例程序是使用日期对象显示现在的日期时间。

范例程序：ch04/getNow.htm

```
<script>
//获取现在的日期时间

var theDate = new Date("2019/5/1 10:50:20");
var nowDT = theDate.getFullYear() + "/" +
        (theDate.getMonth() + 1) + "/" +
        theDate.getDate() + " " +
        theDate.getHours() + ":" +
        theDate.getMinutes() + ":" +
        theDate.getSeconds();
console.log("现在的日期时间: " + nowDT);

</script>
```

该范例程序的执行结果如图 4-4 所示。

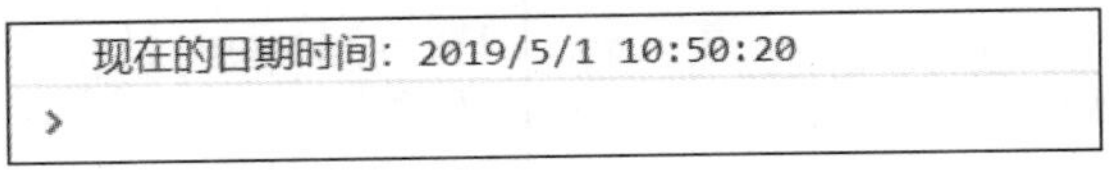

现在的日期时间: 2019/5/1 10:50:20
>

图 4-4

4.2　字符串对象与数值对象

String 与 Number 都是基本数据类型，本身并不是对象，如果想要使用 String 对象或 Number 对象的属性与方法，照理都必须转换为对象才能使用。不过，这两个对象的使用太普遍了，因此 JavaScript 引擎会自动强制转换类型，方便我们使用。下面就来看看这两个内部对象的用法。

4.2.1　字符串对象

字符串是基本数据类型，并不是对象，想要当作对象来使用，同样是使用 new 关键字来创建字符串对象，例如：

```
var s = "good Job!";        //字符串数据类型
var s_obj = new String(s);  //字符串对象
console.log(typeof s)
```

```
console.log(typeof s_obj)
```

使用 typeof 来检查类型时，可以清楚地看出变量 s 是字符串类型，而 s_obj 则是字符串对象，如图 4-5 所示。

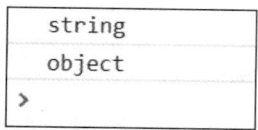

图 4-5

由于字符串对象实在是太常用了，而每次都得加上 new 关键字来创建对象太费事了，因此 JavaScript 允许省略 new 语句的创建过程，让我们可以直接使用字符串的属性与方法，JavaScript 引擎会自动将 String 类型强制转换为 String 对象来处理。

下面来看看 String 对象有哪些好用的属性与方法。

1. 属性

字符串对象可搭配的属性有 length，作用是获取字符串的长度，如下所示：

```
var name="good Job!";
len = name.length;    //len 值为 9
```

2. 方法

调用字符串对象的 toString() 方法可将数值或对象转换为字符串类型，如表 4-2 所示。

表 4-2　字符串对象的 toString() 方法

方法	说明	格式
toString()	将数值或对象转换为字符串类型	number[object].toString()

字符串对象提供的方法很多，下面将依照用途分类介绍常用的方法。

（1）返回字符串中指定位置的字符的方法（参考表 4-3）

表 4-3　返回字符串中指定位置的字符的方法

方法	说明	格式
charAt()	返回指定位置（index）的字符，index 从 0 开始	String.charAt(index)
charCodeAt()	返回指定位置（index）的 Unicode 编码，数值为 0~65535 的整数，index 从 0 开始	String.charCodeAt(index)

范例程序：ch04/charAt.htm

```
<Script>
var str= 'Keep on going never give up.';
console.log( str.charAt(3) );   //输出 P
console.log( str.charCodeAt(3) );   //输出 112
</script>
```

该范例程序的执行结果如图 4-6 所示。

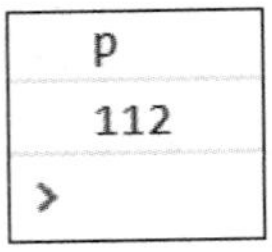

图 4-6

（2）查找字符串的方法（参考表 4-4）

表 4-4　查找字符串的方法

方法	说明	格式
includes()（ES 6 新增）	查找字符串，返回布尔值 true 或 false（区分字母大小写）	String.includes(searchString)
indexOf()	查找字符串，返回查找字符串第一次匹配位置的索引值，-1 表示找不到（区分字母大小写）	String.indexOf(searchString)
lastIndexOf()	查找字符串，返回查找字符串最后一次匹配位置的索引值，-1 表示找不到（区分字母大小写）	String.lastIndexOf(searchString)
match()	以正则表达式（RegExp）查找字符串（如果输入的不是正则表达式，就会自动转换），返回数组（Array），包含 groups、index、input，若找不到，则会返回 null	String.match(regexp)
matchAll()	以正则表达式查找字符串，返回所有匹配的结果，返回值是正则表达式字符串迭代器（RegExpStringIterator）	String.matchAll(regexp)

includes()是 ES 6 标准新加入的方法，与 indexOf()一样都可以用来检查查找的字符串是否存在于目标字符串中，includes()只会返回布尔值，也就是 true 或 false，而 indexOf 则会返回匹配字符串的起始位置。注意字符串的第一个字符位置是从 0 开始的，如果找不到就会返回-1。

范例程序：ch04/string_comparison.htm

```
<Script>
var str= 'Do what you say,say what you do.';
var target_str="what";
console.log(str);
if( str.includes(target_str) ){
    console.log("str 字符串包含 " + target_str)
}else{
    console.log("str 字符串不包含 " + target_str)
}
if( str.indexOf(target_str >= 0) ){
    console.log(target_str+" 出 现 在  str  字 符 串 的 索 引 位 置 ： "+
str.indexOf(target_str))
}else{
    console.log("str 字符串找不到"+target_str)
}
</script>
```

该范例程序的执行结果如图 4-7 所示。

```
Do what you say,say what you do.
str字符串包含 what
what出现在str字符串的索引位置: 3
>
```

图 4-7

如果只是单纯想知道字符串里是否存在某个字符，那么使用 includes()会比较简单；如果想知道这个字符的具体位置，那么使用 indexOf()才能够得到想要的结果。

indexOf()与 lastIndexOf()适合简单的字符串查找，想要进行更繁复的查找，可以使用 match()或 search()方法。

（3）串接字符串的方法（参考表 4-5）

表 4-5　串接字符串的方法

方法	说明	格式
concat()	串接字符串	String.concat(string2[,string3…])

String 对象的 concat()方法可以串接两个或多个字符串。请看下面的范例程序。

范例程序：ch04/concat.htm

```
<Script>
//串接字符串
var str= 'Hello!';
var str2="Jennifer,";
var str3="You're so beautiful";
console.log(str.concat(str2," ",str3));
console.log(str+str2+" "+str3)
</script>
```

该范例程序的执行结果如图 4-8 所示。

```
Hello!Jennifer, You're so beautiful
Hello!Jennifer, You're so beautiful
>
```

图 4-8

String 的 concat()方法可以用来合并字符串，不过很少会使用它来合并字符串，大多数人还是习惯使用字符串串联符（+）或复合赋值运算符（+=）来合并字符串。

数组对象也有 concat()方法，它会将新的数组元素与原来的数组合并，例如：

```
//数组合并
var arr=["a","b","c"];
var arr2=[1,2,3];
console.log( arr.concat(arr2) );
```

上面程序语句的执行结果如图 4-9 所示。

```
▶ (6) ["a", "b", "c", 1, 2, 3]
>
```

图 4-9

String 的 concat()方法继承自 String.prototype，Array 的 concat()方法继承自 Array.prototype，两者并不相同（继承是面向对象的特性之一，可查阅第 7 章的说明）。

（4）补齐字符串的方法（参考表 4-6）

padStart()与 padEnd()是 ES 6 定义的新方法，用来将字符串改成一样的长度，括号内有两个参数，第一个参数是指定字符串的长度（必要参数），第二个参数用于指定要填充的字符串（可以省略）。IE 浏览器并不支持这两个方法。

表 4-6　查找字符串的方法

方法	说明	格式
padStart()（IE 不支持）	在字符串前方加上指定字符或字符串来补齐字符串，让字符串符合指定的长度（targetLength）	String.padEnd(targetLength [, padString])
padEnd()（IE 不支持）	在字符串后方加上指定字符或字符串来补齐字符串，让字符串符合指定的长度（targetLength）	String.padEnd(targetLength [, padString])

范例程序：ch04/string_pad.htm

```
<Script>
// 补齐字符串
var str= 'Do what you say,say what you do.';
var str2= 'Keep on going never give up.';
console.log(str);
console.log("str.length="+str.length);  //str 字符串长度 32
console.log(str2.padStart(32, "*"));     //字符串前面补*号
console.log(str2.padEnd(32, "*"));       //字符串后面补*号
</script>
```

该范例程序的执行结果如图 4-10 所示。

```
Do what you say,say what you do.
str.length=32
****Keep on going never give up.
Keep on going never give up.****
>
```

图 4-10

在范例程序中，str 字符串的长度是 32，调用 padStart()方法与 padEnd()方法让 str2 的字符串长度与 str 相同，并补上*号。

如果不需要加任何字符，那么可以省略第二个参数，例如下面的程序语句直接在字符串前方加上空格符号：

```
str2.padStart(32)
```

（5）替换字符串的方法（参考表 4-7）

表 4-7　替换字符串的方法

方法	说明	格式
replace()	替换字符串，括号内第一个参数是查找的目标字符串或正则表达式，第二个参数是用于取代的字符串	String.replace(regexp | string, replacement)

replace()方法是用来替换字符串的，括号里的第一个参数是要查找的目标字符串，可以是字符串或正则表达式。如果使用字符串，就只会替换第一个相匹配的字符串。如果要全部替换，就必须使用正则表达式。

范例程序： ch04/replace.htm

```
<script>
// 替换字符串
var str= "Do what you say,say what you do.";
console.log(str.replace("you","he"));    // 只能替换第一个匹配的字符串
console.log(str.replace(/you/g,"he"));   // 全部替换
</script>
```

该范例程序的执行结果如图 4-11 所示。

```
Do what he say,say what you do.
Do what he say,say what he do.
>
```

图 4-11

在范例程序中，使用 he 来替换 you，如果使用正则表达式，就可以进行全文替换。正则表达式（Regular Expression）是 UNIX 系统发展出来的字符串对比规则，JavaScript 的正则表达式是内建的对象，构造函数是 RegExp，所以用 RegExp 来指代正则表达式。有关正则表达式，后续的章节会有完整的介绍。replace()方法最常使用的 RegExp 是以两个斜线限定要对比的值再指定对比模式，例如 /you/g，其中 g 就是对比的模式。对比模式可以有以下 3 种：

- g：全文对比（Global Match）。
- i：忽略字母大小写（Ignore Case）。
- gi：全文对比并忽略字母大小写。

在上面的范例程序中， str.replace(/you/g,"he")表示以 you 字符串替换目标字符串中全部的 he 字符串。

（6）分割字符串（参考表 4-8）

表 4-8　分隔字符串的方法

方法	说明	格式
slice()	分割字符串,返回指定起始与结束的索引位置的字符串（不包含结束索引本身），结束索引必须大于起始的索引值，如果省略结尾索引值，就返回起始索引之后的所有字符串	String.slice(beginIndex[, endIndex])

（续表）

方法	说明	格式
substring()	分割字符串，返回指定起始与结束的索引位置的字符串（不包含结束索引本身），如果省略结尾索引值，就返回起始索引之后的所有字符串。substring()允许起始索引大于结束索引，substring 方法会自动将两者对调	String.substring(beginIndex[, endIndex])
split()	分割字符串，返回值为数组	split(separator, howmany)

范例程序：ch04/slice&substring.htm

```
<script>
// slice 分割字符串
var str= 'Do what you say,say what you do.';
console.log( str.slice(16) )        // 取索引位置 16 之后的全部字符
console.log( str.slice(16,24) )   // 取索引位置 16~24 之间的字符

//substring 切割字符串
console.log( str.substring(24,16) )   // 取索引位置 16~24 之间的字符
</script>
```

该范例程序的执行结果如图 4-12 所示。

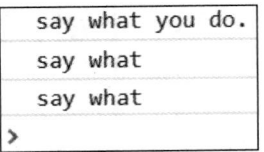

图 4-12

split()方法可以将字符串按照指定的字符或正则表达式指定的方式来分割，返回的值是数组对象，也可以指定只返回几个数组元素。

范例程序：ch04/split.htm

```
<script>
// split()分割字符串
var str="Do what you say,say what you do."
console.log( str.split(" ") )       // 以空格符为分割符
console.log( str.split("",10) )   // 分割每个字符，只取 10 个元素
console.log( str.split(" ",5) )    // 以空格符为分割符，只取 5 个元素
</script>
```

该范例程序的执行结果如图 4-13 所示。

▶ (7) ["Do", "what", "you", "say,say", "what", "you", "do."]
▶ (10) ["D", "o", " ", "w", "h", "a", "t", " ", "y", "o"]
▶ (5) ["Do", "what", "you", "say,say", "what"]

图 4-13

接下来简单了解一下数组的操作。

数组中的值称为数组的"元素"，每个元素包含索引（Index，也称为下标）与值（Value），数组的索引从 0 开始，如果要取出数组中某个元素，只要指定它的索引值即可。例如下面的程序语句中，arr 就是 split()方法分割返回的数组，只要使用 arr[索引值]，就可以获取数组的元素，索引从 0 开始，所以 arr[1]表示数组中的第 2 个元素。

```
var str = "Do what you say,say what you do."
var arr = str.split(" ")      // 把分割的结果赋值给变量 arr
console.log( arr[1] )         // 取出数组的第 2 个元素: what
```

（1）转换字符串中字母的大小写（参考表 4-9）

表 4-9　转换字符串中字母大小写的方法

方法	说明	格式
toLowerCase()	转换为小写	String.toLowerCase()
toUpperCase()	转换为大写	String.toUpperCase()

范例程序：ch04/toUpperCase.htm

```
<script>
// 转换为大写
var str= 'Do what you say,say what you do.';
console.log( str.toUpperCase() )
</script>
```

该范例程序的执行结果如图 4-14 所示。

```
DO WHAT YOU SAY,SAY WHAT YOU DO.
>
```

图 4-14

（2）去除字符串左右空格符的方法（参考表 4-10）

表 4-10　去除字符串左右空格符的方法

方法	说明	格式
trim()	去掉字符串左右两边的空格符	String.trim()
trimStart() trimLeft() （IE 不支持）	去掉字符串左边的空格符	String.trimLeft()
trimEnd() trimRight() （IE 不支持）	去掉字符串右边的空格符	String.trimRight()

字符串中的空格符经常会造成程序执行结果不正确，尤其是函数接收的参数，如果是字符串，通常会调用 trim()方法去除字符串左右两边的空格符。

trimStart()与 trimEnd()是将列入 ES 10 规范的新方法，虽然 ES 10 规范尚未正式公布，大部分的浏览器已经支持这两个新方法，但是 IE 不支持。

许多程序设计语言用于清除字符串左右空格符的方法都是 trimLeft() 与 trimRight()，ECMAScript 也保留了这两个别名，所以无论是调用 trimStart()还是调用 trimLeft()方法，执行的结果是相同的。

范例程序：ch04/trim.htm

```
<script>
// 去除字符串左右两边的空格符
var str= "  Hello  ";
console.log(">" + str.trim() + "<")          // 去除左右两边的空格符
console.log(">" + str.trimStart() + "<")     // 去除左边的空格符
console.log(">" + str.trimEnd() + "<")       // 去除右边的空格符
</script>
```

该范例程序的执行结果如图 4-15 所示。

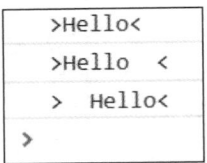

图 4-15

为了能让读者清楚地看出执行结果中的空格符，故意在程序语句前后加上了 ">" 与 "<" 符号来显示字符串起始与终止的位置，这也是程序调试中常用的方式。

4.2.2　模板字符串

模板字符串是 ES 6 标准中加入的规范，经常应用于字符串连接变量或多行字符串，使用的方式是以反引号 "`"（位于键盘左上角，与波浪符号 "~" 同一个按键）引住字符串，如果字符串中结合变量或表达式，那么可以使用 "${...}"。

下面先来看多行字符串的用法，以往要呈现多行字符串是使用 "\n" 换行的，例如：

```
<script>
let html_str ="<html>\n"+
" <head>\n"+
"  <title> 页标题 </title>\n"+
" </head>\n"+
" <body>\n 这是 HTML 语法\n</body>\n"+
"</html>"
</script>
```

有了模板字符串之后，就不需要这么麻烦了。请看下面的范例程序。

范例程序：ch04/templateStrings.htm

```
<script>
let html_str =`<html>
 <head>
  <title> 页标题 </title>
```

```
    </head>
    <body>
     这是 HTML 语句
    </body>
 </html>`
 console.log(html_str)
</script>
```

该范例程序的输出结果如图 4-16 所示。

```
<html>
 <head>
  <title> 网页标题 </title>
 </head>
 <body>
  这是HTML语句
 </body>
 </html>
> |
```

图 4-16

模板字符串会保留反引号中的格式，不仅使用简单，程序代码也简洁易读。

字符串经常会嵌入变量或表达式，使用模板字符串会更方便。请参考下面的范例程序。

范例程序：ch04/templateStrings01.hmt

```
<script>
// 字符串嵌入变量
let name = "Jennifer";
let str = 'Hi, my name is ${name}, Nice to meet you. ';
console.log(str)

// 字符串嵌入变量及表达式
let x=10,y=5;
let str1 = '${x} + ${y} = ${x + y}';
console.log(str1)

// 传统字符串相加的写法
let str2 = x + " + " + y + " = " + (x+y);
console.log(str2)
</script>
```

该范例程序的执行结果如图 4-17 所示。

```
Hi, my name is Jennifer, Nice to meet you.
10 + 5 = 15
10 + 5 = 15
>
```

图 4-17

范例程序中加入了传统的写法，读者可以对传统的写法与模板字符串的写法进行比较，模板
字符串的写法是不是更易于阅读呢？

如果模版字符串中包含反引号，就必须在反引号之前加上转义字符"\"来加以区别，例如下面的程序语句：

```
let name = "Jennifer";
let str = `Hi, my name is \`${name}\`, Nice to meet you.`;
console.log(str)
```

这段程序的执行结果如图 4-18 所示。

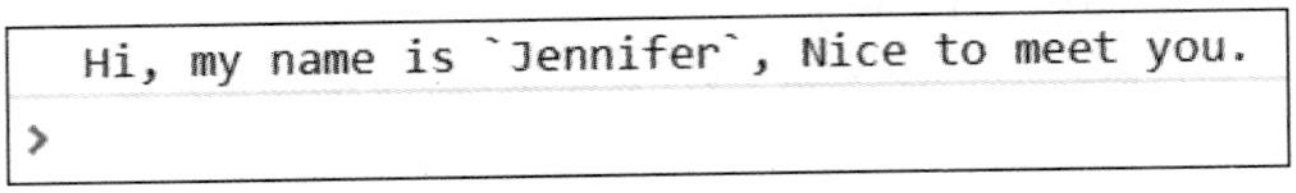

```
Hi, my name is `Jennifer`, Nice to meet you.
>
```

图 4-18

模板字符串另一种高级的用法是"带标签的模板字符串"（Tagged Template Strings），是调用标签函数来操作模板字符串的变量，在函数中可以先经程序处理之后再赋值，而不是直接赋值。

带标签的模板字符串的编写方式是先创建一个函数，将这个函数名称放在模板字符串前面，函数的第一个参数是字符串原始字符的数组，第二个之后的参数则是模板字符串中的变量，格式如下：

```
function tag (string, …arguments ) {
    // 程序语句
}
tag`string ${arguments} string`;
```

函数中也可以加入 return 语句来返回值。

为了了解带标签的模板字符串的架构，下面先来看一个简单的范例程序。

范例程序：ch04/taggedTemplate.htm

```
<script>
// 带标签的模板字符串
let name = "Jennifer";
let age = "18";

//定义 intro 函数
function intro(strings, a ,b){
    console.log(strings);
    console.log(a);
    console.log(b);
    console.log(strings.raw[0]);
}

//模板字符串前面加上 intro
const sentence = intro'My name is ${name},\n I am ${age} years old';
</script>
```

该范例程序的执行结果如图 4-19 所示。

```
▶ (3) ["My name is ", ",↵ I am ", " years old", raw: Array(3)]
Jennifer
18
My name is
> |
```

图 4-19

范例程序中的 intro() 函数只是将参数输出，第一个参数是模板字符串原始字符的数组，第二个和第三个参数则是对应到模板字符串的变量。

第一个参数带有一个特殊的属性 raw，可以利用它来获取原始输入的字符串值，如果范例程序的字符串原本带有 "\n" 换行符，就可以使用下面的程序语句来获取原始字符串：

```
console.log( strings.raw[1] );  //输出 ",\n I am"
```

如果函数想要接收任意数量的参数，那么可以使用 ES 6 新规范的 rest 参数来创建可变参数的函数。下面将前一个范例程序修改为可变参数的函数。

范例程序：ch04/taggedTemplateByRest.htm

```
<script>
//带标签的模板字符串
//使用 rest 参数
let name = "Jennifer";
let age = "18";

//定义 intro 函数
function intro(strings, ...args){
  console.log(strings);
  console.log(args);
}

//模板字符串前面加上 intro
const sentence = intro`My name is ${name}, I am ${age} years old`;
</script>
```

该范例程序的执行结果如图 4-20 所示。

```
▶ (3) ["My name is ", ", I am ", " years old", raw: Array(3)]
▶ (2) ["Jennifer", "18"]
>
```

图 4-20

范例程序中的第二个参数为 rest，这个特殊的 "...args" 语法中的 "..." 表示它是一个 rest 参数，args 则是这个 rest 参数的数组名。

我们可以看到将实际的参数放入 args 数组，要操作这些实际的参数只要使用操作数组的方式即可。

可以在带标签的模板字符串的函数中任意使用字符串与参数，组合成我们想要的结果之后使用 return 语句返回。下面来看一个范例程序。

范例程序：ch04/taggedTemplateByRest01.htm

```
<script>
//定义 getDay 函数
function getDay(strings, ...values){
let result = '';
let week = ["日","一","二","三","四","五","六"];

strings.forEach(function(key, i) {
    if(values[i]){
        let setTime = new Date(values[i]);    //转换为日期对象
        result += values[i] + "是星期" + week[setTime.getDay()] + "\n";
    };
    });

    return result;
}

const a="2019-8-1";
const b="2019-9-1";
const c="2019-10-1";

//带标签的模板字符串
const sentence = getDay'${a},${b},${c},';
console.log(sentence)
</script>
```

该范例程序的执行结果如图 4-21 所示。

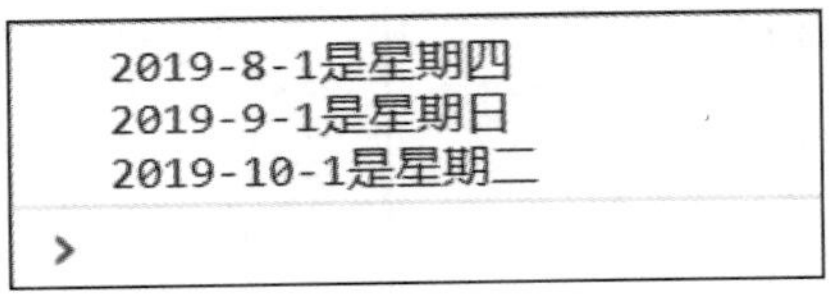

```
2019-8-1是星期四
2019-9-1是星期日
2019-10-1是星期二

>
```

图 4-21

4.2.3 数值对象

数值（Number）对象就是带有数值的对象，如整数（Integer）或带有小数点的浮点数（Float）。
Number 与 String 一样都是基本数据类型，要当作对象使用就要调用构造函数来创建 Number
对象，例如：

```
var numObj= new Number("12345");    //numObj 是 Number 对象
```

如果传入的数据没有办法转换成 Number 对象，就会返回 NaN。
Number()也是转换数值类型的函数，例如：

```
var num= Number("12345");    //num 是 Number 类型的数值
```

通过下面的范例程序就能更清楚地了解两者的差异了。

范例程序：ch04/number.htm

```
<script>
var numObj = new Number('12345');
var num = Number('12345');
console.log(typeof numObj)    //object
console.log(typeof num)       //number

console.log(numObj===12345)  //false
console.log(num===12345)      //true
</script>
```

该范例程序的执行结果如图 4-22 所示。

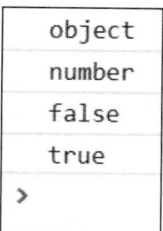

图 4-22

Number()构造函数提供了静态属性与方法，不需要实例化就可以使用，可参考表 4-11。

表 4-11　Number()构造函数提供的静态属性和方法

属性	说明
Number.EPSILON （IE 不支持）	JavaScript 可表示的最小精度
Number.MAX_SAFE_INTEGER （IE 不支持）	JavaScript 可表示的最大整数
Number.MAX_VALUE	JavaScript 可表示的最大数
Number.MIN_SAFE_INTEGER （IE 不支持）	JavaScript 可表示的最小整数
Number.MIN_VALUE	JavaScript 最接近 0 的数
Number.NaN	非数值
Number.NEGATIVE_INFINITY	表示负无穷大值
Number.POSITIVE_INFINITY	表示正无穷大值

以使用 Number.MAX_VALUE 属性为例，正确的用法如下：

```
var max_val = Number.MAX_VALUE
```

以下是错误的用法：

```
var n= new Number(10);
var max_val = n.MAX_VALUE;    //这是错误用法
```

我们来看看这些属性使用的时机。

（1）Number.EPSILON（IE 不支持）

Number.EPSILON 是 ES 6 标准新加入的属性，它是 1 与大于 1 的最小浮点数的差值，值约为 2^{-52}。

第 2 章介绍 Number 类型时曾提过 JavaScript 浮点数不能精确地表示小数，如果想要判断两个浮点数是否相等，就需要使用 Number.EPSILON 属性值作为误差容许值。请看下面的范例程序。

范例程序：ch04/EPSILON.htm

```
<script>
//Number.EPSILON 检测两个浮点数是否相等

console.log("Number.EPSILON = " + Number.EPSILON)
function checkNumber (left, right) {
  return left + "===" + right + " >> " + (left == right);
}
function checkNumberWithEPSILON (left, right) {
  return left + "===" + right + " >> " + (Math.abs(left - right) <
Number.EPSILON);
  }

var n1 = 0.1 + 0.2;
var n2 = 0.3;

console.log( checkNumber(n1, n2) ) // false
console.log( checkNumberWithEPSILON(n1, n2) ) // true
</script>
```

该范例程序的执行结果如图 4-23 所示。

```
Number.EPSILON = 2.220446049250313e-16
0.30000000000000004===0.3 >> false
0.30000000000000004===0.3 >> true
>
```

图 4-23

在这个范例程序中是以 Number.EPSILON 作为可接受的误差范围，如果两个数的差值小于 Number.EPSILON，就可以直接忽略误差。

（2）Number.MAX_SAFE_INTEGER 和 Number.MIN_SAFE_INTEGER

Number.MIN_SAFE_INTEGER 与 Number.MAX_SAFE_INTEGER 定义的是整数的安全范围，范围从 $-(2^{53} - 1) \sim (2^{53} - 1)$，也就是说，当数值小于 2^{53} 时，可以确保数值的精度，超出这个范围的计算就有可能会丢失精度。

（3）Number.MAX_VALUE 和 Number.MIN_VALUE

Number.MAX_VALUE 是 JavaScript 双精度浮点数能表示的最大数值，值为 1.7976931348623157e+308，大于 MAX_VALUE 的值表示为无穷大（Infinity），数值越大，精度就越差。

Number.MIN_VALUE 是最接近 0 的非 0 数值，值为 5e-324。

范例程序：ch04/number_MAX.htm

```
<script>
let x = 1.7976931348623157e+308;   //Number.MAX_VALUE
let y = 2;
if (x * y > Number.MAX_VALUE) {
    console.log("超过 MAX_VALUE");
}
console.log(x * y);
</script>
```

该范例程序的执行结果如图 4-24 所示。

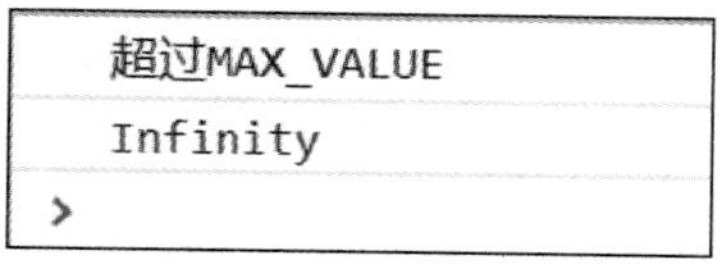

图 4-24

构造函数 Number()可使用的方法参考表 4-12。

表 4-12　构造函数 Number()可使用的方法

方法	说明
Number.isNaN(x)	数值 x 是否为 NaN
Number.isFinite(x)	数值 x 是否为有限值
Number.isInteger(x)	数值 x 是否为整数
Number.isSafeInteger(x)	数值 x 是否在整数的安全范围内
Number.parseFloat(x)	解析数值 x 返回浮点数，无法解析返回 NaN
Number.parseInt(x, base)	解析数值 x 返回指定基数的整数

上述方法中 isFinite()、isInteger()、isNaN()、parseFloat()、parseInt()都是 ES 6 标准定义的规范，但是 IE 浏览器并不支持。

Number.parseFloat()、Number.parseInt()与 JavaScript 内建的全局函数 parseFloat()、parseInt()的功能是相同的。

范例程序：ch04/NumberMethod.htm

```
<script>
//Number.isNaN
console.info("Number.isNaN↓")
console.log("isNaN('37') = " + Number.isNaN('37'));  //false
console.log("isNaN(0/0) = " + Number.isNaN(0/0));    //true

//Number.parseInt
console.info("Number.parseInt↓")
console.log("3.125 = " + Number.parseInt("3.125") );
//十六进制数转十进制的整数
console.log("十六进制数 A = " + Number.parseInt('A', 16) );
```

```
//二进制数转十进制数的整数
console.log("二进制数1010 = " + Number.parseInt('1010', 2) );
</script>
```

该范例程序的执行结果如图 4-25 所示。

```
Number.isNaN↓
isNaN('37') = false
isNaN(0/0) = true
Number.parseInt↓
3.125 = 3
十六进制数A = 10
二进制数1010 = 10
>
```

图 4-25

Number 对象实例还有方法可以将数值对象转换为指定的格式，Number 对象实例都继承自 Number.prototype，其中的各个方法可参考表 4-13。

表 4-13　Number 对象继承自 Number.prototype 的方法

方法	说明
toExponential(d)	将数值转换为科学记数法来表示，参数 d 用于指定小数位数，可省略
toFixed(d)	返回指定小数位数的字符串，参数 d 用于指定小数位数（0~20），可省略
toLocaleString(locales[,options])	将数值按照指定的语言格式化，参数 locales 用于指定语言环境
toPrecision(p)	将数值转换为指数表示法的字符串，参数 p 是最小位数（1~100），可省略
toString(r)	将数值转换为字符串，参数 r 是进位的基数，可省略
valueOf()	返回对象的数值

toLocaleString()是一个很特别的方法，稍后再来介绍它。其他方法可参考下面的范例程序。

范例程序：ch04/NumberprototypeMethod.htm

```
<script>
//Number.prototype 的方法
console.log( (12345).toExponential(2) );    //1.23e+4
console.log( (10000).toPrecision(3) );      //1.00e+4
console.log( (10).toString(2) );            //1010
console.log( (3.14159).toFixed(2) );        //3.14

var numObj = new Number(10);
console.log( numObj.valueOf() );            //10
console.log(typeof numObj.valueOf() );      //number
</script>
```

该范例程序的执行结果如图 4-26 所示。

```
1.23e+4
1.00e+4
1010
3.14
10
number
>
```

图 4-26

toLocaleString() 方法可用于快速将数值格式化，括号 "()" 中有两个可选参数：参数 locales 用于指定语言环境，如果省略，就表示采用操作环境设置的语言（例如浏览器）；另一个参数 options 是其他设置选项。下面是省略参数的用法，操作环境是中文，所以数字带有千分号：

```
<script>
var num = 12345;
console.log( num.toLocaleString() );   // 12,345
</script>
```

locales 参数必须是 BCP 47 语言标签（BCP 47 Language Tag）的字符串，标签的格式通常是"语言"或"语言-地区"，例如中文的语言标签为 zh（泛指所有中文语系，包括简体和繁体），英语的语言标签为 en（泛指所有英文语系，en-GB 表示英国英语，ar-EG 表示埃及语，de-DE 表示德语），其他国家的语言标签可以在网上输入 "BCP 47 语言标签" 进行查询。

options 参数可以进一步设置数字的格式，例如数字前加上货币符号（$），它的常用属性如下。

- style: 格式化样式，值有 decimal（纯数字）、currency（货币格式）、percent（百分比格式），默认为 decimal。
- currency: 使用的货币样式，CNY 表示人民币，USD 表示美元，EUR 表示欧元，JPY 表示日元，KRW 表示韩元，等等。
- useGrouping: 是否使用分隔符，例如千位符号，值为布尔（true/false）。
- minimumIntegerDigits、minimumFractionDigits、maximumFractionDigits: 其中 minimumIntegerDigits 表示最小整数的位数，允许值为 1~21，默认为 1。minimumFractionDigits 与 maximumFractionDigits 表示小数点后最少与最多显示的位数（四舍五入），值为 0~20，位数不够则补 0。如果这组属性与下面介绍的属性混用，这组属性就会被忽略。
- minimumSignificantDigits 与 maximumSignificantDigits: 最小与最大有效位数（四舍五入）。

范例程序：ch04/toLocaleString.htm

```
<script>
var num = 1234567.89;

//ar-EG 埃及语 => ١٬٢٣٤٬٥٦٧٫٨٩
console.log( num.toLocaleString('ar-EG') );
//de-DE 德语 => 1.234.567,89
console.log( num.toLocaleString('de-DE') );
//中文数字 =>1,234,568
console.log(      num.toLocaleString('zh',      {      style:      'decimal',
```

```
maximumFractionDigits:0 }) );
    //中文百分比格式 => 123,456,789%
    console.log( num.toLocaleString('zh', { style: 'percent' }) );
    //CNY 符号 => ￥1,234,568
    console.log( num.toLocaleString('zh', { style: 'currency', currency:"CNY",
minimumFractionDigits:0, maximumFractionDigits:0 }) );
    //英镑符号 => £1,234,567.89
    console.log(    num.toLocaleString('en-GB',    {    style:    'currency',
currency:"GBP" }) );
    //最大有效位数 => 1,230,000
    console.log( num.toLocaleString('zh', { maximumSignificantDigits: 3 }) );
    </script>
```

该范例程序的执行结果如图 4-27 所示。

```
٨٩,٤٥٦,٧٢٣,١
1.234.567,89
1,234,568
123,456,789%
￥1,234,568
£1,234,567.89
1,230,000
>
```

图 4-27

4.2.4 数学运算对象

Math 是 JavaScript 的内部对象，提供了数学运算常用的常数、三角函数、对数函数以及数学函数的静态方法。表 4-14 列出了 Math 的数学常数。

表 4-14 Math 的数学常数

属性	说明
Math.E	e 数学常数，自然对数函数的底数，或称为欧拉数，约为 2.718
Math.LN2	$\log_e^2$，2 的自然对数，约为 0.693
Math.LN10	$\log_e^{10}$，10 的自然对数，约为 2.303
Math.LOG2E	$\log_2^e$，以 2 为底数，e 的对数，约为 1.442
Math.LOG10E	Log_{10}^e，以 10 为底数，e 的对数，约为 0.434
Math.PI	圆周率，约为 3.14159
Math.SQRT1_2	1/2 平方根，约为 0.707
Math.SQRT2	2 的平方根，约为 1.414

下面的范例程序使用 Math.PI 计算圆的面积。

范例程序：ch04/circleArea.htm

```
<script>
//Math.PI
```

```
let r=10;
let circleArea = r * r * Math.PI;  //圆面积的计算
console.log('半径${r}厘米的圆的面积为${circleArea}')
</script>
```

该范例程序的执行结果如图 4-28 所示。

半径10厘米的圆的面积为314.1592653589793

>

图 4-28

Math 对象提供了许多数学函数，用于完成更多的数值计算，如指数、开根号、乘幂与对数，以及正弦、反正弦、余弦、弧度、正切等三角函数。下面分类列出了这些数学函数与方法，第一列标注星号（*）的方法是 ES 6 标准新加入的功能，使用前要考虑各目标运行环境支持与否（例如 IE 不支持）。

（1）三角函数、反三角函数与双曲函数（参考表 4-15）

表 4-15　Math 对象提供的三角函数、反三角函数与双曲函数

ES6	函数	说明
	acos(x)	返回反余弦值（余弦函数的反函数），x 必须是-1.0～1.0 的数值
*	acosh(x)	返回反双曲线余弦值
	asin(x)	返回反正弦值（正弦函数的反函数），x 必须是-1.0～1.0 的数值
*	asinh(x)	返回反双曲线正弦值
	atan(x)	返回反正切值（正切函数的反函数），x 必须是-PI/2～PI/2 的数值
*	atanh(x)	返回反双曲线正切值，x 必须是-1.0～1.0 之间的数值
	atan2(y, x)	由 x 轴原点逆时针旋转到(x, y)的角度，角度以弧度表示。注意参数传递的方式，y 轴是第 1 个参数，x 轴是第 2 个参数
	cos(x)	返回余弦值，x 的单位是弧度
*	cosh(x)	返回双曲线余弦
	sin(x)	返回正弦值，x 的单位是弧度
*	sinh(x)	返回双曲线正弦值
	tan(x)	返回正切值，x 的单位是弧度
*	tanh(x)	返回双曲线正切值
*	hypot([x, y…,n)	返回平方和（$x^2+y^2+…+n^2$）再开根号的值，如果只带入两个数值，就相当于求直角三角形斜边的长（勾股定理）

范例程序：ch04/trigonometric.htm

```
<script>
//三角函数、反三角函数与双曲函数
console.log( "30 度的正弦值: " + Math.sin(30*Math.PI/180) )
//1 弧度=PI/180
console.log( "1 弧度的余弦值: " + Math.cos(1) )
console.log( "60 度的余弦值: " + Math.cos(60*Math.PI/180) )
console.log( "45 度的正切值: " + Math.tan(45*Math.PI/180) )
```

```
    console.log( "1 的反正切值，以弧度表示：" + Math.atan(1) )
    console.log( "1 的反正切值，以角度表示：" + Math.atan(1)*(180/Math.PI) )
    //反正切 1 弧度=180/PI
    console.log( "-0.1 的反双曲线正切值" + Math.atanh(-0.1) )
    console.log( "坐标(1,1)的反正切值，以弧度表示：" + Math.atan2(1, 1) )
    console.log( "坐标(1,1)的反正切值，以角度表示：" + Math.atan2(1, 1) *
(180/Math.PI) )
    console.log( "边长 3 和 4 的直角三角形斜边的长度：" + Math.hypot(3, 4) )
    </script>
```

该范例程序的执行结果如图 4-29 所示。

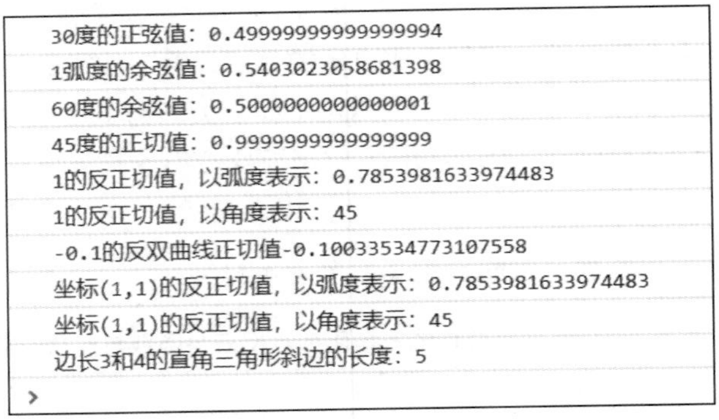
30度的正弦值：0.49999999999999994
1弧度的余弦值：0.5403023058681398
60度的余弦值：0.5000000000000001
45度的正切值：0.9999999999999999
1的反正切值，以弧度表示：0.7853981633974483
1的反正切值，以角度表示：45
-0.1的反双曲线正切值-0.10033534773107558
坐标(1,1)的反正切值，以弧度表示：0.7853981633974483
坐标(1,1)的反正切值，以角度表示：45
边长3和4的直角三角形斜边的长度：5
>

图 4-29

（2）指数和对数函数（参考表 4-16）

表 4-16 Math 对象提供的指数和对数函数

ES 6	函数	说明
	exp(x)	返回 e 的 x 次方（e^x）
*	expm1(x)	返回 e 的 x 次方减 1，相当 Math.exp(x)-1
	log(x)	返回以 e 为底的对数
*	log1p(x)	返回 log(1 + x)
	log2(x)	返回以 2 为底数的对数
*	log10(x)	返回以 10 为底数的对数

范例程序：ch04/exponent_logarithm.htm

```
<script>
//指数与对数函数
console.log( "2 的自然对数：" + Math.log(2) )
console.log( "以 10 为底数时，86 的对数：" + Math.log10(86) )
console.log( "自然对数 e 为基数的 2 次方" + Math.exp(2)  )
</script>
```

该范例程序的执行结果如图 4-30 所示。

```
2的自然对数: 0.6931471805599453
以10为底数时, 86的对数: 1.9344984512435677
自然对数e为基数的2次方7.38905609893065
>
```

图 4-30

（3）求绝对值和取整函数（参考表 4-17）

表 4-17　Math 对象提供的求绝对值和取整函数

ES 6	函数	说明
	abs(x)	绝对值
	ceil(x)	无条件进位（不小于 x 的最小整数）
	floor(x)	无条件舍去（不大于 x 的最大整数）
	round(x)	四舍五入
*	trunc(x)	去除 x 的小数，返回 x 的整数部分

这些函数都是很常用的，其中 floor() 是取不大于 x 的最大整数，trunc() 是去除小数部分，只取整数部分。下面通过一个范例程序来比较这些函数的使用。

范例程序：ch04/approximate.htm

```
<meta charset="UTF-8" />
<script>
var x = -2.1547;
var y = 8.7152;

console.log( x+" => abs 取绝对值: "+ Math.abs(x) )
console.log( y+" => ceil 无条件进位: "+ Math.ceil(y) )
console.log( y+" => floor 无条件舍去: "+ Math.floor(y) )
console.log( y+" => round 四舍五入: "+ Math.round(y) )
console.log( y+" => trunc 去除小数部分: "+ Math.trunc(y) )
//请比较 floor()与 trunc()的差别
console.log("****floor()与trunc()的差别*****")
console.log( x+" => floor 无条件舍去: "+ Math.floor(x) )
console.log( x+" => trunc 去除小数部分: "+ Math.trunc(x) )
</script>
```

该范例程序的执行结果如图 4-31 所示。

```
-2.1547 => abs取绝对值: 2.1547
8.7152 => ceil无条件进位: 9
8.7152 => floor无条件舍去: 8
8.7152 => round四舍五入: 9
8.7152 => trunc去除小数部分: 8
****floor()与trunc()的差别*****
-2.1547 => floor无条件舍去: -3
-2.1547 => trunc去除小数部分: -2
>
```

图 4-31

（4）其他数学运算函数（参考表 4-18）

表 4-18　Math 对象提供的其他数学运算函数

ES6	函数	说明
*	cbrt(x)	计算立方根
*	clz32(x)	返回 32 位无符号整数前导零的位数
*	fround(x)	返回单精度浮点数，x 是双精度浮点数
*	imul(x, y)	返回两个 32 位有符号整数相乘的值
	max(...array)	取数值中较大者，如果有某个参数无法转换为数值，就返回 NaN
	min(...array)	取数值中较小者，如果有某个参数无法转换为数值，就返回 NaN
	pow(x, y)	返回 x 的 y 次方
	random()	产生介于 0 与 1 之间的随机数
*	sign()	返回数值的符号
	sqrt(x)	平方根

上述函数有些是针对数据的处理，因此需要先了解有些数值数据表示法的名词，如无符号整数、单精度浮点数、双精度浮点数、符号等，再开始编写范例程序。

各种程序设计语言的数值数据表示法大同小异，只是 JavaScript 的数值与其他程序设计语言稍有不同，JavaScript 的数值类型没有 Integer（整数）、Float（浮点数）、Double（双精度浮点数）之分，只有一种 Number 类型（数值类型），标准采用 IEEE 754 二进制（只有 0 和 1）的双精度浮点数（以 64 个二进制位来存储浮点数）表示，如图 4-32 所示。

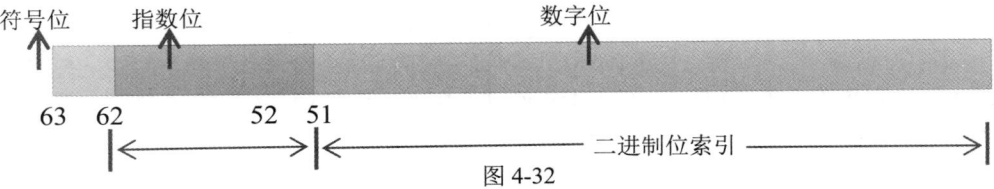

图 4-32

- 符号位：占 1 比特（bit），用来表示浮点数正或负，0 表示正数，1 表示负数。
- 指数位：二进制表示法的指数，占 11 比特。
- 数字位：占 52 比特。

JavaScript 有一些运算只能使用 32 位的有符号整数，如位运算符会将操作数隐式转换为 32 位整数后再进行运算。

什么是有符号整数呢？整数有两种类型：有符号整数与无符号整数，当整数二进制数最左边第一个比特（bit）位用来作为符号位来表示是正数还是负数时，这个整数就称为有符号整数；如果最左边第一个比特位不表示符号位，所有比特位都用来表示整数数值，这个整数就称为无符号整数。

无符号整数与有符号整数使用的内存空间相同，前者因为省去了符号位，因而只能表示正整数，例如 32 位有符号整数的取值范围为 $-2^{32}/2 \sim 2^{32}/2 - 1$（有一半要表示负数），而 32 位无号整数取值范围为 $0 \sim 2^{32} - 1$。

范例程序：ch04/binary.htm

```
<meta charset="UTF-8" />
```

```
<script>
console.log("-5 => 符号: " + Math.sign(-5) )
console.log("18 => 32 位无符号整数前导零的位数: " + Math.clz32(18) )
</script>
```

该范例程序的执行结果如图 4-33 所示。

```
-5 => 符号: -1
18 => 32位无符号整数前导零的位数: 27
>
```

图 4-33

sign()函数返回数值的符号，它的返回值有 5 种，分别是 1（正数）、-1（负数）、0（正零）、-0（负零）、NaN。clz32()函数返回 32 位无符号整数前导零的位数，十进制数 18 转换为 32 位二进制数的无符号整数是 00000000000000000000000000011000，返回的前导 0 有 27 个（在此简单介绍了 IEEE754 二进制数据的表示法，如果读者想进一步学习十进制数与 IEEE754 二进制数之间的转换，可参考计算机概论等相关的图书）。

另一个要特别介绍的是 random()函数，在程序设计中经常要用到随机产生的数值，即随机数（Random Number），尤其是制作游戏软件时经常需要用到随机数，如掷骰子、扑克牌发牌等。

random()函数的用法如下：

```
Math.random()　　// =>0~1 的随机浮点数(不含 1)
```

random()函数产生的最大数不会大于 1，最多也就是 0.9999...9，如果想要获取某个范围的随机数，可以先乘两个数的差值（max-min），再加上小的那个数（min），用法如下：

```
Math.random() * (max - min) + min
```

范例程序：ch04/random.htm

```
<script>
var max=20;
var min=10;
var r=Math.random();
console.log(r)
console.log( r * (max - min) + min )
</script>
```

该范例程序的执行结果如图 4-34 所示。

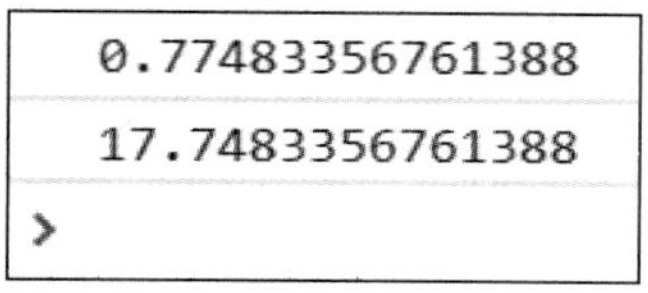

```
0.77483356761388
17.7483356761388
>
```

图 4-34

在上面的范例程序中，取出的 10~20 的随机数是浮点数，如果想获取整数，可以搭配 Math.floor() 函数将小数点后面的部分无条件舍去。可参考以下两条程序语句：

```
Math.floor(Math.random() * (max - min)) + min;　　　　//包含 min, 不包含 max
```

```
Math.floor(Math.random() * (max - min + 1)) + min; //包含max，也包含min
```

下面的范例程序调用 random()函数获取随机浮点数、随机整数与随机布尔值。

范例程序：ch04/random_all.htm

```
<meta charset="UTF-8" />
<script>
//获取随机浮点数
function getRandFloat(min, max) {
    return Math.random() * (max - min) + min;
}

//获取随机整数(包含min，不包含max)
function getRandInt(min, max) {
    return Math.floor(Math.random() * (max - min)) + min;
}

//获取随机布尔值
function getRandBool() {
    return Math.random() >= 0.5;
}

console.log( getRandFloat(10, 20) )
console.log( getRandInt(10, 20) )
console.log( getRandBool() )
</script>
```

该范例程序的执行结果如图 4-35 所示。

```
18.351597317464588
10
true
>
```

图 4-35

第5章

集合对象

集合对象就好像一个大袋子，将一组相关联的数据放在一起组成一个对象。这样不仅可以快速存取数据，也方便大量数据的处理与运算。本章将介绍 JavaScript 中的集合对象：数组（Array）、映射（Map）、集合（Set）。

5.1 数　组

数组是 JavaScript 提供的内部对象之一，主要功能是提供一连串具有连续性的存储空间，数组的元素或值可以是字符串、数值或另一个对象，并使用索引（Index，也称为下标）来存取数组中的每一个值或元素。数组的使用非常方便，可以大幅简化程序设计中的编码。

5.1.1　声明数组对象

数组对象里的数据称为元素，使用数组时必须先声明，再给数组元素赋值。数组元素的个数可配合应用的情况自动调整。

1. 数组的声明

数组的声明方式有三种，下面详细介绍。

方法一：

```
var arrayName =new Array();
```

先创建数组对象 arrayName，再使用索引（Index）来给每一个数组元素赋值，例如：

```
arrayName[0]= "元素一";
arrayName[1]= "元素二";
```

数组索引从 0 开始，例如 arrayName 数组的第一个元素为 arrayName[0]，第二个元素为 arrayName[1]，以此类推。

方法二：

```
var arrayName = new Array("元素一","元素二");
```

声明数组对象 arrayName，括号"()"里的每一项代表数组的每一个元素，元素个数就是数组的长度。

方法三：

```
var arrayName = ["元素一","元素二"];
```

这种方式是以字面表达式的方式构成数组列表，以中括号"[]"给数组的元素赋值。使用中括号表达式来创建数组时，数组也会自动初始化，并以中括号中元素的个数来设置数组的长度。

例如，声明一个数组 arrayMajor，并给数组元素赋值为"英语""数学""语文"，那么可以这么表示：

```
var arrayMajor = new Array();
arrayMajor[0] = "英语";
arrayMajor[1] = "数学";
arrayMajor[2] = "语文";
```

也可以这样表示：

```
var arrayMajor = new Array("英语","数学","语文");
```

或者这样表示：

```
var arrayMajor = ["英语","数学","语文"];
```

2. 存取数组元素的值

数组存储的每个数据称为元素，元素的个数就是数组的长度，通过数组的索引来存取每个元素，索引值从 0 开始。例如下面的 arr 数组有 5 个元素，所以数组的长度是 5，索引值为 0~4，如图 5-1 所示。

```
var arr = ["A","B","C","D","E"];
```

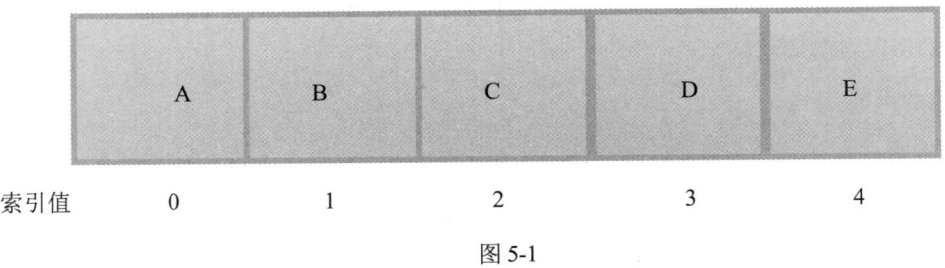

| A | B | C | D | E |

索引值   0   1   2   3   4

图 5-1

存取数组内容值也是使用索引来实现的，格式如下：

```
array[i];    //i 为元素的索引值，起始值为 0
```

例如，我们想取出数组 arrayMajor 中的"数学"，可以这样表示：

```
arrayMajor[1];
```

"数学"是数组 arrayMajor 的第二个元素，因而索引值是 1。

下面的范例程序是使用 for 循环来按序取出数组中元素的值。

范例程序：ch05/array.htm

```
<meta charset="UTF-8" />
<script>
//Array

arrayMajor=new Array("英语","数学","语文","历史","地理");      //声明数组
for (i = 0; i < arrayMajor.length; i++) {
//使用 length 属性获取数组的元素个数
console.log(`第${i+1}个数组元素是 ${arrayMajor[i]}`);
}
</script>
```

该范例程序的执行结果如图 5-2 所示。

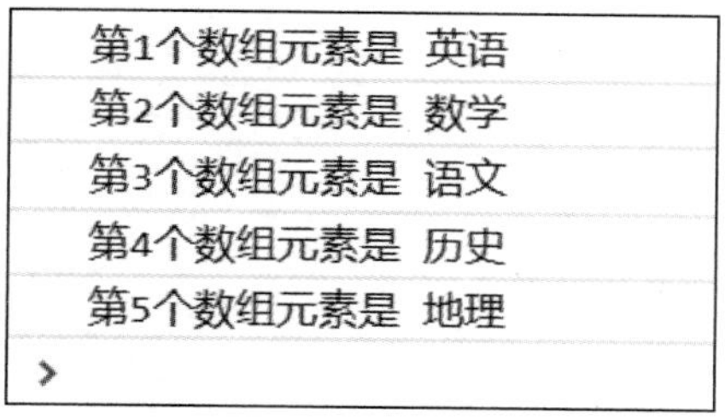

第1个数组元素是	英语
第2个数组元素是	数学
第3个数组元素是	语文
第4个数组元素是	历史
第5个数组元素是	地理
>	

图 5-2

在该范例程序中，我们使用了 Array 对象的 length 属性来得知数组中共有几个元素，再利用 for 循环将数组逐个元素输出。

也可以将 for 循环改用 foreach 循环，程序语句如下：

```
arrayMajor.forEach(function(item, i) {
    console.log(item,i);
});
```

在上述 foreach 循环里，匿名函数的第一个参数是数组元素的内容，第二个参数是索引值，输出之后就会得到如图 5-3 所示的结果。

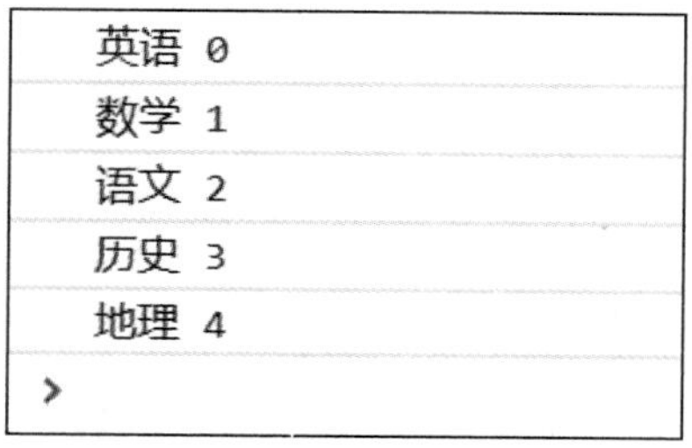

英语	0
数学	1
语文	2
历史	3
地理	4
>	

图 5-3

从上述介绍可知，数组和变量一样都用来存储数据，既然可以使用变量，为什么还要使用数组呢？

当存储的数据具有相关性而且量较大时就很适合使用数组。譬如想要编写一个扑克牌发牌程序，扑克牌有 52 张，如果声明 52 个变量来存储扑克牌的数字与花色，就很累人了，而使用数组不仅简单方便，还可以使用 Array 对象内建的方法来管理数组。

下一节就来介绍数组的属性与方法。

5.1.2 数组的属性与方法

数组的属性与方法可以让我们在存取数组时更加方便。

1. 数组的属性

数组属性存取的语法如下：

```
array.property
```

数组的属性有 length，其作用是获取数组的个数。例如有一个数组为 myArray，想获取数组元素的个数，语法如下：

```
myArray.length
```

2. 数组的方法

调用数组的方法的语法如下：

```
array.method()
```

（1）数组常用的排序方法（参考表 5-1）

表 5-1　数组常用的排序方法

方法	说明
sort()	排列数组元素
reverse()	反转数组元素排列

sort()方法是将数组进行排序，而 reverse()方法则会将数组反向排列。如何调用数组的这两个方法呢？可参考下面的范例程序。

范例程序：ch05/sort.htm

```
<meta charset="UTF-8" />
<script>
//Array 方法：sort() 和 reverse()

arrayValue = ["12435", "23122", "54312", "0123"];
console.log("****原始数组***");
console.log(arrayValue);
console.log("***sort()排序后的数组***");
console.log(arrayValue.sort());          //排序
console.log("***reverse()反转排序后的数组***");
```

```
console.log(arrayValue.reverse());        //反排序
</script>
</head>

</script>
```

该范例程序的执行结果如图 5-4 所示。

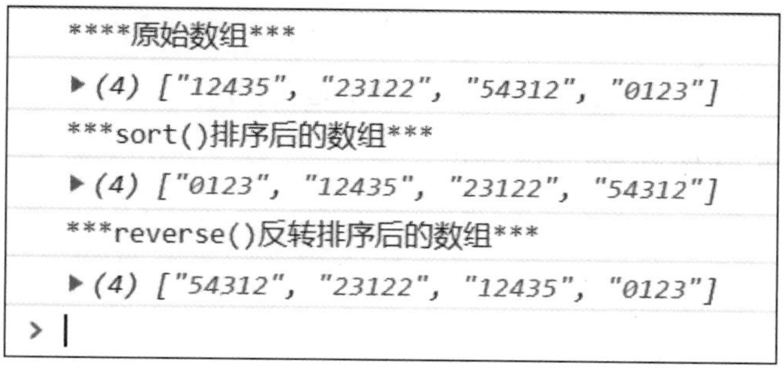

```
****原始数组***
▶ (4) ["12435", "23122", "54312", "0123"]
***sort()排序后的数组***
▶ (4) ["0123", "12435", "23122", "54312"]
***reverse()反转排序后的数组***
▶ (4) ["54312", "23122", "12435", "0123"]
> |
```

图 5-4

提　示
在执行上面的范例程序之后会看到如图 5-5 所示的执行结果，只要按 F5 键刷新页面，Chrome 浏览器就会显示数组元素的列表，也可以将程序中的 console.log 改成 console.table()，以表格方式呈现完整的索引与数组元素。

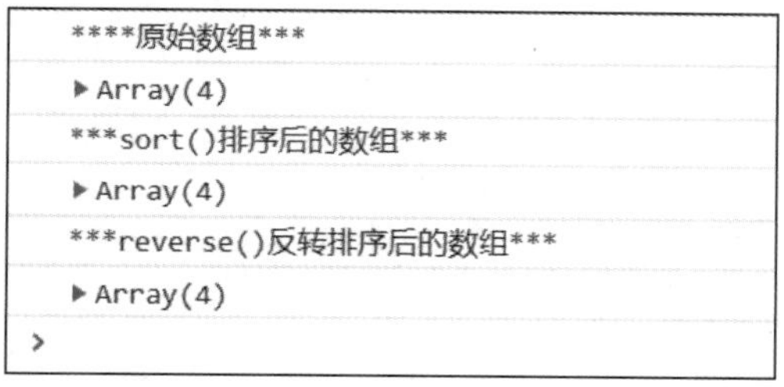

```
****原始数组***
▶ Array(4)
***sort()排序后的数组***
▶ Array(4)
***reverse()反转排序后的数组***
▶ Array(4)
>
```

图 5-5

（2）取出数组元素的方法（参考表 5-2）

表 5-2　取出数组元素的方法

方法	说明
pop()	取出数组末尾的元素
push()	把元素加到数组的末尾
shift()	取出数组的第一个元素
unshift()	把元素加到数组的前端

shift() 与 unshift() 是从数组前端取出与加入元素，而 pop() 与 push() 是从数组末尾取出与加入元素，如图 5-6 所示。

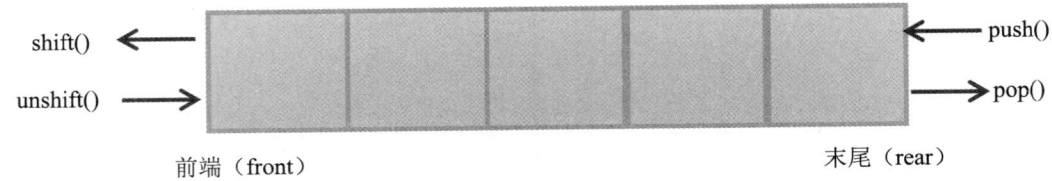

图 5-6

如何调用取出数组元素的方法呢？可参考下面的范例程序。

范例程序： ch05/mutatorMethods.htm

```html
<html>
<head>
<meta charset="UTF-8" />
<script>
arrayValue = ["摩羯座", "天秤座", "天蝎座"];
console.log("原始数组=>", arrayValue);

arrayValue.pop()
console.log("pop() =>", arrayValue );

arrayValue.push("水瓶座","双子座");
console.log("push 加入水瓶座、双子座 =>", arrayValue);

arrayValue.shift()
console.log("shift =>", arrayValue );

arrayValue.unshift("巨蟹座","狮子座");
console.log("unshift 加入巨蟹座、狮子座 =>", arrayValue);
</script>
```

该范例程序的执行结果如图 5-7 所示。

```
原始数组=> ▶(3) ["摩羯座", "天秤座", "天蝎座"]
pop() => ▶(2) ["摩羯座", "天秤座"]
push加入水瓶座、双子座 => ▶(4) ["摩羯座", "天秤座", "水瓶座", "双子座"]
shift => ▶(3) ["天秤座", "水瓶座", "双子座"]
unshift加入巨蟹座、狮子座 => ▶(5) ["巨蟹座", "狮子座", "天秤座", "水瓶座", "双子座"]
>
```

图 5-7

（3）重组数组元素的方法（参考表 5-3）

表 5-3　重组数组元素的方法

ES 6	方法	说明
*	copyWithin(target[,startIndex, endIndex])	替换数组元素（不包含第 endIndex 个数组元素）
	concat()	将两个数组串接成一个新的数组

（续表）

ES 6	方法	说明
*	fill()	给数组元素填充指定的值
*	includes(item[, fromIndex])	查找数组元素，返回布尔值 true 或 False（区分字母大小写）
	indexOf()	查找数组元素，返回第一个匹配元素所在位置的索引值，-1 表示找不到（区分字母大小写）
	lastIndexOf()	查找数组元素，返回最后一个匹配元素所在位置的索引值，-1 表示找不到（区分字母大小写）
	slice(startIndex[,endIndex])	提取数组索引 startIndex~endIndex 的元素（不包含第 endIndex 个数组元素）
	join()	把数组转为由特定符号相连的字符串
	toString()	把数组元素转换为字符串
	toLocaleString()	把数组元素转换为字符串，转换后的格式与 toString()方法有少许区别

如何调用这些重组数组元素的方法呢？可参考下面的范例程序。

范例程序：ch05/accessorMethods.htm

```
<meta charset="UTF-8" />
<script>
array1 = ["摩羯座", "天秤座", "天蝎座","白羊座","天秤座","处女座"];
array2 = [1, 2, 3];

console.log( array1.concat(array2) );
console.log( array1.includes("天秤座") );
console.log( array1.indexOf("天秤座") );
console.log( array1.lastIndexOf("天秤座") );

console.log( array1.join('-') );
console.log( array1.slice(2, 4));
console.log( array1.toString() );

console.log( array1.copyWithin(0, 3, 4) );

</script>
```

该范例程序的执行结果如图 5-8 所示。

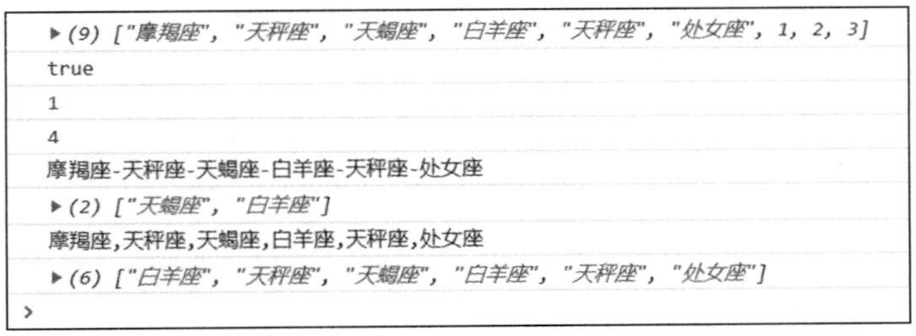

图 5-8

从上述范例程序可以看出，toString() 和 join() 得到的结果是一样的，差别在于 toString()是将数组转换成由逗号相连的字符串，而 join()是将数组转换成由特定符号相连的字符串。slice()则与 join()的功能相反，是将字符串拆开再转成数组，slice(2, 4)表示提取数组中索引值为 2 和 3 的数组元素。

includes()、indexOf()与 lastIndexOf()都可以用来检查数组中是否包含某个元素，差别在于 includes()只会返回 true 或 false，indexOf()会返回第一个匹配的元素对应的索引值，lastIndexOf 则返回最后一个匹配的元素对应的索引值。

copyWithin()用于替换数组中的元素，第一个参数用于指定要被替换的目标元素所在的位置，第二个与第三个参数用于指定替换的元素所在的起始索引与终止索引,指定的元素不包含终止索引值对应的元素，例如范例程序中的 copyWithin(0, 3, 4)，表示用 array1[3]替换 array1[0]。

5.1.3 数组的迭代方法

迭代（Iteration）是指循环重复做同一件事情，如循环语句也被称为迭代语句。

如果对象的 prototype（原型）具有 @@iterator 属性（也就是 array[Symbol.iterator]()），就被称为可迭代对象，表示它可以通过迭代器循环遍历下一个元素。数组属于可迭代对象，可以调用 console.log()来输出一个数组，查看数组的 prototype，若找到 Symbol.iterator，则说明数组是可迭代的，如图 5-9 所示。

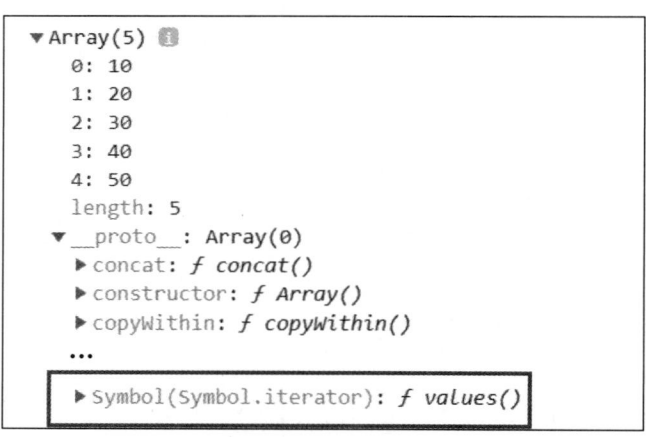

图 5-9

Array 数组提供了迭代方法，如表 5-4 所示。

表 5-4　Array 数组提供的迭代方法

方法	说明
entries()	返回一个新的数组迭代器对象，包含数组中每个元素的内容与索引（Key/Value，即键/值对）
every(function () {element, index, array}{ 　　规则语句… })	检查数组的每一个元素是否符合指定的规则

（续表）

方法	说明
filter(function() {element, index, array}{ 　　规则语句… })	返回符合回调函数指定规则的元素，返回值是数组
find(function() {element, index, array}{ 　　规则语句… })	返回符合指定的规则的第一个元素，如果没找到就返回undefined
findIndex(function() {element, index, array}{ 　　规则语句… })	返回符合指定的规则的第一个元素的索引，如果没找到就返回-1
keys()	返回一个新的数组迭代器对象，包含数组中每个元素的索引值（Key）
map(function() { 　　程序语句…. })	每一个元素都代入函数执行，函数返回的值组成一个新的数组
reduce(function() { 　　程序语句…. })	每一个元素都代入函数执行，函数返回每一个执行的结果
some(function() { 　　程序语句…. })	检查是否有元素符合指定的规则，只要有一个元素符合规则就返回 true；否则返回 false
values()	返回一个新的数组迭代器对象，包含数组中每个元素的内容（Value）

迭代器对象具有 next()方法，每次调用都会返回迭代器结果对象（Iterator Result），包含 value 与 done 属性。value 属性是每次迭代获取的元素值。done 属性是布尔值，用来表示迭代是否完成，如果未完成，done 属性的值就是 false；如果完成，done 的属性值就为 true，此时 value 就是 undefined。有点难理解，没关系，下面来实际操作一次数组迭代器对象。

范例程序：ch05/iterator.htm

```
<meta charset="UTF-8" />
<script>
var arr = [1, 2, 3];
var iter = arr[Symbol.iterator](); // 返回迭代器
console.log(iter)
console.log(iter.next())
console.log(iter.next())
console.log(iter.next())
console.log(iter.next())
</script>
```

该范例程序的执行结果如图 5-10 所示。

```
▶ Array Iterator {}
▶ {value: 1, done: false}
▶ {value: 2, done: false}
▶ {value: 3, done: false}
▶ {value: undefined, done: true}
>
```

图 5-10

下面是调用 entries()、values()、filter()方法的范例程序。

范例程序：ch05/iteratorMethods.htm

```
<meta charset="UTF-8" />
<script>

array1=[10, 20, 30, 40, 50];
console.log("原始数组", array1)
//entries()
var iterator1 = array1.entries();
console.log( iterator1.next().value );  // Array [0, 10]

//values()
var iterator1 = array1.values();
console.log( iterator1.next().value );   // 10

//filter()
var filtered = array1.filter(value => value > 25);
console.log( filtered )  // [30, 40, 50]

</script>
```

该范例程序的执行结果如图 5-11 所示。

```
原始数组 ▶(5) [10, 20, 30, 40, 50]
▶(2) [0, 10]
10
▶(3) [30, 40, 50]
>
```

图 5-11

entries()方法返回的是新的数组迭代器对象，它的值包含数组元素的索引（Key）与元素的值（Value），因此是一对[Key, Value]的数组。values()方法返回的也是新的数组迭代器对象，由于 values 方法只取元素的值，因此只返回 10（而不含索引）。filter()中的回调函数规则是大于 25，因此只返回数组[30,40,50]，回调函数采用箭头函数的写法，相当于下面的程序语句：

```
var filtered = array1.filter(function(value){
    return value >= 25;
```

```
});
```

map()与 reduce()方法可用于大批且快速地处理数组元素值的对象，map()具有映射的作用；reduce()方法则是归纳，这两者执行的结果都是新的数组，不会影响原始数组。下面通过范例程序来看 map()的用法。

范例程序：ch05/map.htm

```
<meta charset="UTF-8" />
<script>
var arr =[1,10,25];
console.log("原始数组", arr);

var mapArr = arr.map(x => x*2);
console.log(mapArr);
</script>
```

该范例程序的执行结果如图 5-12 所示。

```
原始数组 ▶ (3) [1, 10, 25]
         ▶ (3) [2, 20, 50]
>
```

图 5-12

在这个范例程序中，我们希望将每个数组元素值乘 2，调用 map()方法只要在回调函数中编写好，其实一行程序语句就完成了。回调函数的箭头函数相当于下面的程序语句：

```
function(x){
    return x*2;
}
```

map()不仅能对整批数组元素执行运算，利用 map()映射的特性还可以搭配内部函数与方法进行运算。例如有一个数组的元素全部是浮点数，想要把所有元素四舍五入转换为整数，就可以通过map()加上 Math.Round()方法快速实现这个运算。请看下面的范例程序。

范例程序：ch05/map_round.htm

```
<meta charset="UTF-8" />
<script>
var arr =[1.15, 10.152, 25.526];
var mapArr = arr.map(Math.round);
console.log(mapArr);
</script>
```

该范例程序的执行结果如图 5-13 所示。

```
▶ (3) [1, 10, 26]
>
```

图 5-13

接着来看 reduce()的用法。

reduce()是归纳运算，如连加、连乘等运算，reduce()方法中的回调函数包含 4 个参数和 1 个初始值，分别说明如下。

- accumulator：每一次累计的返回值。
- currentValue：当前处理的元素值。
- currentIndex：当前处理的元素对应的索引。
- array：当前处理的数组。
- initialValue：初始值，第一次调用回调函数时要传入的累加器初始值，如果省略初始值，accumulator 就会是数组的第一个元素，currentValue 是数组的第二个元素，currentIndex 从 1 开始。

范例程序：ch05/reduce.htm

```
<meta charset="UTF-8" />
<script>
var array1 = [1, 2, 3, 4];

//无初始值
var reduceArr = array1.reduce((acc, cur, idx, src) => {
  console.log(acc, cur, idx);
  return acc + cur;
});
console.log(reduceArr); // 1 + 2 + 3 + 4 = 10

//有初始值
var reduceArr = array1.reduce((acc, cur, idx, src) => {
  console.log(acc, cur, idx);
  return acc + cur;
}, 10 );   // 初始值为 10
console.log(reduceArr); // 10 + 1 + 2 + 3 + 4 = 10
</script>
```

该范例程序的执行结果如图 5-14 所示。

```
1 2 1
3 3 2
6 4 3
10
*********
10 1 0
11 2 1
13 3 2
16 4 3
20
>
```

图 5-14

5.2 Map 对象与 Set 对象

Map（映射）与 Set（集合）是 ES 6 提供的两种新的集合对象，这一节我们就来认识这两种集合对象以及它们与 Array 的差异。

5.2.1 Map 对象

如果想要使用数组来存储班级学生的姓名及成绩，就可以使用二维数组，譬如 scores 数组包含学生姓名及各科的成绩，程序语句如下：

```
let scores= [];
scores[0] = ['Eileen', [95, 85, 62]];
scores[1] = ['Jennifer', [60, 54, 90]];
scores[2] = ['Brian', [80, 90, 85]];
```

如果想要查询学生 Jennifer 的成绩，就要先在 scores 数组中找到学生 Jennifer 所在元素的索引值，再用索引值从 scores[1]数组对应的 scores[1][1]中取出学生 Jennifer 的成绩，或者使用迭代的方法寻找，但是这样执行效率不佳，并且难以维护。对于这种情况而言，使用 Map 对象就简单多了，而且可以迅速查找到想要的数据。

Map 对象每组元素都有对应的键（Key）与值（Value），而且任何值都可以当作键与值。

创建 Map 对象的语法如下：

```
new Map([iterable])
```

括号"()"内必须是可迭代对象，如数组或其他具"键/值对"的可迭代对象。

可以先新建一个空的 Map 对象，再调用 set()方法加入元素，例如：

```
var myMap= new Map();  //新建一个空的 Map 对象
myMap.set('name', 'Jennifer');
myMap.set('age', 18);
myMap.set('tel', '1234567');
```

set()方法会返回相同的 Map 对象，也可以把 set()方法连接在一起来调用，示例程序语句如下：

```
myMap.set('name', 'Jennifer').set('age', 18).set('tel', '1234567');
```

或者直接在新建 Map 对象时就加入元素，例如使用下面的程序语句新建 Map 对象并加入有 3 个元素的数组：

```
var myMap = new Map([["name", "Jennifer"], ["age", 18],["tel", "1234567"]]);
```

Map 对象的属性如表 5-5 所示。

表 5-5　Map 对象的属性

属性	说明
size	计算 Map 对象里有多少元素

Map 对象提供的方法如表 5-6 所示。

表 5-6　Map 对象提供的方法

方法	说明
clear()	删除所有元素
delete(key)	删除指定的元素
entries()	返回一个新的数组迭代器对象，包含 Map 对象中每个元素的键与值（Key/Value）
forEach(function(){})	对每个元素执行回调函数里的语句
get(key)	返回指定的元素
has(key)	检查是否存在指定的元素，返回布尔值（true/false）
keys()	返回一个新的数组迭代器对象，包含 Map 对象中的每个元素的键（Key）
set(key, value)	加入元素的键与值
values()	返回一个新的数组迭代器对象，包含 Map 对象中每个元素的值

Map 对象的操作可参考下面的范例程序。

范例程序：ch05/MapObject.htm

```
<meta charset="UTF-8" />
<script>
var myMap = new Map();

myMap.set('Eileen', [95, 85, 62]);
myMap.set('Jennifer', [60, 54, 90]);
myMap.set('Brian', [80, 90, 85]);

//遍历 Map 对象中的元素
myMap.forEach(function(value, key, map) {
    console.log(key, value);
});

console.log( "***********" )

console.log( myMap.get('Jennifer') )    // [60, 54, 90]
console.log( myMap.has('Joan') )        // 没有'Joan', 故返回 false
console.log( myMap.size )               // 元素个数：3

myMap.delete('Jennifer')
console.log( myMap.size )     // 元素个数：2

myMap.clear()
console.log(myMap.size)       // 元素个数：0

</script>
```

该范例程序的执行结果如图 5-15 所示。

```
Eileen ▶(3) [95, 85, 62]
Jennifer ▶(3) [60, 54, 90]
Brian ▶(3) [80, 90, 85]
***********
▶(3) [60, 54, 90]
false
3
2
0
>
```

图 5-15

5.2.2　Set 对象

Set 对象是一组数据值（Value）的集合，它由不重复的元素组成，也就是说，Set 对象中的每一个元素的值都是唯一的。

创建 Set 对象的语法如下：

```
new Set([iterable])
```

括号"()"内必须是可迭代对象，可以新建一个空的 Set 对象，再调用 add()方法加入元素，程序语句如下：

```
var mySet= new Set();  //新建一个空的 Set 对象
mySet.add('Jennifer');
mySet.add(18);
mySet.add('1234567');
```

add()方法会返回相同的 Set 对象，可以把 set()方法连接在一起来调用，示例程序语句如下：

```
mySet.add('Jennifer').add(18).add('1234567');
```

或者直接在新建 Set 对象时就加入元素，例如使用下面的程序语句新建 Set 对象并加入有 3 个元素的数组：

```
var mySet= new Set(['Jennifer', 18 , '1234567']);
```

Set 对象的属性如表 5-7 所示。

表 5-7　Set 对象的属性

属性	说明
size	计算 Set 对象中有多少元素

Set 对象提供的方法如表 5-8 所示。

表 5-8　Set 对象提供的方法

方法	说明
add(value)	加入元素值
clear()	删除所有元素
delete(key)	删除指定的元素
entries()	返回一个新的数组迭代器对象，包含 Set 对象中的每个元素值，Set 对象虽然没有键（Key），但仍保持对象的键/值（Key/Value）的类型，返回[value, value]
forEach(function(){})	对每个元素执行回调函数中的程序语句
has(value)	检查是否存在指定的元素，返回布尔值（true/false）
keys()	values()方法的别名，执行结果与 values()相同
values()	返回一个新的数组迭代器对象，包含 Set 对象中的每个元素值

有关 Set 对象的操作可参考下面的范例程序。

范例程序：ch05/setObject.htm

```
<meta charset="UTF-8" />
<script>
var mySet = new Set([1, 2, 3, 3, 4, 5]);

console.log(mySet);  //3 不重复，故只有 5 个元素 {1, 2, 3, 4, 5}

console.log( mySet.has(2) );  //true

mySet.delete(3);
console.log(mySet);   //{1, 2, 4, 5}

var iter = mySet.entries();
console.log(iter.next().value); // [1, 1]

mySet.clear();
console.log(mySet);   //{}

</script>
```

该范例程序的执行结果如图 5-16 所示。

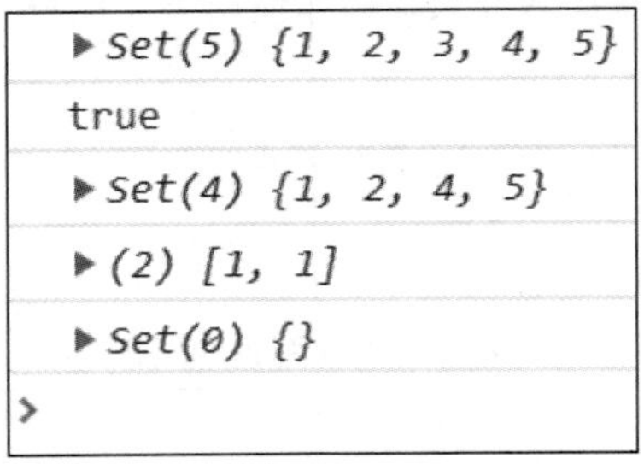

图 5-16

第6章

函数与作用域

程序越复杂，程序维护与调试就变得越困难，其实我们可以将程序重复的部分写为函数（Function）来简化程序。

6.1 自定义函数

函数是一组定义好的程序语句，当主程序需要使用函数内定义的程序语句时，只要调用该函数就可以执行，也就是将程序"模块化"。

使用函数有以下几项优点：

（1）可重复调用，简化程序流程。

（2）程序易于调试。

（3）便于分工合作完成程序。

下一节将说明如何调用函数。

6.1.1 函数的定义与调用

函数必须先行定义，定义好的函数并不会自动执行，只有在程序中调用该函数才会执行。下面先来看如何定义函数。

1. 定义函数

JavaScript 中的函数包含函数名称（Function Name），定义函数的格式如下：

```
function 函数名称()
{
```

```
    程序语句；

    return 返回值      //可省略
}
```

如果需要函数把返回值返回给调用它的程序，那么可使用 return 语句。

2. 调用函数

调用函数的方法如下：

```
函数名称();
```

有关函数的定义和调用的示范可参考下面的范例程序。

范例程序：

```
<script>
function myJob() {     //定义 myJob 函数
    console.log("调用了 myJob 函数！");
}

myJob()    //调用函数
</script>
```

该范例程序的执行结果如图 6-1 所示。

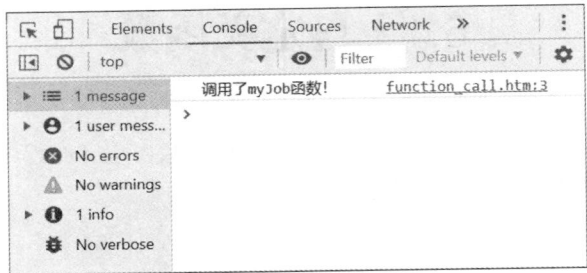

图 6-1

在上面的范例程序中，定义了一个没有参数的函数 myJob()，并且调用它。如果想让函数按照不同的情况进行不同的处理，就需要为该函数定义参数。

6.1.2 函数参数

函数可以将参数（Parameter）传入函数内部，成为函数内部的变量，可以让程序根据这些变量进行处理。函数参数只会"存活"在函数内部，函数执行完毕，这些参数的"生命"也会跟着"终结"。

假如想要在屏幕上输出学生的平均成绩，成绩的计算方式是相同的，学生的个人数据却是不相同的，这时就可以将个人数据当成参数传入函数内部，再进行相应的处理。

定义函数的语法如下：

```
function 函数名称(参数1,参数2,…,参数n){…};
```

参数与参数之间必须以逗号（,）隔开。调用函数传入的自变量（Argument）的数量最好与函数所定义的参数数量相符合，格式如下：

函数名称(自变量 1，自变量 2,…,自变量 n)；

JavaScript 在调用函数的时候，并不会对自变量的数量进行检查，只从左到右将自变量与参数配对，没有配对的参数值就被认定为 undefined。参考下面的范例程序。

范例程序：ch06/parameter.htm

```
<script>
//函数参数

//定义 myScore 函数，并设置 3 个参数
function myScore(stu_Name,stu_Math,stu_Eng) {
   console.log("自变量的数量: " + arguments.length );
   console.log("学生姓名: "+stu_Name+" 数学成绩: "+stu_Math+" 英语成绩:
"+stu_Eng);
   }

myScore("Eileen","90","100");      //调用 myScore 函数并传入 3 个自变量
myScore("Jennifer","60");          //调用 myScore 函数并传入 2 个自变量
myScore("May","70","90","100");    //调用 myScore 函数并传入 4 个自变量
</script>
```

该范例程序的执行结果如图 6-2 所示。

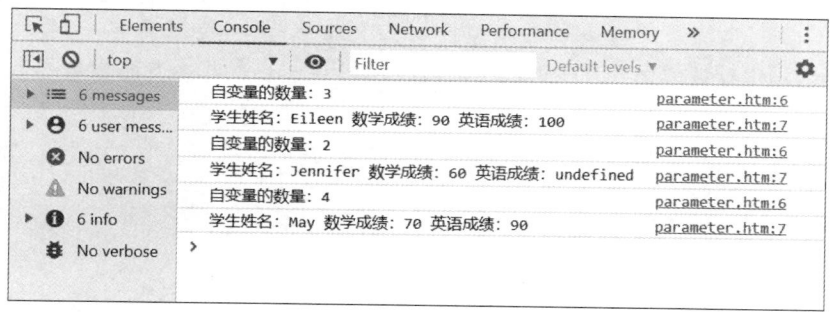

图 6-2

在这个范例程序中调用了 myScore 函数，同时将自变量分别传入 myScore 函数内的 stu_Name、stu_Math 与 stu_Eng 三个参数。当实际传入的自变量少于函数参数时，缺少的参数会设置为 undefined；当自变量多于参数时，多余的参数会被忽略。

函数有一个特殊的内部对象 arguments，可以通过它来获取自变量数组，使用 arguments 对象的 length 属性可以获取函数传入几个自变量。

如果用 console.log(arguments)查看 arguments 对象，就能完整显示出 arguments 对象的属性与方法，如图 6-3 所示。

```
▼Arguments(3) 🔢
  0: "Eileen"
  1: "90"
  2: "100"
▶ callee: f myScore(stu_Name,stu_Math,stu_Eng)
  length: 3
▶ Symbol(Symbol.iterator): f values()
▶ __proto__: Object
>
```

图 6-3

如果担心实际传入的自变量少于函数参数而被认定为 undefined，那么可以给参数指定默认值，例如：

```
function myScore(stu_Name = '', stu_Math = 0, stu_Eng = 0)
```

如此一来，没有自变量的参数就不会被认定为 undefined，修改后的执行结果如图 6-4 所示。

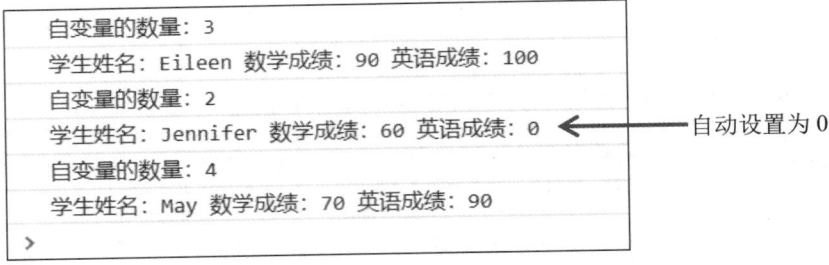

图 6-4

除了为参数指定默认值之外，还可以在函数内部利用 typeof 指令判断参数是否有值，程序语句编写如下：

```
if ( typeof stu_Eng === 'undefined') {
    stu_Eng = 10;
}
```

上面的程序语句也可以用逻辑运算符 "||" 来简化，语句如下：

```
stu_Eng = stu_Eng || 10;
```

还记得 "||"（逻辑或）运算符吗？如果 stu_Eng 转换为布尔值是 true，就会返回 stu_Eng，否则返回 10。

提　示
空字符串(""、'')、0、-0、null、NaN、undefined 转换为 Boolean 都是 false。

6.1.3　函数返回值

如果希望能获取函数执行之后的结果，就可以使用 return 语句，语法格式如下：

```
return value;
```

　return 语句会终止函数的执行并返回 value，如果省略 value，就表示只是终止函数的执行，会返回 undefined。

　有关函数返回值的应用可参考下面的范例程序。

范例程序：ch06/return.htm

```
<script>
//有返回值的函数

function myAvg(stu_Name='', stu_Math = 0, stu_Eng = 0) {
    let stu_Avg =( stu_Math + stu_Eng ) / 2;
    return stu_Avg;          //返回值
}

let avg = myAvg("Eileen",90,100);   //变量 avg 接收 myAvg 函数的返回值
console.log("平均成绩: " + avg);
</script>
```

　该范例程序的执行结果如图 6-5 所示。

图 6-5

　在这个范例中定义了一个有返回值的函数 myAvg，当程序调用 myAvg 函数后便会将计算结果返回。我们也可以像范例程序中一样使用变量来接收返回值，或者直接使用返回值，例如：

```
console.log("平均成绩: " + myAvg("Eileen",90,100) );
```

> **提　示**
>
> 函数内的变量要使用 var 或 let 来声明，当函数执行之后，函数所占用的内存也会被回收。如果函数内的变量不使用 var 或 let 进行声明，这些变量就会被认为是全局变量，即使函数执行结束，这些变量占用的内存空间只能等到整个程序结束才会被释放。

6.2　函数的多重用法

　JavaScript 的函数属于一级函数（First-Class Function），所谓一级函数，是指具有以下特性的

函数：

- 可以赋值给变量。
- 可以当作自变量传给函数使用。
- 可以作为函数的返回值。

因此 JavaScript 函数的用法非常具有弹性，接下来就来了解函数的多重用法以及需要注意的限制。

6.2.1　函数声明

函数声明（Function Declaration，FD）就是一般具名函数的写法，前面介绍的函数写法都属于函数声明语句的写法。函数声明在运行时间之前就会被创建，因此具有提升（Hoisting）的特性，整个程序在同一个作用域（Scope）内都可以调用这个函数，调用函数的语句无论放在函数定义之前或之后都可以，都很方便，而且可以重复调用。请看下面的范例程序。

范例程序：ch06/functionDeclaration.htm

```
<script>
//Function Declaration

myfunc(10, 20);        //调用放在函数声明之前
function myfunc(a, b) {
    console.log('a='+a+',b='+b);
}
myfunc(100, 200);    //调用放在函数声明之后

</script>
```

该范例程序的执行结果如图 6-6 所示。

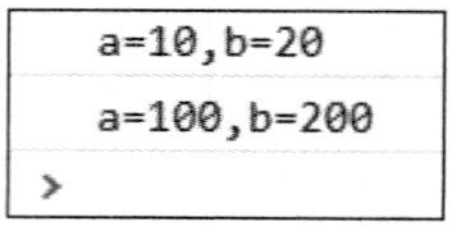

```
a=10,b=20
a=100,b=200
>
```

图 6-6

6.2.2　函数表达式

函数表达式（Function Expression，FE）是用等号"="将函数声明转换为函数表达式，也有人称为"函数显式声明（Function Literal）"，语法格式如下：

```
var 变量 = function [函数名称](参数1,参数2,…,参数n){
    程序语句;
    return 返回值;
};
```

其实就是将函数的结果赋值给一个变量，在程序构建期间只会有变量的声明，这个变量还没

有值，等到执行时才会创建函数。如果函数表达式中的函数没有名称，就称为"匿名函数"；如果有函数名称，就称为"具名函数"。以 6.2.1 节的例子来看看匿名函数的用法。

```
var myfunc = function(a,b) {
    console.log('a='+a+',b='+b);
}
myfunc(10, 20);  //执行结果：a=10,b=20
```

执行结果与函数声明方式定义函数的执行结果是一样的。大家可能会有疑问，使用简单明了的函数声明就好，为什么还需要使用函数表达式来声明函数呢？下面通过一个范例程序来了解函数表达式声明函数的优点。

范例程序：functionExpressions.htm

```
<script>
//Function Expressions
function checkflag(flag){            //函数声明方式
    if (flag) {
      var myfunc = function(a,b){    //函数表达式方式
          return a + "+" + b + "=" + (a + b);
      };
    }else{
       var myfunc = function(a,b){    //函数表达式方式
          return a + "*" + b + "=" + (a * b);
      };
    }
    console.log(myfunc(10,20))
}

checkflag(true);
checkflag(false);
</script>
```

该范例程序的执行结果如图 6-7 所示。

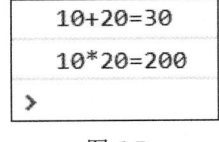

图 6-7

这个范例程序中，用 flag 变量来决定要执行哪一个函数：当 flag 的值等于 true 时就执行第一个 myfunc 函数，当 flag 的值等于 false 时就执行第二个 myfunc 函数。

函数表达式可以让我们按照条件来创建函数，这样程序的编写就更有弹性了。

函数表达式的生命周期是由变量决定的，如果确定已不再使用，就会把变量的引用删除，所占用的内存就可以被系统的垃圾回收机制（Garbage Collection，GC）回收。删除引用的方式很简单，只要将它重置为 null 即可。具体方式可参考下面的范例程序。

范例程序： ch06/removeReference.htm

```
<script>
//remove reference
var myfunc = function(a,b){
    return a + "+" + b + "=" + (a + b);
};

console.log(myfunc(10,20))   //返回 10+20=30
myfunc = null;               //重置 myfunc
console.log(myfunc(10,20))   //error: myfunc is not a function
</script>
```

该范例程序的执行结果如图 6-8 所示。

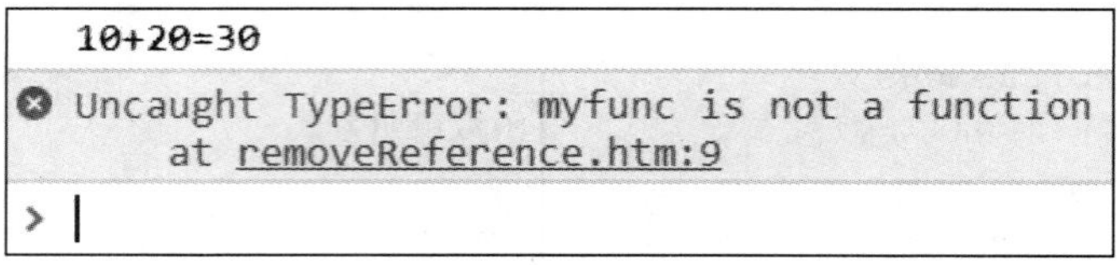

图 6-8

函数表达式在运行时间才创建，因此不能在 myfunc 函数之前调用它，因为 var 声明的 **myfunc** 这时还只是一个初始值为 undefined 的变量，来看看下面的程序语句：

```
console.log( myfunc(10, 20) );     //在函数表达式之前调用它
var myfunc = function(a,b){
    return a + "+" + b + "=" + (a + b);
};
```

执行上面的程序语句之后就会出现 myfunc is not a function 的错误信息，如图 6-9 所示。

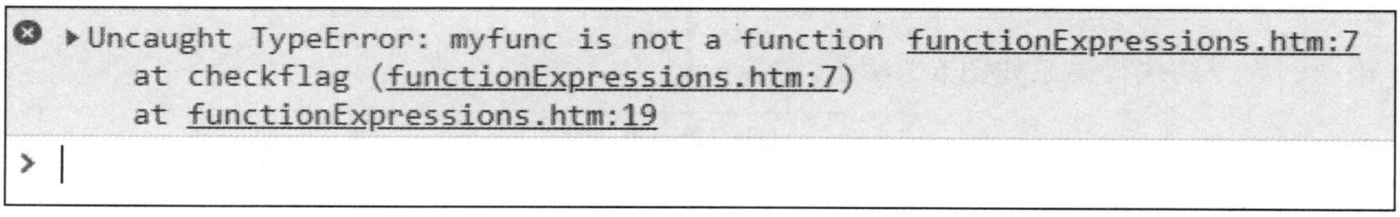

图 6-9

函数表达式也可以具名声明，当函数内的程序有错误时，如果是具名函数，就会显示函数名称。

范例程序： ch06/namedFunction.htm

```
var myfunc = function add(a,b){
    return x;
};
console.log(myfunc(1,2))
```

该范例程序的执行结果如图 6-10 所示。

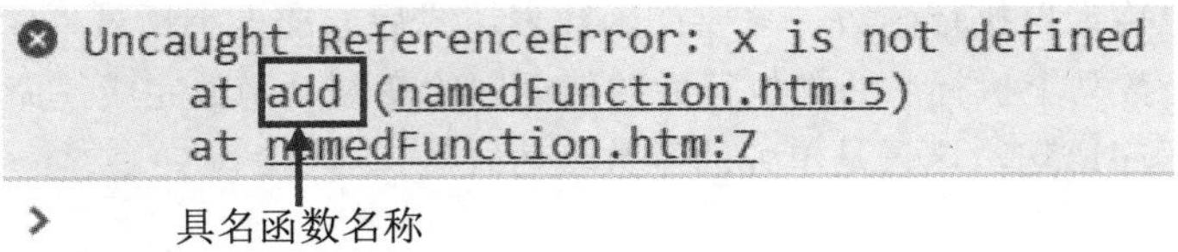

　　函数内的 x 未定义，执行时就会报错，Console 信息会显示出错的具名函数名称。

　　具名函数只在函数内部有效，函数之外无法使用，当函数内需要调用自己时，具名函数就能派上用场了。下面的范例程序使用函数表达式的具名函数来计算 n 的阶乘（1×2×3…×n）。

范例程序：ch06/factorial.htm

```
<script>
//具名函数计算阶乘

var myfunc = function factorial(n){
let x = (n == 1 ? n : n * factorial(n - 1));
console.log( n + " > " + x)
    return x;
};

console.log( "5!=" + myfunc(5))
</script>
```

该范例程序的执行结果如图 6-11 所示。

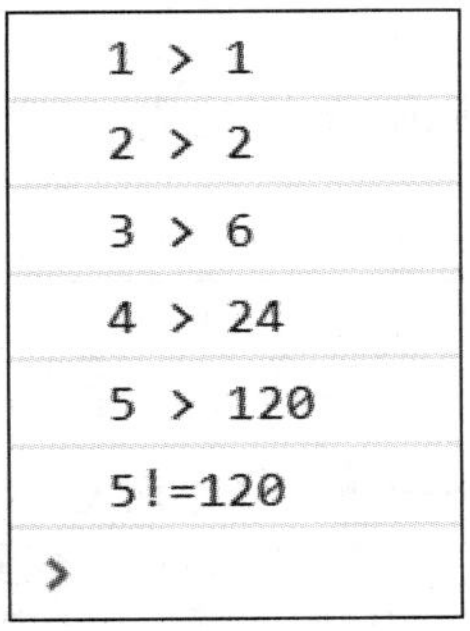

图 6-11

　　函数本身调用自己的模式称为递归调用（Recursive Call）。使用递归函数可以让程序代码变得简洁，正确使用递归有助于提升程序执行的效率，但是使用时要特别注意递归的结束条件，否则就会造成无限循环。

　　范例程序中的 factorial()函数就是利用递归方式来完成阶乘的计算的，每次执行时 n-1，当 n 等于 1 时就直接返回 n，这时就不会再调用自己，程序结束。

6.2.3　立即调用函数表达式

　　顾名思义，立即调用函数表达式（Immediately Invoked Function Expression，IIFE）就是可以

立即执行的函数，也称为自执行函数。只要在函数表达式后方加上小括号"()"，JavaScript 引擎一看到它就会创建函数马上执行，并把执行后的值返回给变量，函数完成使命后就不存在了。

下面来看如下程序语句，这只是单纯的函数表达式。

范例程序：ch06/FE.htm

```
<script>
var myfunc = function(){
  return "hello";
};
console.log(myfunc)            //输出 myfunc 变量值
console.log(typeof myfunc)    //检验 myfunc 的类型
console.log(myfunc())          //调用 myfunc 函数
</script>
```

该范例程序的执行结果如图 6-12 所示。

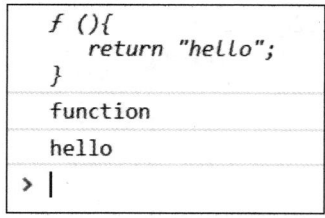

图 6-12

当输出变量 myfunc 时，myfunc 已经被指派给一个匿名函数，所以返回函数本身，执行 myfunc() 时则返回 hello。

现在将上述程序语句修改为立即调用函数表达式。

范例程序：ch06/IIFE.htm

```
<script>
var myfunc = function(){
  return "hello";
}();         ←————————————请在这里加入一对小括号
console.log(myfunc)            //输出 myfunc 变量值
console.log(typeof myfunc)    //检验 myfunc 的类型
console.log(myfunc())          //调用 myfunc 函数
</script>
```

该范例程序的执行结果如图 6-13 所示。

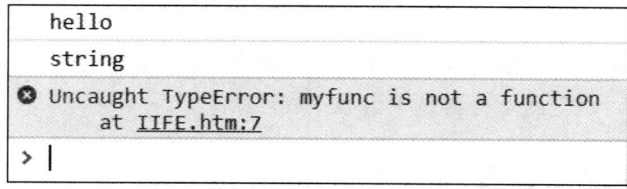

图 6-13

myfunc 变量只存储函数执行的结果，而不存储函数本身，因此 console.log(myfunc)会输出函数返回的值，myfunc 只是一个变量，它的类型会按照函数返回的数据类型进行转换，因此调用 myfunc() 就会出现 myfunc is not a function 的错误信息。

上述范例程序中是没有参数的立即调用函数表达式，如果函数需要传入参数，只要在小括号中添加对应的自变量即可，程序语句如下：

```
<script>
var myfunc = function(a,b){
    return a + "+" + b + "=" + (a + b);
}(10, 20);   //要传入函数执行的自变量
console.log(myfunc)
</script>
```

如果函数没有返回值，就不需要变量来接收，不过没有赋值给变量不就是一个函数声明吗？没错，JavaScript 普通引擎会认为这种形式就是函数声明，后面不该有小括号，所以以下两种程序语句的写法都会报错。

```
function (){
    console.log("hello")
}();  //Error：函数声明不能匿名，必须有函数名称

function myfunc(){
    console.log("hello")
}();  //Error：() 只适用于函数表达式
</script>
```

立即调用函数必须是函数表达式才行，可以用括号“()”优先权运算符（Precedence Operator）将函数包起来，JavaScript 引擎就会将它视为函数表达式，语法格式如下：

```
(function(){
    console.log("hello")
})();
```

也可以这样表示：

```
(function(){
    console.log("hello")
}() );
```

立即调用函数常常被用于只执行一次的程序代码，例如程序的初始化。使用匿名函数的好处是执行完毕后这个函数所占的内存空间就会立即被系统回收。

6.2.4　箭头函数与 this

箭头函数（Arrow Function）是一种函数的精简写法。基本的语法格式如下：

```
(参数) => {
    程序语句;
    return value;
}
```

下面是一般函数表达式的写法:

```
var myfunc = function(a, b) {    //函数表达式
   return a + b;
}
console.log(myfunc (10, 20))    //调用函数
```

如果改用箭头函数,就直接以箭头来替代 function,语句如下:

```
var myfunc = (a, b) => {              //箭头函数表达式的写法
   return a + b;
}
console.log(myfunc (10, 20))    //调用函数
```

如果函数中只有一行语句,那么可以省略大括号"{}"与 return 关键字,语句如下:

```
var myfunc = (a,b) => a + b;
```

要特别注意的是,箭头函数没有自己的 this、arguments、super 或 new.target,因此不能使用前面介绍过的方法 console.log(arguments)来查看参数的个数。

如果箭头函数只有一个参数,就可以不加括号,例如下面的两种写法都可以:

```
var myfunc = (a) => console.log("Hello!" + a);
var myfunc = a => console.log("Hello!" + a);  //一个参数可以不加括号
```

如果箭头函数没有参数,就必须保留括号,例如:

```
var myfunc = () => console.log("Hello!");
```

下面通过范例程序来实践一下箭头函数的用法。

范例程序:ch06/arrowFunction.htm

```
<script>
var sum = arr => {
    return arr.reduce( (a, b) => a + b );
}
console.log("1+2+3+4+5 = " + sum([1, 2, 3, 4, 5]));
</script>
```

该范例程序的执行结果如图 6-14 所示。

```
1+2+3+4+5 = 15
>
```

图 6-14

这个范例程序调用了 reduce 方法。

6.2.5 作用域链与闭包

相信大家对于作用域并不陌生,函数中的变量只能"存活"于这个函数内部,这个函数的区域范围就是变量的"作用域"。例如下面的程序语句,在函数外面输出变量 a 就会出现变量 a 尚未

定义的错误信息。

```
<script>
function func() {
   var a = 10;
   console.log("func 函数内部的 a", a);  //a 输出 10
}
func();
console.log(a);  //error: a is not defined
</script>
```

那么，函数内部又包含另一个函数呢？

```
<script>
function func() {
   var a = 10;
   console.log("func 函数内部的 a", a);              //a 输出 10
   function funcInside() {
       console.log("funcInside 函数内部调用 a", a);  //a 输出 10
   }
   funcInside();
}
func();
</script>
```

变量 a 虽然不在 funcInside 函数内部，JavaScript 在寻找变量时会沿着作用域一层一层地往上找，在 funcInside()函数的作用域找不到变量 a，就往上一层 func()函数的作用域找，如果还是找不到，就再往上一层，最上层就是全局变量（对象），如果还是找不到，就抛出错误。这种访问机制被称为作用域链（Scope Chain）。

可参考下面的范例程序。

范例程序：ch06/funcInside.htm

```
<script>
function func() {
   var a = 10;
   function funcInside(b) {
       console.log("a+b=", a + b );
   }
   return funcInside;  //返回 funcInside 函数
}
var newFunc = func();  //newFunc 接收的是 funcInside 函数
newFunc(5);    //a+b=15
</script>
```

该范例程序的执行结果如图 6-15 所示。

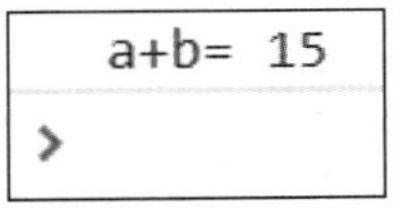

图 6-15

在这个范例程序中，func 函数内部直接将 funcInside 函数返回，变量 newFunc 这时就相当于 funcInside 函数，当执行 newFunc(5)，也就是把自变量 5 代入 funcInside()作为参数 b 时，由于作用域链的机制，funcInside 可以取到上一层的变量 a 来进行运算。

当程序执行完"var newFunc = func();"这一行，照理说 func()函数应该功成身退，把占用的系统资源释放掉，等系统的垃圾回收机制回收。不过，我们发现 func()函数中的变量 a 仍然可以被"抓"来运算，这时的变量 a 就称为自由变量（Free Variable）。

可使用自由变量的内部函数被称为闭包（Closure）。在这个范例程序中，funcInside()函数就是一个闭包，func 函数的资源已经被其他函数引用，所以系统的垃圾回收机制不会回收它的资源，必须等到使用闭包的函数解除引用之后，占用的资源才会被释放。

闭包具有面向对象程序"数据隐藏"与"封装"的特性（面向对象的概念可参考第 7 章的说明），将私有的函数与变量包在函数里，只通过一个公有的接口让外部来调用。当编写模块或程序包或者需要团队协同合作开发时，如果担心变量名称会冲突，就可以使用闭包。

滥用闭包就会占用过多的内存，所以要慎用闭包，对象或变量使用完毕之后要能解除引用（设为 null），让系统的垃圾回收机制可以回收资源。

下面的范例程序使用闭包编写一个存取款的对象模块，实现使用接口来访问私有的函数与变量。

范例程序：ch05/closure.htm

```html
<meta charset="UTF-8" />
<script>
var account = (function() {
    var balance = 1000;      //账户初始金额
    return {
        deposit: function(d) {   //存款
            balance+=d;
        },
        withdraw: function(w) {    //提款
            balance-=w;
        },
        value: function() {
            return balance;
        }
    };
})();

console.log(account.value()); // 显示余额
account.deposit(500);         // 存入 500
console.log(account.value());
account.withdraw(100);        // 取出 100
console.log(account.value());

account = null;  //解除引用
</script>
```

该范例程序的执行结果如图 6-16 所示。

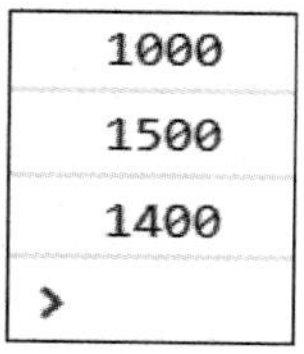

```
1000
1500
1400
>
```

图 6-16

    balance 变量隐藏在匿名函数内部，外部无法存取，只能通过公有的函数 deposit、withdraw 与 value 三个闭包才能改变 balance 的值。最后一行程序语句将使用完毕的 account() 设为 null 来解除引用。这个范例程序中使用了对象的操作方式，下一章将会详细介绍 JavaScript 对象。

第 7 章

对象、方法与属性

前面不断提到对象（Object），其实 JavaScript 到处都是对象，我们也一直都在使用它，无论是数组、函数还是浏览器的 API 都是对象。本章就来认识 JavaScript 的对象并学习如何自定义对象。

7.1 对象的基本概念

JavaScript 除了原生数据类型 Number、String、Boolean、Null、Undefined 之外，几乎都是对象，对象具有属性与方法可以操作，使用对象进行程序设计的模式就称为面向对象的程序设计。下面先来认识什么是面向对象。

7.1.1 认识面向对象

面向对象（Object-Oriented）是程序开发和设计的方式，顾名思义，就是以对象为主的设计方法。

在创建对象之前必须先定义对象的规格形式，称为类（Class），也就是先定义这个对象长什么样子以及要做哪些事情。类定义的样式称为属性，要做的事情或提供的服务称为方法。对象则是由类使用 new 关键字创建的对象实例（Instance），由类创建对象实例的过程称为实例化（Instantiation）。对象及其属性、方法和对象的实例化示意图如图 7-1 所示。

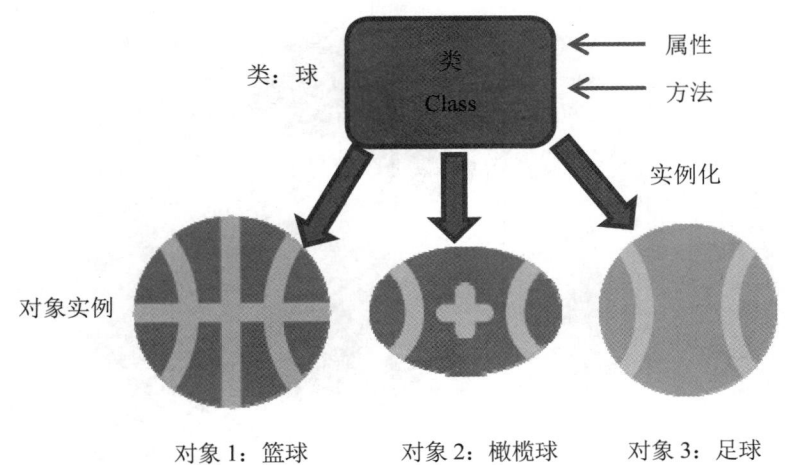

图 7-1

在图 7-1 中，对象 1、对象 2、对象 3 都是由"球"这个类实例化的对象实例，都具有"球"这个类所定义的属性与方法。

面向对象的三大特性分别是封装（Encapsulation）、继承（Inheritance）与多态（Polymorphism）。下面简单说明这三大特性。

- 封装：类的内部成员封装起来，他人不需要知道程序内部是如何实现的，只能通过类所提供的接口来操作公有的成员，以实现信息隐藏（Information Hiding）的目的，避免数据被任意修改及读写，也能过滤不必要或错误的数据。
- 继承：利用已有的类创建出新的类，旧类称为父类，新的类则称为子类。子类不但会保留父类公有的属性与方法，还能够扩充自己的属性与方法。如此一来，程序代码就可以重复使用（简称复用）。
- 多态：也称为"同名异式"，简单来说，就是使用同一个接口在不同的条件下执行不同的操作。以日常生活为例，经理与清洁工都是公司的员工：

```
Manager a = new Employee('manager');  //经理对象
Janitor b = new Employee('janitor');  //清洁工对象
```

Employee 类里定义了一个 ShowSalary()方法来显示员工的薪水。Manager 调用 ShowSalary()方法会显示底薪加奖金，Janitor 调用 ShowSalary()方法只会显示底薪，虽然两者的接口都是 ShowSalary()，但执行 a.ShowSalary()与 b.ShowSalary()会获取各自不同的薪水计算方式。

从上面的说明可知，面向对象的程序很容易实现模块化，封装与继承让程序很轻易就能够重复利用，多态让程序可以很灵活地修改以符合不同的设计要求，这些就是面向对象程序设计的优点：可维护（Maintainable）、可扩展（Extensible）、可复用（Reusable，也称为可重用）。

继承是比较难理解的特性，下面举例来说明。

假如，我们尝试创建"人"这个对象，首先要先创建"人类"这个类（Class），人的属性包括身高、体重、肤色、发色等许多静态的属性，可操作的方法包括笑、哭、走路、跑步等，定义"人类"这个类之后，就可以创建对象实例了，如图 7-2 所示。

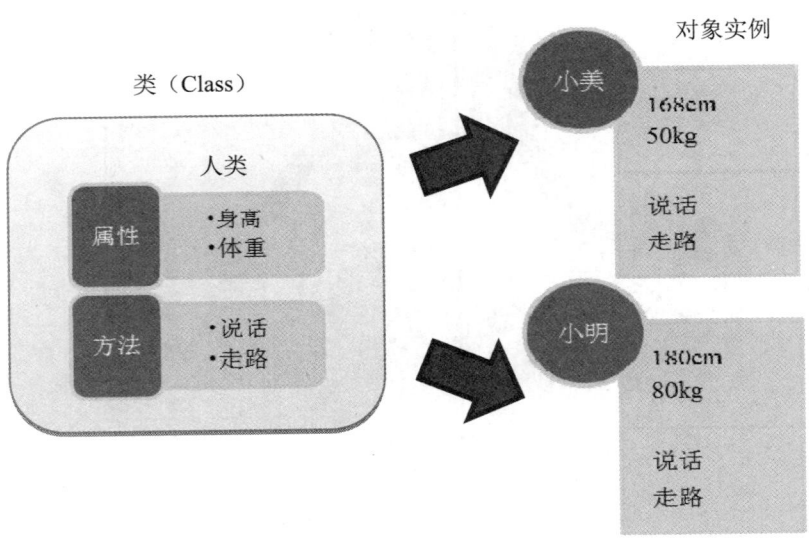

图 7-2

小美与小明各自有身高与体重等属性数据，并且具有说话与走路的功能（方法）。

如果想将人类这个类细分为老师与学生，老师添加教书的功能，学生添加学习的功能，只要创建老师与学生子类，继承人类这个父类，就能重复使用从父类中继承而来的属性与方法。示意图如图 7-3 所示。

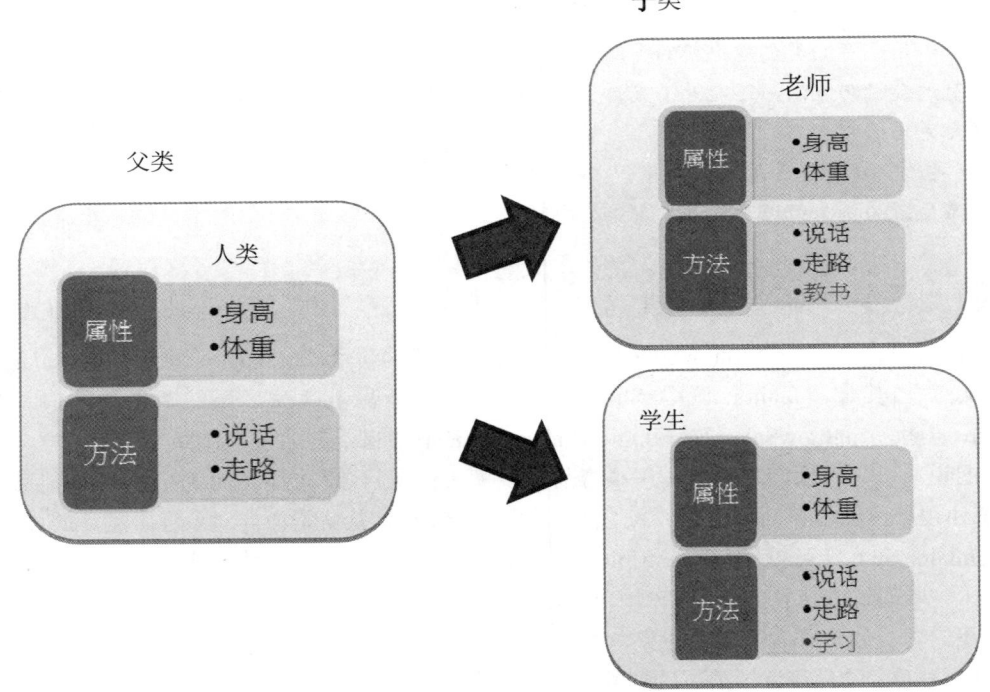

图 7-3

子类可以各自创建对象实例，如图 7-4 所示。

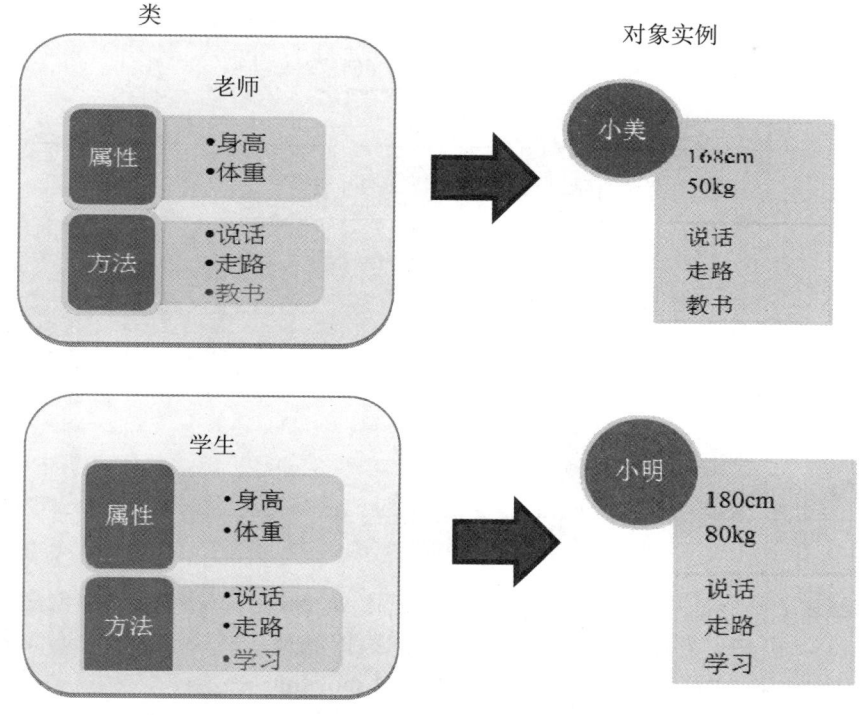

图 7-4

初步了解了面向对象的概念之后，再回头来看看 JavaScript 的面向对象。

JavaScript 虽然是面向对象的程序设计语言，却没有真正的类（Class），那么它是如何实现面向对象的呢？下一节就来介绍 JavaScript 面向对象的设计模式。

7.1.2　JavaScript 的面向对象

JavaScript 虽然是面向对象的程序设计语言，但是它与其他面向对象的程序设计语言（例如 C++、Java）有很大的差别，因为 JavaScript 没有真正的类。JavaScript 是基于原型（Prototype-Based）的面向对象语言，用函数来作为类的构造函数（Constructor），通过复制构造函数的方式来模拟继承。ES 6 加入了 Class 关键字来处理对象，但底层仍然是基于原型（Prototype）的，只是程序语句看起来比较像一般认知的类的写法。下面先来看 ES 5 创建构造函数及对象实例的范例程序。

范例程序：ch07/class_ES5.htm

```
<script>
function Person(name, age) {    //构造函数创建类
    this.name = name;
    this.age = age;
}
```

```
Person.prototype.showInfo= function () { //定义 Person 类的 showInfo 方法
    return '(' + this.name + ', ' + this.age + ')';
};

var girl = new Person('eileen', '18');   //创建对象实例
console.log(girl)
<\script>
```

该范例程序的执行结果如图 7-5 所示。

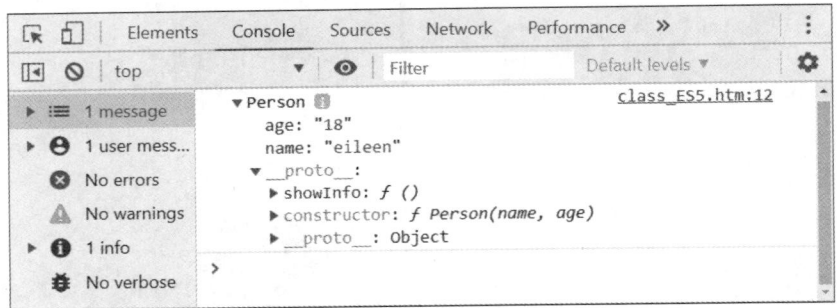

图 7-5

上面的程序创建了一个名为 Person 的构造函数，使用 var girl = new Person()来创建 Person 的对象实例。在 JavaScript 中，只要是对象都有一个默认公有的 prototype 属性，prototype 就是所谓的原型，Person.prototype.showInfo 会让所有对象实例共用 showInfo 方法。

虽然 ES 6 提供了使用 class 关键字来定义类，程序语句看起来很接近一般认知的面向对象，但是 JavaScript 仍然是以原型为基础，以更简洁的语法来创建对象的。上面的程序片段如果以 class 关键字来改写，代码如下，读者也可以直接执行范例程序 ch02/class.htm，从 Console 查看 girl 对象。

范例程序：ch07/class.htm

```
class Person{
    constructor(name, age) {
        this.name = name;
        this.age = age;
    }

    showInfo() {
        return '(' + this.name + ', ' + this.age + ')';
    }
}

var girl = new Person('eileen', '18');
console.log(girl)
```

该范例程序的执行结果如图 7-6 所示。

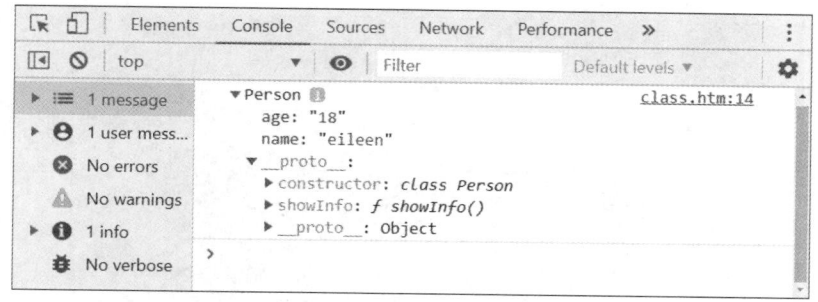

图 7-6

了解了面向对象之后，从下一节开始学习如何使用 JavaScript 对象。

7.2　JavaScript 三大对象

JavaScript 对象大致可分为 3 种：原生对象（Native）、宿主对象（Host）、用户自定义对象，大部分的对象在前面的章节已经使用过，现在来深入了解这些对象。

7.2.1　JavaScript 的对象

1. 原生对象

原生对象是指 ECMAScript 规范定义的内部对象，如函数、数组、日期、数学与正则表达式等。

2. 宿主对象

JavaScript 引擎支持的宿主对象，例如浏览器与 Node.js，它们各自有专属的对象，通过 JavaScript 就可以操作这些对象。

浏览器有 HTML DOM 对象，JavaScript 引擎就可以通过 API 来操作这些对象，改变 DOM 的结构。

Node.js 提供了操作磁盘 I/O 或创建 Web 服务器的对象，JavaScript 引擎可以通过它们来架设服务器与开发后端应用程序，因为它没有 HTML DOM 对象，所以不能使用操作 DOM 对象的语法。

3. 用户自定义对象

如果某项程序功能经常会用到而且要在不同地方使用，就可以考虑将它写成对象，对象的私有属性与方法可以让程序代码用于不同的地方且不会互相干扰或"污染"，从而达到共享程序代码的目的。下一小节将介绍如何自定义对象。

7.2.2　用户自定义对象

对象实际上是一组名称与值的组合（Name-Value Pair，名字-值对），对象的外貌、特征可以使用属性来描述，使用方法则能让对象具有特定的操作，如图 7-7 所示。

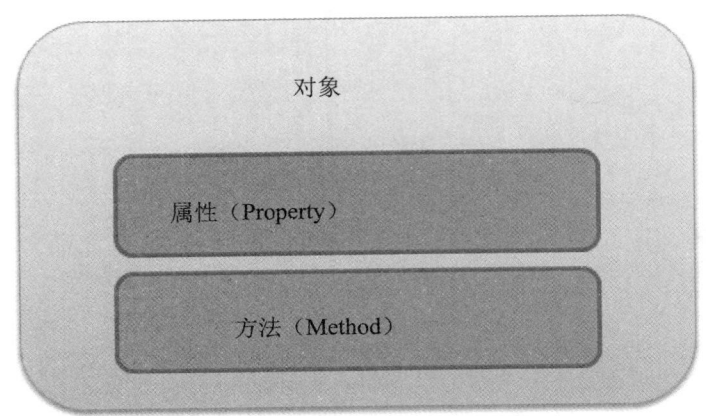

图 7-7

举例来说，创建一个名称为 cat（猫）的对象，并且定义两个属性名称：Name、Age，以及一个 run 的方法：

```
var cat= function (catName,catAge){
    this.Name = catName;           属性
    this.Age=catAge;
    this.run = function(){
        console.log(this.Name, "跑走了!");     方法
    };
};
```

上述的 function 被称为构造函数，cat 是这个对象的名称，它就好像一个容器一样，把属性与方法都封装在这个容器里面，this 关键字在这里代表当前这个对象。上面这些程序语句就把对象创建完了，就这么简单，相当于创建好了类。

随后，只要用 new 关键字就能够创建对象实例。例如要创建一只名为 kitty 的 5 岁的猫，可以使用如下程序语句：

```
var kitty=new cat("kitty",5);
```

> **提 示**
>
> new 与 this 是两个和对象有关的很重要的关键字，new 的作用是创建一个新的对象（即用于新建一个对象实例），当 JavaScript 引擎遇到 new 时，就会新建一个空对象{}，接着调用 new 后面的函数，构建函数的执行环境之后，this 关键字才会指向被 new 创建出来的对象，如此一来函数就不需要管是谁调用它，方便程序编写可读性也不错。

创建 kitty 对象实例之后，就可以使用句点（.）来调用对象的属性和方法了。由于方法其实就相当于函数，因此要加上括号来调用，程序语句如下：

```
console.log(kitty.Name+"是一只"+kitty.Age+"岁的猫");  //调用属性
kitty.run();    //调用方法
```

结果会得到：

```
kitty 是一只 5 岁的猫
```

```
kitty 跑走了!
```

上述方式只是 JavaScript 创建对象的方法之一，是先创建构造函数，然后使用这个函数以及 new 关键字来实例化对象，即创建对象的实例。

JavaScript 创建对象还有几种方式，分别说明如下。

（1）使用 new 关键字创建空对象，其语法如下：

```
var obj=new Object();
```

注意，Object 的 O 必须大写，空对象创建完成之后，同样可以存取属性和调用方法。下面同样以 cat 为例，加入 name 属性和 run 方法，程序语句如下：

```
Var cat=new Object();
cat.name = "kitty";
cat.run= function() {
    return "它跑走了!" ;
};
```

在 run 方法的匿名函数中使用了 return 关键字，作用是把返回值返回给调用者。

对象的属性也可以用括号来存取，例如：

```
cat["name"] = "kitty";
var name = cat["name"];
```

（2）使用大括号"{}"创建空对象，这种方式比 new Object()更简洁，直接使用字面描述来创建对象，因此这种创建对象的方式也称为对象字面量（Object Literal），是目前普遍的创建对象的写法。例如轻量数据格式 JSON 的对象就是采用对象字面量的描述方式，语法如下：

```
var obj = {};
```

也可以直接指定属性，例如：

```
var cat = {
    name: "kitty",
    details: {
        color: "橘",
        age: 5
    }
}
```

上述语句使用了两个属性来创建 cat 对象。其中 details 属性本身是另一个对象，并有自己的属性 color 和 age。

7.2.3　this 关键字

this 关键字是一个指向变量，this 到底指向谁，必须视执行时的上下文环境（Context，或称为语境）而定。

如果使用构造函数和 new 来新建一个对象，此时的 this 会指向对象实例所构建的环境。

在函数内使用 this 时，这个 this 会指向全局对象（Global Object），如果宿主环境是浏览器就会指向 window 对象，如果是 Node.js 就会指向 global。

以函数来举例说明，请看下面的范例程序。

范例程序：ch07/this.htm

```
var a = 15;
function myFunc(a){
    var x= a;
    var y = this.a;
    console.log(x, y)
}
myFunc(100);
```

x 与 y 会输出多少呢？this 关键字在 myFunc 函数内部，看起来应该是指向 myFunc，直觉就会认为 x 与 y 都是 100。

而事实上 x=100，y=15。

这是因为函数内部的 this 指向 window 对象，所以 this.a 是全局的变量 a。

想要确认 this 指向何处，只要将 this 输出看看就知道了，可参考下面的范例程序。

范例程序：ch07/checkThis.htm

```
<script>
(function myFunc(){
    console.log(this)
})();

var cat= function (){
    console.log(this)
};
var newCat= new cat()
</script>
```

执行结果如图 7-8 所示，可以清楚地看出 this 指向何处。

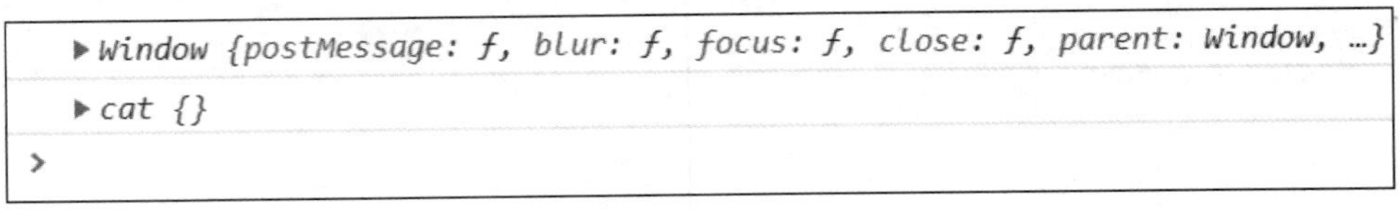

```
▶ Window {postMessage: ƒ, blur: ƒ, focus: ƒ, close: ƒ, parent: Window, …}
▶ cat {}
>
```

图 7-8

7.3　原型链与扩展

JavaScript 的原型链（Prototype Chain）与第 6 章提到的作用域链是类似的概念，而扩展（关键字为 extends）是实现子类继承的一种方法。这一节我们就来介绍这两个概念。

7.3.1　原型链

前面提到 JavaScript 是基于原型的面向对象语言，对象默认有一个 prototype 属性，通过下面的范例程序来了解一下。

范例程序：ch07/prototype01.htm

```
function person(username) {
    this.username = username;
    this.run = function () {
        console.log(this.username, "正在跑马拉松！");
    };
}
var myfriend1= new person("jennifer");
var myfriend2= new person("Brian");
```

上面的程序使用构造函数定义对象，并创建了两个 person 对象实例，如果执行 console.log(myfriend1)来输出，就会看到 person 对象包含浏览器实现的__proto__属性，如图 7-9 所示。

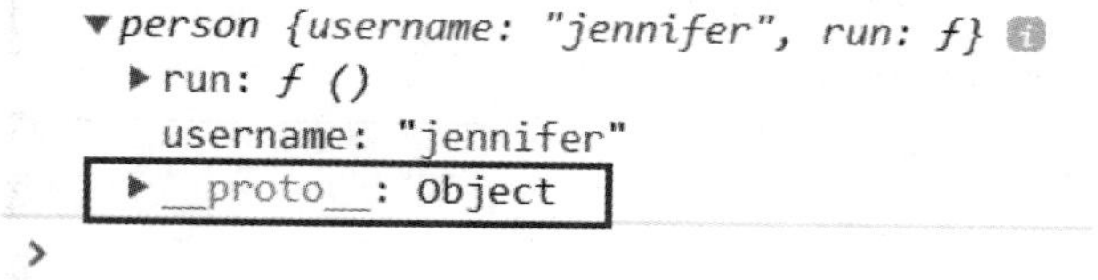

```
▼ person {username: "jennifer", run: ƒ} 🛈
  ▶ run: ƒ ()
    username: "jennifer"
  ▶ __proto__ : Object
>
```

图 7-9

上述的范例程序中，run 方法对于每个对象实例而言都做同样的事情，因此没有必要每次创建对象实例就产生一次，我们可以将 run 方法加到 prototype 中，让所有 person 在创建对象实例时都可以共享这个方法。参考下面的范例程序。

范例程序：ch07/prototype02.htm)

```
function person(username) {
    this.username = username;
}

person.prototype.run = function () {
    console.log(this.username, "正在跑马拉松！");
};

var myfriend1= new person("jennifer");
var myfriend2= new person("Brian");
myfriend1.run()
myfriend2.run()
```

该范例程序的执行结果如图 7-10 所示。

```
jennifer 正在跑马拉松!
Brian 正在跑马拉松!
>
```

图 7-10

myfriend1 对象实例并没有 run()方法，myfriend1.__proto__属性会指向 person.prototype，因此 JavaScript 知道要往 person.prototype 中找，可以使用 console.log 输出 myfriend1.__proto__ 与 person.prototype，比较一下就会发现两者是相同的。

```
console.log(myfriend1.__proto__ === person.prototype)
```

这种原型链接的关系就称为原型链，null 是原型链的最后一个链接，以这个范例来看，原型链如下：

myfriend1 → person.prototype → null

7.3.2　扩展

扩展是一种继承的概念，只不过扩展除了继承之外，还有派生新类的意思，原类称为父类，扩展出来的类称为子类。JavaScript 同样是以 prototype 来实现扩展的。参考下面的范例程序。

范例程序：ch07/extends.htm

```html
<meta charset="UTF-8" />
<script>
//person 对象
function person(username) {
    this.username = username;
}

person.prototype.run = function () {
    console.log(this.username, "喜欢跑马拉松！");
};

//student 对象
function student(username, classname) {
    person.call(this,username);  // call person 构造函数
    this.b = classname;
}
//扩展父类
student.prototype = Object.create(person.prototype);

//子类自己添加 study 方法
student.prototype.study = function () {
    console.log(this.b+"的"+this.username+"正在用功念书！");
};

var myPerson = new person("jennifer");  //创建 person 对象实例
var myStudent = new student("Brian", "三年级一班"); //创建 student 对象实例
```

```
myPerson.run();          //person 的 run()
myStudent.run();         //person 扩展而来的 run()
myStudent.study();  //student 自己的 study()
</script>
```

该范例程序的执行结果如图 7-11 所示。

```
jennifer 喜欢跑马拉松!
Brian 喜欢跑马拉松!
三年级一班的Brian正在用功念书!
>
```

图 7-11

在这个范例程序中，student 是继承自 person 的对象，b 与 study() 则是 student 自己的属性与方法。因此，student 的对象实例 myStudent 不仅可以调用父对象的 run() 方法，也有自己的 study() 方法。

student 继承 person 主要使用两个方法：一个是 call() 方法，另一个是 Object.create() 方法。下面来看看这两个方法如何使用。

call() 方法的语法如下：

```
otherObj.call(thisObj[, arg1, arg2, …]);
```

call 方法里有两个参数，分别说明如下。

● thisObj：借用另一个对象到当前对象来执行，this 会指向当前的对象。

● arg1, arg2, ...：其他参数。

范例程序：ch07/call.htm

```
function calA()
{
    this.x = 100;
    this.y = 50;
    this.add = function(){
        console.log( this.x + this.y );
    }
}
function calB() {
    this.x = 10;
    this.y = 30;
}
var ca = new calA();
var cb = new calB();

ca.add.call(cb);    //40
```

上面的 cb 对象并没有 add 方法，但是 ca 对象有，因此我们可以调用 call() 方法来借用 ca.add 方法到 cb 对象来执行，得到 40。

apply() 方法与 call() 方法很像，差别在于 call() 方法可以接收一连串的参数，而 apply() 方法的第二个参数必须是单一的类数组，例如：

```
func.apply(this, ['a', 'b']);
func.apply(this, new Array('a', 'b'))
```

接下来，再来看看 Object.create() 方法。

Object.create() 是指定原型对象创建一个新的对象，也可以替新对象添加属性，语法如下：

```
var newObj = Object.create(prototypeObj[,propertiesObject])
```

Object.create 有两个参数，分别说明如下。

- prototypeObj：指定的原型对象。
- propertiesObject：加入其他属性，可省略。如果要加入属性，就必须是对象，例如加入一个 age 属性，属性值为 18。

```
{age: { value: 18}}
```

参考下面的范例程序。

范例程序：ch07/objectCreate.htm

```html
<meta charset="UTF-8" />
<script>
var person = {
    name: '',
    showName: function () {
        return this.name;
    }
}

var student = Object.create(person,{
    age: { value: 18}
});

student.name="andy";
console.log(student.showName());     //andy
console.log("age = ", student.age)  //age=18
</script>
```

该范例程序的执行结果如图 7-12 所示。

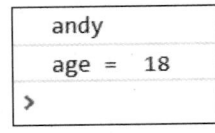

图 7-12

从这个范例程序可知，Object.create() 只是从原型对象创建一个新对象而已，读者可能会有疑问，为什么不能直接用赋值号（=）将 person 赋值给 student 对象呢？

因为对象使用赋值符号（=）只是进行对象引用，称为浅复制（Shallow Copy），实际上它们是指向同一个内存位置的。举一个简单的例子来说明。

范例程序：*ch07/shallowCopy.htm*

```
<meta charset="UTF-8" />
<script>
var person = { name: 'andy' };
console.log("person", person.name);  //andy

var student=person;  //shallow copy
student.name="brian";
console.log("student", student.name);  //brian
console.log("person", person.name);  //brian
</script>
```

执行上面这个范例程序之后，我们发现 student 的 name 改变了，person 名字也改变了，把这两者比较一下：

```
console.log(student===person);
```

执行的结果是 true。

Object.create()用于创建一个新对象，再复制原对象的属性与方法，也可以将上面的程序语句改写如下，student 就会是新对象，再将 person.name 的值赋给 student 的 name，也可以达到同样的效果。

范例程序：*ch07/deepCopy.htm*

```
<meta charset="UTF-8" />
<script>
var person = { name: 'andy' }
console.log("person", person.name)      //andy

var student = { name: person.name };  //deep copy
student.name="brian";
console.log("student", student.name)    //brian
console.log("person", person.name)      //andy

console.log(student===person);          //false
</script>
```

该范例程序的执行结果如图 7-13 所示。

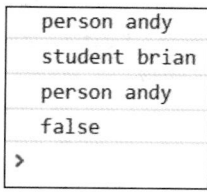

图 7-13

7.3.3　ES 6 的扩展

ES 6 的 extends 写法比起 7.3.1 小节原型链的写法要简洁许多，也更直观。其写法如下：

```
class person{    //父类
```

```
    constructor(name) {
        ……
    }
}

class student extends person{        //扩展子类
    constructor(name) {
        super(name);
        ……
    }
}
```

子类通过 super 关键字存取父类的成员，请看下面的范例程序。

范例程序：ch07/extends_ES6.htm

```
<meta charset="UTF-8" />
<script>
class person{
    constructor(name, age) {
        this.name = name;
        this.age = age;
    }

    showInfo() {
        return "姓名:" + this.name + ',年龄：' + this.age + '岁';
    }
}

class student extends person{
    constructor(username,age,tel) {
        super(username,age);    //对应父类的 name,age
        this.tel=tel;
    }
    showInfo() {
        return super.showInfo() + ",电话:" + this.tel;
    }
}
var andy = new student("andy",20,"010-11112345");
var john = new person("john",18);

console.log(andy.showInfo())
console.log(john.showInfo())
</script>
```

该范例程序的执行结果如图 7-14 所示。

```
姓名:andy,年龄：20岁,电话:010-11112345
姓名:john,年龄：18岁
>
```

图 7-14

子类必须在构造函数中使用 super 方法来调用父类的构造函数，相当于 person.call(this,…)。子类可以再加上自己的属性与方法。在上面的范例程序中，子类覆写（Overriding，也称为重写）了父类的 showInfo() 的方法，并使用 super.showInfo() 来调用父类的方法再加以改写。

ES 6 的 class 写法虽然好用，但这样编写的程序必须在支持 ES 6 规范的浏览器上才能执行，目前支持度最佳的是 Google Chrome 浏览器和 Firefox 浏览器，而 IE 浏览器完全不支持，而偏偏 IE 浏览器的用户不少，这也是前端程序设计人员经常遇到的浏览器兼容问题，因此在编写程序时就得多方权衡。

第**8**章

RegExp 对象

在编写程序的过程中，经常会遇到需要进行数据的对比与查找，如 match()、replace()、search() 与 split()等方法都与数据对比相关，我们可以搭配正则表达式来辅助对比，RegExp 对象是 JavaScript 正则表达式对象，本章就来学习如何巧用 RegExp 对象。

8.1　认识正则表达式

RegExp 对象用于创建正则表达式对象，正则表达式（Regular Expression）并不是 JavaScript 专有的，大多数主流程序设计语言（如 Java、Python、PHP 等）都可以使用正则表达式来辅助数据 的查找与对比。下面先来认识什么是正则表达式。

8.1.1　正则表达式

正则表达式是一套规则模式（Pattern），中文译名很多，通常称为正则表达式，也有人称为正 规表达式、常规表示法或通用表示式等，其实指的都是 Regular Expression。

Regular Expression 简写为 Regex、RegExp 或 RE，常见的有两种语法：一种是出自于 IEEE 制 定的标准（POSIX(IEEE 1003.2)）；另一种是出自 Perl 程序设计语言的 PCRE，大部分的程序设计 语言都支持 PCRE，JavaScript 的 RegExp 对象语法与 PCRE 语法相似。

RegExp 对象经常与字符串对象的 match()、replace()、search()与 split()方法搭配使用。例如网 站经常需要对比用户的身份证号码、电话号码或 E-Mail 格式等是否正确，就可以使用正则表达式 来验证。如果想要对比电话号码是否正确，就可以使用下面的程序语句：

```
var reg = /^[0-9]{11}$/g;
var tel="12303456789"
```

```
var myArray = reg.test(tel);  //true
```

其中，"/^[0-9]{11}$/g" 就是正则表达式，搭配字符串的 test() 方法对比 tel 字符串是否符合正则表达式的规则，如果符合就返回 true，否则就返回 false。

假设电话号码格式必须符合以下两项：

● 字符串里面必须全是 0~9 的数字。

● 字符串长度必须是 11。

编写程序语句要数行，而使用正则表达式轻轻松松几个简单的数字符号就搞定了。

体会了正则表达式的作用之后，接下来学习如何在 JavaScript 中使用正则表达式。

8.1.2　建立正则表达式

我们可以通过两种方法来建立正则表达式，下面分别说明。

一种方法是使用正则表达式文字（Regular Expression Literal），将正则表达式放在两个斜线（/）之间：

```
var reg = /正则表达式/[,标志];
```

另一种方法是使用 RegExp 对象的构造函数来创建 RegExp 对象实例：

```
var reg = new RegExp(正则表达式[,标志]);
```

标志（Flag）是设置匹配的方式，可省略，有 6 种设置值，如表 8-1 所示。

表 8-1　RegExp 对象的标志设置值

标志	匹配模式	说明
g	global 全局模式	找出所有匹配的位置
i	ignore case 忽略模式	忽略字母大小写
m	multiline 多行模式	只有在查找目标中有 \n 或 \r 换行符，而且正则表达式含有^或$指定开始位置与结尾位置时才有用
y	Sticky 沾滞模式	只会在 lastIndex 属性指定的位置查找
u	unicode 模式	处理 unicode 编码的查找，例如 /^\uD83D/.test('\uD83D\uDC2A')
s	dotAll 模式	句点符号（.）可匹配任何字符，包括换行符

flag 标志可以合并使用，如 gi 表示全局对比并忽略字母大小写。

最单纯的正则表达式是字符串字面的对比，例如/you/表示对比 you 这 3 个字母，只要目标字符串有 you 出现，顺序也正确，就会对比成功。

范例程序：ch08/RegExp01.htm

```
<meta charset="UTF-8" />
<script>
var reg = /you/;
var target = "just do you best you can!"
console.log(target.search(reg));
```

```
</script>
```

执行之后会输出 8，表示找到了匹配的字符串。search()方法如果找到了匹配的字符串，就会返回第一个匹配的字符串对应的位置，即索引（Index），若找不到则返回-1。

上面的正则表达式也可以使用 RegExp 对象来表示，下面两种写法都可以：

```
var reg = new RegExp('you');
var reg = new RegExp(/you/);
```

除了 search()方法之外，还有其他方法可以搭配正则表达式使用。

（1）RegExp 对象的方法（参考表 8-2）

表 8-2　RegExp 对象的方法

方法	说明	语法格式
exec	查找对比，匹配则返回 Array，不匹配则返回 null	regexObj.exec(str)
test	查找对比，匹配则返回 true，不匹配则返回 false	regexObj.test(str)

（2）字符串对象的方法（参考表 8-3）

表 8-3　字符串对象的方法

方法	说明	语法格式
match	查找对比，若匹配且正则表达式包含 g 符号，则返回所有匹配的字符串，若不包含 g 则返回 Array，若不匹配则返回 null	str.match(regexp)
search	查找对比，返回第一个匹配字符串对应的位置，即索引，若不匹配则返回-1	str.search(regexp)
replace	替换字符串，若匹配则返回一个新字符串，不影响原字符串	str.replace(regexp, newstr)
split	分割字符串，若匹配则返回分割后的 Array，不影响原字符串	str.split(regexp);

（3）正则表达式模式

正则表达式都是由数字、字母以及特殊字符组合而成的。正则表达式基本的特殊符号整理如表 8-4 所示。

表 8-4　正则表达式模式

符号	说明	范例
.（句点符号）	表示任一字符（不包含换行符）	.T. 代表三个字符，中间是 T，左右是任一字符
*（星号）	重复零个或多个前一个字符	/QO*/ 找出含有 QO、QOO 等字符串
[]	表示单一字符的范围 [...]：方括号内的字符都要 [^...]：方括号内的字符都不要 [a-z]：要 a~z 的字符	/[Ee]ileen/ 查找含有 Eileen 或 eileen 的那一行 /[^A-Z]/ 查找非大写字母 /[1-9]/ 查找 1~9 任意数字

（续表）

符号	说明	范例
^	以…开始。如果^在中括号 "[]" 里面，就表示否定	/^x/ 以 x 开头的字符串
$	以…结束	/[0-9]$/ 以数字结束的字符串
\	转义字符，将特殊符号的特殊意义去除	/\.H[a-z]/ 取消句点（.）符号的特殊含义
\{n,m\}	表示前一个字符出现的次数介于 n 到 m 之间	[a-z]\{3,5\} 表示 3 个到 5 个小写字母

正则表达式的基本字符大致上已经够用了，不过扩展的正则表达式能进一步简化整个程序语句。正则表达式扩展的特殊符号整理如表 8-5 所示。

表 8-5　正则表达式扩展的特殊符号

特殊符号	说明	范例
+	一次或以上	/go+d/ 查找 god、good、goood 这类字符串
?	一次或以上	/colou?r/ 查找 color、colour 字符串
|	用 "或" 的方式找出字符串	compan(y | ies) 查找 company 或 companies 字符串
()	表示集合	s(cc)d' 开头是 s，结尾是 d ，中间有一个以上 cc 的字符串
{n}	出现 n 次	/a{2}/ 查找 a 出现两次的字符串
{n,}	n 次或以上	/a{2,}/ 查找 a 出现两次以上的字符串
{n,m}	n 到 m 次	/a{1,3}/ 查找 a 出现 1~3 次的字符串
\b	匹配单字边界	you\b 可以匹配 you 不能匹配 your
\B	匹配非单字边界	you\B 可以匹配 your 不能匹配 you
\d	匹配数字	\d 只要有 0~9 都匹配
\D	匹配非数字	\D 只要非 0~9 都匹配
\s	匹配空白符	\s 空格、换行符、制表符、换页符都匹配
\S	匹配非空白符	\S 非空格、换行符、制表符、换页符都匹配
\t	匹配制表符（Tab 键）	\t 只要有制表符就匹配
\w	包含数字、字母与下画线	\w 相当于[A-Za-z0-9_]
\W	不包含数字、字母与下画线	\W 相当于[^A-Za-z0-9_]

接下来，我们举几种模式的例子来实践一下。

（1）字符串对比

字符与字符串对比是经常遇到的模式，请看下面的范例程序。

范例程序：ch08/RegPattern01.htm

```
<meta charset="UTF-8" />
```

```
<script>
var target = "good morning"

var reg1 = /good/;    //对比 good 字符串
var reg2 = /./;       //对比任一字符（默认只会返回一个字符）
var reg3 = /./g;      //g 为全局模式，会返回所有字符
var reg4 = /i./;      //对比 i 加任一字符，会返回 in

console.log(target.match(reg1));
console.log(target.match(reg2));
console.log(target.match(reg3));
console.log(target.match(reg4));

</script>
```

该范例程序的执行结果如图 8-1 所示。

```
▶ ["good", index: 0, input: "good morning", groups: undefined]
▶ ["g", index: 0, input: "good morning", groups: undefined]
▶ (12) ["g", "o", "o", "d", " ", "m", "o", "r", "n", "i", "n", "g"]
▶ ["in", index: 9, input: "good morning", groups: undefined]
>
```

图 8-1

正则表达式后面加上 g 标志表示全局查找，句点（.）表示返回任一字符，所以 reg3 会将全部字符返回。

范例程序：ch08/RegPattern02.htm

```
<meta charset="UTF-8" />
<script>
var target = "18, 2150, 310, Sunday, Monday, Tuesday"

var reg1 = /[f-m]/gi;      //对比 f、g、h、i、j、k、l、m 字母
var reg2 = /Sunday,+/g;    //对比 Sunday 后面有一个以上的逗号(,)
var reg3=/\d{3,4}/g;       //对比有 3~4 位数字

console.log(target.match(reg1));
console.log(target.match(reg2));
console.log(target.match(reg3));

</script>
```

该范例程序的执行结果如图 8-2 所示。

```
▶ ["M"]
▶ ["Sunday,"]
▶ (2) ["2150", "310"]
>
```

图 8-2

范例程序中的 reg1 使用了 g 和 i 标志，表示找出所有符合条件的字母并且不分大小写。reg3 中的\d{3,4}是指字符串里有连续 3~4 位的数字，并不是限制数字只能有 3~4 位数，例如 12345 这个数字的前 4 位数（1234）也符合这个规则。

（2）对比字符串开头与结束

范例程序：ch08/RegPattern03.htm

```
<meta charset="UTF-8" />
<script>
var target = "18, 2150, 310\n Sunday, Monday, Tuesday"

var reg1 = /^18/gi;        //开头匹配 18
var reg2 = /day$/g;        //结尾匹配 day
var reg3= /310$/;          //结尾匹配 310
var reg4= /310$/m;         //结尾匹配 310 (多行模式)

console.log(target.match(reg1));
console.log(target.match(reg2));
console.log(target.match(reg3));
console.log(target.match(reg4));

</script>
```

该范例程序的执行结果如图 8-3 所示。

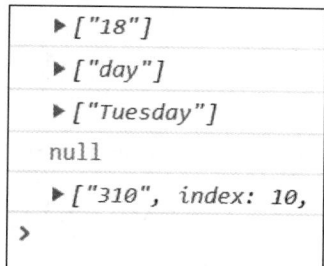

图 8-3

reg3 和 reg4 的正则表达式模式相同，差别在于 reg4 采用多行模式，范例程序中 target 字符串里的\n 是换行符，对 reg3 来说 target 是一行的字符串，而 reg4 会视为多行，因此 reg4 可以在第一行的结尾找到 310，而 reg3 找不到，于是返回了 null。

8.2　使用 RegExp 对象

RegExp 对象具有属性与方法，RegExp 对象的方法有前文提到的 exec()和 test()，这一节就来介绍 RegExp 对象的属性。

8.2.1 RegExp 对象的属性

RegExp 对象的属性如表 8-6 所示。

表 8-6 RegExp 对象的属性

属性	说明
flags	输出 RegExp 对象使用的标志
dotAll	RegExp 对象是否具有 s 标志
global	RegExp 对象是否具有 g 标志
ignoreCase	RegExp 对象是否具有 i 标志
lastIndex	指定下一次开始对比的位置
multiline	RegExp 对象是否具有 m 标志
source	返回正则表达式的模式，不包含两侧的斜线及标志
sticky	RegExp 对象是否具有 y 标志
unicode	RegExp 对象是否具有 u 标志

下面的范例程序说明 RegExp 对象属性的使用方式。

范例程序：ch08/RegPattern04.htm

```
<meta charset="UTF-8" />
<script>
console.group();
var target = "Life was like a box of chocolates.\n You never know what you're
gonna get.\r\n--Forrest Gump"
reg = /\r\n|\n/g;
var arr = target.split(reg);    //以\n 或\r\n 分割字符串
arr.forEach(function(value, key) {
    console.log(key, value);    //输出分割后的字符串
})
console.log(reg.source)    //source 属性
console.log(reg.flags)     //flags 属性
console.groupEnd();

//lastIndex 属性
console.group();
var reg=/you/ig;
var m1;
while ((m1 = reg.exec(target)) !== null) {
    console.log("找到", m1[0], "下一次查找开始的位置", reg.lastIndex);
}
console.groupEnd();
</script>
```

该范例程序的执行结果如图 8-4 所示。

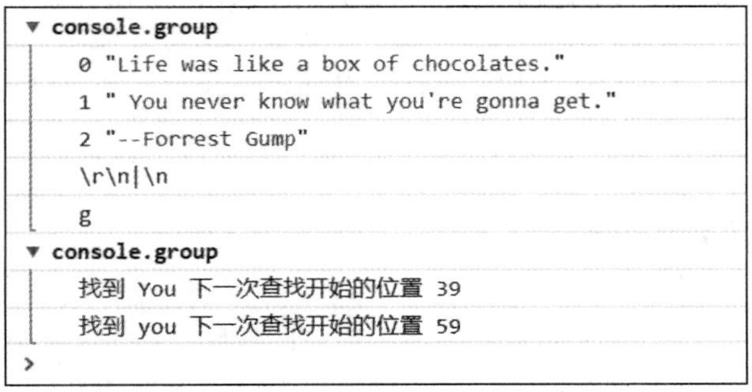

图 8-4

在范例程序中以"\r\n"或"\n"分割字符串，"\r\n"和"\n"都是换行的意思，"\r"是回车符号（回到行首），"\n"是换行符（下移一行），JavaScript 字符串换行使用"\n"，不过有一些应用程序换行只能识别"\r\n"，例如记事本这个简易编辑器。

第二个 console.group 中调用 lastIndex() 来显示下一次查找开始的位置，也就是当前查找结束时索引所在的位置。

标志 y（sticky 模式）只会从 lastIndex() 指定的索引位置开始查找。下面来看一个范例程序。

范例程序：ch08/RegPattern05.htm

```html
<meta charset="UTF-8" />
<script>
var target = "You never know"
//index ---> "01234......"
reg = /never/;
reg_y = /never/y;    //flag=y

console.group("没有加标记(flag)");
console.log( target.match(reg) );
console.groupEnd(); .

console.group("flag=y");
reg_y.lastIndex = 2;
console.log( target.match(reg_y) );
reg_y.lastIndex = 4;
console.log( target.match(reg_y) );
console.groupEnd();
</script>
```

该范例程序的执行结果如图 8-5 所示。

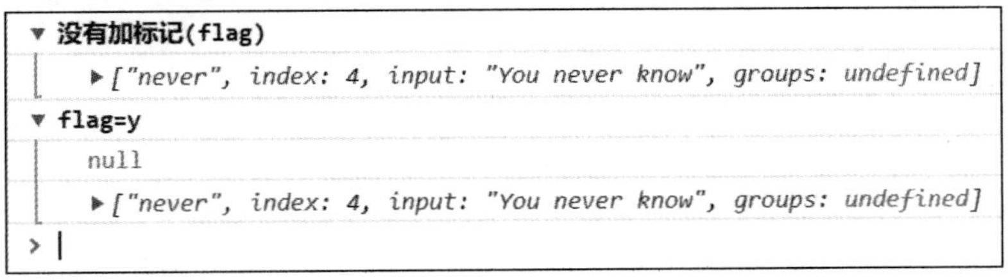

图 8-5

当 flag 设成 y 时，表示使用 sticky（沾滞模式），查找的字符必须在 lastIndex 属性指定的位置。在这个范例程序中，never 是在索引 4 的位置，所以 lastIndex=2 找不到就返回了 null，lastIndex=4 就可以找到 never 字符串。

8.2.2 字符串提取与分析

网络爬虫（Web Crawler）技术可以在网络上抓取许多数据，抓取的数据很多，要从中提取一些有用的数据，就得进行一些数据分析与提取的处理，面对大量的数据，正则表达式就非常好用。

数据处理经常会遇到几种需求，下面列出 4 种，稍后我们将针对这 4 种需求来实现。

- 单词分割。
- 单词替换。
- 查询某单词的出现次数。
- 提取不重复的单词及出现的次数。

JavaScript 执行单词替换可以调用 replace()方法，例如：

```
var target = "beginning";
var result = target.replace("n", "x");
console.log(result)
```

执行结果是 begixning，可以发现，明明字符串里有 3 个 n，却只替换了第一个。

如果想要替换全部的 n，就可以搭配正则表达式来实现，以下两种写法都可以：

```
var result = target.replace(/n/g, "x");
var result = target.replace(new RegExp(/n/,'g'), "x");
```

执行之后就会得到我们想要的结果：begixxixg。

下面就来实践一下单词的提取与分析。

范例程序：ch08/RegPattern06.htm

```
<meta charset="UTF-8" />
<script>

 var target = "There's a hero.If you look inside your heart.You don't have
to be afraid of what you are.There's an answer If you reach into your soul And
the sorrow that you know will melt away."

 //you 出现几次
 console.group("查询某单词出现的次数")
 reg = /you\b/gi;
 var result=target.match(reg);
 console.log( result );
 console.log("you 出现", result.length ,"次");
 console.groupEnd("查询某单词出现的次数")

 //用 he 替换 you
 console.group("用 he 替换 you")
```

```
reg = /you\b/gi;
var result=target.replace(reg,"he");
console.log( result );
console.groupEnd("用 he 替换 you")

//找出单词，重复的单词只选择一次
console.group("找出单词，重复的单词只选择一次")
var new_str=target.split(/\s|\./g);
new_str.pop();   //删除最后一个元素
console.log("全部有",new_str.length,"个");

var result = new Set(new_str);
console.log(result);
console.log("找出的单词有",result.size,"个");
console.groupEnd("找出的单词有（不重复选择）")

//找出单词及单词出现的次数
console.group("找出单词及单词出现的次数")
var counter = {};
new_str.forEach(function(x) {
    counter[x] = (counter[x] || 0) + 1;
});
console.log(counter);
console.groupEnd("找出单词及单词出现的次数")
</script>
```

该范例程序的执行结果如图 8-6 所示。

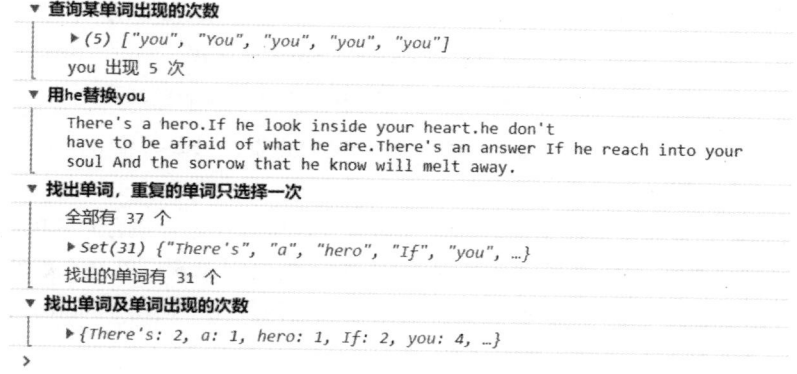

图 8-6

在该范例程序中，target 字符串的内容取自 Mariah Carey 的 Hero 这首歌的第一段歌词，第一部分是实现查询 you 这个单词出现的次数，使用的正则表达式是 "/you\b/gi"，字符串中有 you 也有 your，所以我们加上\b 来指定匹配的边界，如此一来就不会取到 your 这个单词。

第二部分的实现是使用 he 替换 you，前面已经说明过 replace()方法，这里就不再赘述。

第三部分的实现是找出不重复的单词，这里包含两个操作，先将单词分割出来，再找出单词（不重复提取单词）。split()方法可用于分割字符串，首先要找出用什么符号来进行分割，第一个当然是用字符串中的空白符号来作为分割符，不过句子的结尾与下一句之间并没有空白符，如

hero.If，hero 和 if 是两个单词，所以要把句点符号（.）加进去当作分割符，如此一来，正则表达式的模式就有了。在范例程序中使用的是 "/\s|\./g"，其中\s 是匹配空白符号，由于句点符号（.）是正则表达式的特殊符号之一，因此必须在它的前面加上转义字符（\）表示这个句点符号（.）要作为查找的目标。整句的正则表达式的意思是全局对比找出空白符号或句点符号。

提　示
反斜杠（\）称为转义字符，如果字符本身已经被 JavaScript 用来作为语法的一部分，就不可以直接使用它，必须在它的前方加上一个转义字符，让 JavaScript 引擎知道我们要使用的是这个字符本身。例如下面的语句中双引号已经被用来包围字符串，双引号里面就不可以再直接使用双引号：

```
var single = """;
```

这时可以把包围字符串的符号改成单引号：

```
var single = '"';
```

或者，加上转义字符：

```
var single = "\"";
```

split()加上这个正则表达式就可以将字符串分割为数组：

```
var new_str=target.split(/\s|\./g);
```

分割结果如下：

["There's", "a", "hero", "If", "you", "look", "inside", "your", "heart", "You", "don't", "have", "to", "be", "afraid", "of", "what", "you", "are", "There's", "an", "answer", "If", "you", "reach", "into", "your", "soul", "And", "the", "sorrow", "that", "you", "know", "will", "melt", "away", ""]

由于句点符号也是分割符，因此数组最后有一个空白元素，只要调用 pop()方法就可以删除这个空白元素。

接着，要让数组不重复，可以使用之前学过的集合对象。还记得集合对象的特性吗？集合对象只存储不重复的值。利用这个特性，只要将数组转换为集合对象就可以消除数组中重复的元素。

第四部分的实现是要找出单词及单词出现的次数，范例程序中使用了 foreach 循环逐一对比 new_str，使用 counter 对象来存储对比的结果：

x：逐一取出单词

```
new_str.forEach(function(x) {
    counter[x] = (counter[x] || 0) + 1;
});
```

其中，(counter[x] || 0)相当于下面的程序语句：

```
if (counter[x] !== undefined && counter[x] !== null) {
    this.counter[x] = counter[x];
}else {
    this.counter[x] = 0;
```

```
        }
```

正则表达式就介绍到此，相信读者已经体会到它的威力，一开始接触正则表达式可能会觉得理解起来有点困难，其实只要先将模式拆解出来，掌握它的语法，多加运用，慢慢就可以掌握正则表达式的使用方法了。

8.2.3　常用的正则表达式

正则表达式并没有一定的标准答案，每个程序设计人员设置的条件不同，找出来的正则模式可能就会有差异，编写的时候只有多方测试，才能写出符合预期的正则表达式。下面列出几个常用的正则表达式，供读者参考。

范例程序：ch08/RegPattern07.htm

```
<meta charset="UTF-8" />
<script>
/*检查公历的日期
公元年用 4 个字符、月份和日各用 1~2 个字符*/
reg =/^\d{4}\/\d{1,2}\/\d{1,2}$/;
console.log(reg.test("2019/9/28"));  //true
console.log(reg.test("108/09/28"));   //false--必须 4 个字母

/*密码核对
1.长度为 6~10
2.第一个字符必须为英文字母
3.之后英文字母、数字、减号与下画线均可*/
reg = /^[a-zA-Z][\w-_]{5,10}$/;
console.log(reg.test("A12345789101")); //false--超过 11 个字符
console.log(reg.test("12345678"));       //false--第一个字符必须是英文字母
console.log(reg.test("B1234"));          //false--最少要 6 个字符
console.log(reg.test("B_1234"));         //true

/*只允许中文
对比 Unicode 编码*/
reg = /^[\u4e00-\u9fff]{0,}$/;
console.log(reg.test("您好"));        //true
console.log(reg.test("您好abc"));   //false--只允许中文

/*E-mail 核对
1.允许大写英文字母、小写英文字母、0~9、减号与下画线
2.中间有一个@
3.@后面允许小写英文字母、0~9、减号与下画线
4.结尾有两个以上英文字母
*/
reg    =   /^[A-Za-z0-9-_]+(\.[A-Za-z0-9-_]+)*@[a-z0-9]+(\.[a-z0-9-_]+)*
(\.[a-z]{2,})$/;
console.log(reg.test("Abc.lee@gmail.com"));   //true
console.log(reg.test("1ab_c@yahoo@com.tw"));  //false--只能有一个@
console.log(reg.test("abc@yahoo.com.w"));       //false--结尾需有两个以上的英文
```

```
字母
    </script>
```

在该范例程序中有一个正则表达式用于检测中文，使用了 Unicode 编码进行对比，Unicode 是一种字符编码，称为"万国码"。每个国家或地区的语言都不同，采用的编码也不同，计算机在处理不同的语言时就容易发生乱码问题，为了统一编码，于是有了 Unicode 这种编码方式，它替每种语言的文字符号设置了统一而且唯一的编码，我们常使用的 UTF-8 也是 Unicode 编码的一种。

在 Unicode 中使用十六进制数值来表示文字符号的编号，表示方法为：

\u 十六进制数值

JavaScript 采用"\u 十六进制数值"的格式来表示 Unicode 编码，例如 \u0041 表示 A，Unicode 给各个国家或地区分配不同的编码区段，编码从 u0000 至 uFFFF，其中的中日韩统一表意文字（CJK Unified Ideographs）收录了繁体中文、简体中文、日文及韩文汉字的编码，编码范围为 u4E00~u9FFF，因此正则表达式模式中的[\u4e00-\u9fff]，只要输入的是汉字就可以成功匹配。

第 9 章

异步与事件循环

程序通常会按照我们编写好的顺序执行，如果在函数中使用了 setTimeout 或 Ajax 调用，程序的执行顺序就不一致，这将会导致执行结果与我们想要的不同，不过 JavaScript 提供了一些方法让程序既可以保持异步运行方式，又能够按照我们指定的顺序执行。

9.1　认识同步与异步

同步（Synchronous，简称 Sync）可能会让人有"同时处理"的错觉，其实在程序设计中的同步模式是指一步接一步的，异步（Asynchronous，简称 Async）才是同时处理的意思。下面就来介绍同步与异步的概念。

9.1.1　同步与异步的概念

JavaScript 是单线程运行模式（Single Threaded Runtime，或称为单线程运行环境），程序代码从上到下、一行一行按序执行，当遇到函数调用时，JavaScript 引擎就会构建新的运行环境并放入堆栈（Stack）中，同样一次只处理一件事情（One Thing At a Time），在堆栈顶端的运行环境会先按照后进先出（Last In First Out，LIFO）的顺序进行处理，当函数运行完毕并返回（Return）之后，运行环境就会被移除。例如，下面的程序先调用 funcA()，funcA()里面又调用 funcB()，JavaScript 引擎执行完 funcB()并将结果返回后，就会将 funcB()从堆栈中移除（Pop Off），而后继续执行 funcA()，这个过程如图 9-1 所示。

```
function funcB(a, b) {
    return a * b
}
function funcA(x) {
    let Bvalue = funcB(x, x)
    console.log(Bvalue)
}
funcA(10);
```

Push **Pop Off**

堆栈

```
function funcB(a, b) {
    return a * b
}
```

```
function funcA(x) {
    let Bvalue = funcB(x, x)
    console.log(Bvalue)
}
funcA() {}
```

Global 运行环境

图 9-1

如果某一段 JavaScript 程序需要很长的运行时间，浏览器就会停滞（Freezing）且呈现出"假死"状态，这种情况被称为阻塞（Blocking），用户无法再执行任何操作，只能傻傻地等待处理完成。如果改用异步调用就能减少阻塞的情况，降低用户等待的时间，提升用户操作的流畅度。

同步与异步的概念很容易搞混，下面搭配图来说明就更容易理解。

● 同步：程序必须等待对方响应之后才能继续往下运行，例如 A1 调用了 B1，必须等到 B1 响应才会继续执行 A2。通常会使用同步表示 A 的程序与 B 的程序息息相关，如图 9-2 所示。

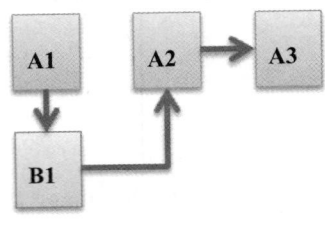

图 9-2

● 异步：程序不必等待对方响应就继续往下运行，例如 A1 调用了 B1，不需要等 B1 响应就可以继续往下执行 A2。由此可知，使用异步表示 A 的程序与 B 的程序并没有直接的关系，如图 9-3 所示。

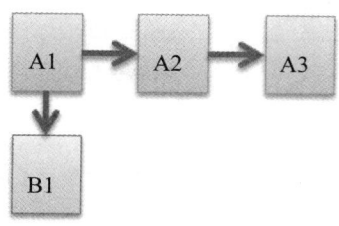

图 9-3.

采用同步模式的设计方式比较直观而且简单，缺点是必须等待各个工作完成。从图 9-4 可以看出采用异步设计的程序可以省去同步设计的程序等待的时间。

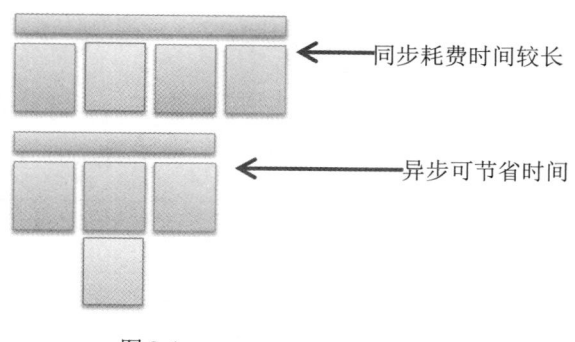

同步耗费时间较长

异步可节省时间

图 9-4

这两种模式各自有适合的应用场景，例如一边吃饭一边看电视就属于异步模式，而像下棋则必须等待对方完成才能走下一步，相当于同步模式。

9.1.2　定时器：setTimeout()与 setInterval()

当我们希望程序能够在指定的时间执行时，通常会用到浏览器的 Web API setTimeout()与 setInterval()，这两者的差别在于 setTimeout()只会执行一次，而 setInterval()会重复执行。

1. setTimeout()

setTimeout()在指定的延迟时间终结时会执行一个函数或一段程序代码，格式如下：

```
var timeoutID = scope.setTimeout(function[, delay, param1, param2,…]);
```

scope 在浏览器中通常是 window，可以省略不写，setTimeout()的返回值是定时器的编号，调用 clearTimeout(timeoutID)函数就可以取消这个定时器。

function：延迟时间终结时要执行的函数（回调函数）。

delay：延迟时间，单位为毫秒（1 秒等于 1000 毫秒）。如果省略 delay 参数，delay 就默认为 0，表示立刻执行函数。

param：附加参数，指定延迟时间终结时会将这些附加参数传递给回调函数。

下面的范例程序在 1 秒之后会显示当前的时间。

范例程序：ch09/setTimeout.htm

```html
<meta charset="UTF-8" />
<script>
/*setTimeout()方法*/
function startTime() {
    var today = new Date();   //创建 Date 对象获取时、分、秒
    var h = today.getHours();
    var m = today.getMinutes();
    var s = today.getSeconds();
    m = checkTime(m);     //分钟数取两位数，不足补 0
    s = checkTime(s);     //秒数取两位数，不足补 0
    console.log(`当前的时间：${h}:${m}:${s}`);
}

function checkTime(i) {
    return (i<10) ? "0" + i : i;
}
setTimeout(startTime, 1000);   //1 秒后执行 startTime()函数
</script>
```

该范例程序的执行结果如图 9-5 所示。

```
当前的时间: 20:46:04
>
```

图 9-5

startTime()函数在这里是一个回调函数，回调函数是把函数当作另一个函数的参数，所以 startTime 不加括号，不能写成 setTimeout(startTime(), 1000)，这样反而变成传递 startTime()函数的返回值，而不是传递函数本身。

setTimeout 也可以传入参数，参考下面的范例程序。

范例程序：ch09/setTimeout01.htm

```html
<meta charset="UTF-8" />
<script>
/*setTimeout()方法*/
function startTime(str) {
    var today = new Date();   //创建 Date 对象获取时、分、秒
    var h = today.getHours();
    var m = today.getMinutes();
    var s = today.getSeconds();
    m = checkTime(m);     //分钟数取两位数，不足补 0
    s = checkTime(s);     //秒数取两位数，不足补 0
    console.log(`当前的时间：${h}:${m}:${s} ${str}`);
}

function checkTime(i) {
    return (i<10) ? "0" + i : i;
}
```

```
    setTimeout(startTime, 1000, "您好! 很高兴见到您! ");
    </script>
```

该范例程序的执行结果如图 9-6 所示。

当前的时间: 20:55:58 您好! 很高兴见到您!
> |

图 9-6

2. setInterval()

setTimeout()通常用于只执行一次的场合，setInterval()则会重复执行，格式如下：

```
var timeoutID = scope.setInterval(function[, Delay, param1, param2, ...])
```

scope 在浏览器中通常是 window，可以省略不写，setInterval()的返回值是定时器的编号，调用 clearInterval(timeoutID)函数就可以取消这个定时器。

function：延迟时间终结时要执行的函数。

delay：延迟时间，单位为毫秒。如果省略 delay 参数，delay 就默认为 0，表示立刻执行函数。

param：附加参数，指定延迟时间终结时会将这些附加参数传递给回调函数。

下面的范例程序在 1 秒之后会显示当前的时间。

范例程序：ch09/setInterval.htm

```
<meta charset="UTF-8" />
<script>
/*setTimeout()方法*/
function startTime(now) {
    var today = new Date();
    var t = today.toLocaleTimeString();  //获取当前的时间
    console.log('当前的时间：${t}');

    if (parseInt((today - now) / 1000)>=5)
    {
        clearInterval(tID);
        console.log("停止计时。")
    }
}
var tID = setInterval(startTime,1000,new Date());  //传入当前的时间作为参数
</script>
```

该范例程序的执行结果如图 9-7 所示。

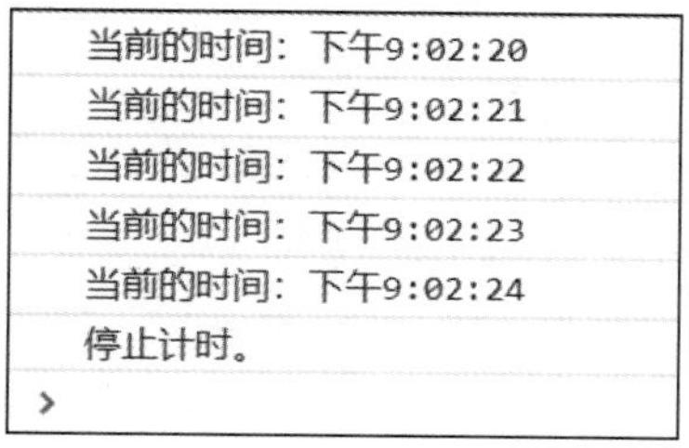

当前的时间: 下午9:02:20
当前的时间: 下午9:02:21
当前的时间: 下午9:02:22
当前的时间: 下午9:02:23
当前的时间: 下午9:02:24
停止计时。
>

图 9-7

setInterval()会不断执行，要停止计时必须搭配 clearInterval()函数来停止。

setTimeout()与 setInterval()是异步的方法，前面提过 JavaScript 是单线程运行模式，照理说只能一次执行一项工作，为什么又能够异步运行呢？

JavaScript 实现异步的方式称为事件循环（Event Loop），属于并发控制模式（Concurrency Model），逻辑上是在重叠的时间内执行的，因而看起来很像异步运行方式，实际上仍然是一次执行一个任务。下一小节将介绍事件循环。

9.1.3 事件循环

先来看下面这段程序代码，想想看输出结果是怎样的。

范例程序：ch09/eventLoop.htm

```
<meta charset="UTF-8" />
<script>
function play1(){
setTimeout(function () {
    console.log('play1 执行了')
    }, 8000)
}
function play2(){
    setTimeout(function () {
        console.log('play2 执行了')
    }, 5000)
}
console.log("程序开始");
play1();
play2();
console.log("程序结束");
</script>
```

该范例程序中先调用 play1 再调用 play2，JavaScript 是单线程运行模式，所以认知上会觉得输出结果应该是"程序开始→8 秒之后显示"play1 执行了"→5 秒后显示"play2 执行了"→程序结束"。可是，实际的执行结果完全不是我们预想的那样。

执行这个范例程序，执行结果如图 9-8 所示。

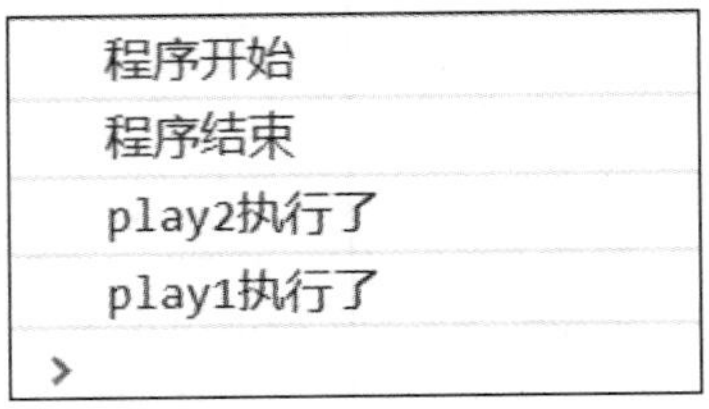

| 程序开始 |
| 程序结束 |
| play2执行了 |
| play1执行了 |
| > |

图 9-8

参考图 9-9，大概了解一下 setTimeout()的工作模式。

如前文所述，函数运行环境会被放入堆栈，图 9-9①处。当执行到 setTimeout()时，由于 setTimeout()并不是 JavaScript 的功能，而是浏览器的 Web API，因此 JavaScript 会将程序交给浏览器去处理，图 9-9②处，堆栈中的 setTimeout 就会被移除（这时 setTimeout()内的函数并未执行，只是交给了 Web API）。timeout 设置的延迟时间一到，Web API 就会通知 JavaScript，JavaScript 并不会直接将函数再放入堆栈中，而是先放入队列中等候通知（图 9-9③处），这时事件循环机制就会在堆栈与队列之间不断轮询，检查堆栈的工作是否都完成了，当堆栈为空时，就会将队列中排在第一个的工作放入堆栈执行，图 9-9④处。队列与堆栈不同，队列的进出顺序是先进先出（First In First Out，FIFO）。

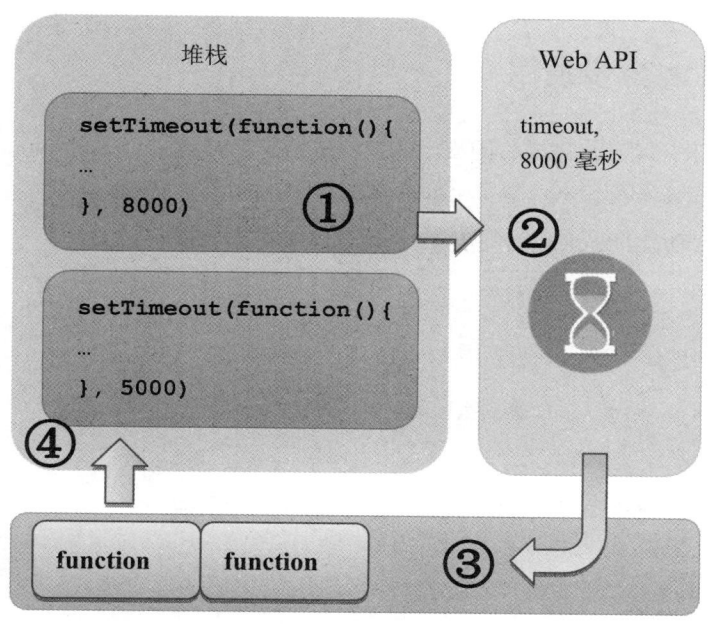

图 9-9

觉得复杂吗？我们可以把堆栈想象成一间生意兴隆的餐厅，函数就好像拿着号码牌在候位区等待的顾客，事件循环是一位非常称职的门口领位人员，反复与餐厅内部员工确认是否还有空位，一旦有空位，先来的客人就可以先进入，如果没有事件循环机制，可以想象将会有多么混乱。

像 setTimeout 这类异步的操作，可以通过一些方法来让程序同步执行，确保执行结果能够正确无误，下一节就来介绍这些方法。

小 课 堂

什么是 API?

API 是应用程序编程接口（Application Programming Interface）的简称，随着信息技术的发展，软件规模日益扩大，经常会需要与其他系统或网站进行数据交换或资源共享，假如今天要与 A 网站交换数据，A 网站必须提供如何调用程序的接口，这样编程人员才知道如何去调用和使用它，这类接口就被称为 API。

通过 API 可以协助编程人员完成很多工作，例如 Web API 提供很多非常棒的 API，协助编程人员编写网页程序，如 HTML DOM 操作的 API、从服务器端获取数据的 API 以及在客户端存储数据的 API 等，第 10 章将讲解网页制作的内容，将涉及这些 API 的使用。

9.2 异步流程控制

JavaScript 处理异步调用有 3 种方式：回调函数（Callback）、Promise 对象以及 async/await 对象。下面就来介绍这 3 种方式。

9.2.1 Callback 异步调用

回调函数常用来延续异步完成后的程序执行，称为异步调用（Asynchronous Callback）。简单来说，就是把函数当作参数传入，参考下面的范例程序。

范例程序：ch09/callback.htm

```
<meta charset="UTF-8" />
<script>
function func(x, y, callback){
    let num = x * y;
    callback(num);    //返回执行结果
}

func(10, 20, function(num){    //把函数当作参数传递
    console.log("num = ", num);    //num = 200
});
</script>
```

执行结果会输出 num = 200。在这个范例程序中，在调用 func()时带入 3 个自变量：10、20 以及一个匿名函数，这个匿名函数就被称为回调函数，当 func()执行完成后，就调用这个匿名函数，即执行匿名函数内的程序语句，示意图如图 9-10 所示。

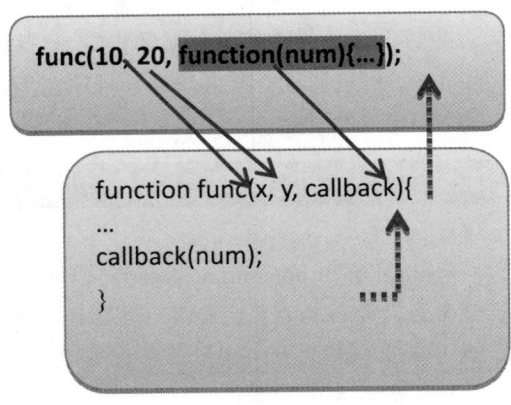

图 9-10

匿名函数在 func 函数执行完成才调用并传入 num 参数，程序就能够按照我们预期的顺序来执行了。

试试将 9.1.3 小节的 eventLoop.htm 改写成回调函数的方式，让程序能够按照以下顺序执行并输出：

程序开始
play1 执行了
play2 执行了
程序结束

参考下面的范例程序。

范例程序：ch09/callback_settimeout.htm

```
<meta charset="UTF-8" />
<script>
//callback 回调函数
function play1(callback){
    setTimeout(function () {
    console.log('play1 执行了')
    callback("play1ok");
    }, 8000)
}
function play2(callback1){
    setTimeout(function () {
        console.log('play2 执行了')
        callback1("play2ok");
    }, 5000)
}

console.log("程序开始");
play1(function(e){
    if (e==="play1ok")    //检查 play1 的返回值
    {
        play2(function(e1){
            if (e1==="play2ok")   //检查 play2 的返回值
            {
                console.log("程序结束");
            }
        });
    }
});
</script>
```

该范例程序的执行结果如图 9-11 所示。

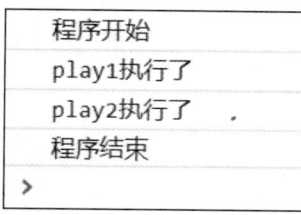

图 9-11

回调函数不仅能确保执行顺序无误，利用返回的参数还可以再进行不同的处理。例如在范例程序中，检查 play1 与 play2 的返回值来决定程序的流程，当然也可以搭配 switch 语句检查返回值来决定程序的流程。

用回调函数的方法虽然能够解决异步的问题，但是当一层层的回调函数串接在一起时，程序代码就显得过于冗长而不易阅读，一旦发生程序 Bug 就很难维护，这样的情况甚至被开发人员形容为回调地狱（Callback Hell）。

下一小节就来介绍能够优雅地解决回调地狱的 Promise 对象。

9.2.2 使用 Promise 对象

Promise 字面上的意思是承诺，Promise 对象是构造函数，可以通过 new 来创建对象实例，它的基本用法如下：

```
let promise = new Promise((resolve, reject) => {
    ...
    if (成功){
        resolve(value);
    } else {
        reject(error);
    }
});
```

Promise 包含 3 种状态，下面详细说明。

- resolve: 解决，表示成功。
- reject: 拒绝，表示失败。
- pending: 等待，表示处理中。

Promise 对象的构造函数称为执行器函数（Executor Function），它有两个参数，分别是 resolve 函数与 reject 函数。resolve 函数在异步操作成功完成时被调用，此时 Promise 对象的状态会从处理中变更为完成；reject 函数在异步操作失败时被调用，此时 Promise 对象的状态从处理中变更为失败。

Promise 对象实例只要用 then 方法绑定成功（resolve）与失败（reject）的回调函数，以下两种写法都可以：

```
promise.then((successMessage) => {
    // success
}, (error) => {
    // failure
})
```

或者：

```
promise.then((successMessage) => {
    // success
}).catch((error) => {
    // failure
```

```
})
```

请看下面的范例程序。

范例程序：ch09/promise.htm

```
<meta charset="UTF-8" />
<script>
//Promise
let myPromise = new Promise((resolve, reject) => {
    setTimeout(function(){
        console.log("setTimeout 执行了");
        resolve("ok");
    }, 3000);
});

myPromise.then((successMessage) => {
    console.log("成功!", successMessage);
}).catch((error) => {
    console.log("失败! ", error);
});
</script>
```

该范例程序的执行结果如图 9-12 所示。

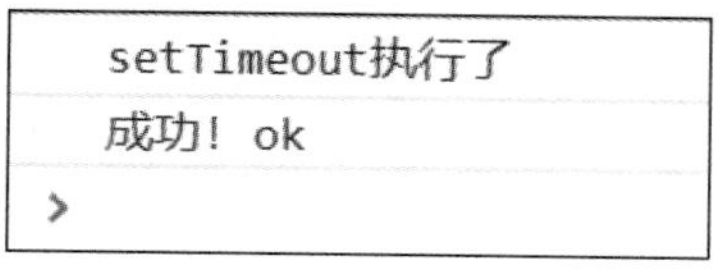

```
setTimeout执行了
成功! ok
>
```

图 9-12

在这个范例程序中，myPromise 是 Promise 对象实例，实例化之后会立刻执行，setTimeout 到了指定的 3 秒就会执行函数并调用 resolve，此时 Promise 对象实例的状态从 pending（等待）变更为 resolved（成功），随后就会触发 then 方法绑定成功时的回调函数。

其实 Promise 对象的用法跟回调函数大同小异，继续参考下面的范例程序，看看执行过程和执行结果就更清楚了。

范例程序：ch09/Promise_reject.htm

```
<meta charset="UTF-8" />
<script>
//Promise reject
function myPromise(n) {
    return new Promise((resolve, reject) => {
        setTimeout(function(){
            let num = n * n;
            if (num > 1000) {
                resolve("大于 1000")
            } else {
                reject("小于等于 1000")
            }
```

```
      }, 3000);
   })
}

myPromise(10).then((resolveValue) => {
   console.log("resolveValue=",resolveValue);
}, (rejectValue) => {
   console.log("rejectValue=",rejectValue);
})
</script>
```

该范例程序的执行结果如图 9-13 所示。

```
rejectValue= 小于等于1000
>
```

图 9-13

介绍到此，看起来 Promise 对象的用法与回调函数差异不大。接下来看看 Promise 的优势：Promise 链（Promise Chain）。

当我们按序调用两个以上的异步函数时，可以将两个 Promise 串连在一起，就是所谓的 Promise 链。参考下面的范例程序。

范例程序：ch09/promiseChain.htm

```
<meta charset="UTF-8" />
<script>
//Promise Chain
function play1(n) {
   return new Promise((resolve, reject) => {
      setTimeout(function(){
         resolve(n*n);
      }, 3000);
   })
};
function play2(n) {
   return new Promise((resolve, reject) => {
      setTimeout(function () {
         resolve(n+n);
      }, 5000)
   })
};

play1(5).then((e) => {
   console.log("play1 执行了 =", e);
   return play2(e);    //让下一个 then 接收
}).then((e1) => {
   console.log("play2 执行了 =", e1);
});
</script>
```

该范例程序的执行结果如图 9-14 所示。

```
play1执行了 = 25
play2执行了 = 50
>
```

图 9-14

在这个范例程序中，直接在 play1 执行完成之后返回 play2 的 Promise 对象，让下一个 then 来接收并处理。

9.2.3　async/await 概念

async/await 基本上与 Promise 对象是同样的意思，只是改了个 "包装"。async 指令用来声明一个异步函数，语法如下：

```
async function name([param1, param2…]) {…}
```

async 会返回一个 AsyncFunction 对象，代表一个异步函数。当 async 函数被调用时，会返回一个 Promise 对象。

async 函数内部可以使用 await 语句来暂停 async 函数的执行，并且等待调用的函数返回值，再继续 async 函数的执行。参考下面的范例程序。

范例程序：ch09/async.htm

```
<meta charset="UTF-8" />
<script>
//async/await

function play1(n) {
    return new Promise((resolve, reject) => {
        setTimeout(function(){
            console.log("play1 =",n*n);
            resolve(n*n);
        }, 5000);
    })
};

async function add1(x) {
    let play1value = await play1(20);  //等待 play1 执行
    console.log("x + play1value =", x + play1value );
}

add1(10)
</script>
```

该范例程序的执行结果如图 9-15 所示。

```
play1 = 400
x + play1value = 410
>
```

图 9-15

使用 async/await 调用多个异步函数时会更简洁，请看下面的范例程序。

范例程序：ch09/async01.htm

```
<meta charset="UTF-8" />
<script>
//async/await 改写 Promise Chain
function play1(n) {
    return new Promise((resolve, reject) => {
        setTimeout(function(){
            console.log("play1 =",n*n);
            resolve(n*n);
        }, 3000);
    })
};
function play2(n) {
    return new Promise((resolve, reject) => {
        setTimeout(function () {
            console.log("play2 =",n+n);
             resolve(n+n);
        }, 5000)
    })
};

async function add1(x) {
    try {
        let play1value = await play1(20);
        let play2value = await play2(play1value);
        console.log("x + play1 + play2 =", x + play1value + play2value);
    } catch(err) {
        console.log(err);
    }
}

add1(10)
</script>
```

该范例程序的执行结果如图 9-16 所示。

```
play1 = 400
play2 = 800
x + play1 + play2 = 1210
>
```

图 9-16

第二部分
JavaScript 在 Web 程序的应用

第10章

认识 HTML

本章将介绍 Web 程序的应用，JavaScript 在 Web 程序中大多需要操作 HTML DOM，因此要用 JavaScript 开发程序必须对 HTML 的语法与组件有基本的认识。

10.1　HTML 的基本概念

HTML（Hyper Text Markup Language，超文本标记语言）并不是一种程序设计语言，简单来说，就是使用简易的英文语句来定义网页上文字、图片的显示方式，以及建立文件间的链接。因为 HTML 构成的网页文件并不具有动态变化能力，所以这类网页被称为静态网页。

10.1.1　HTML 架构

HTML 文件像一般文本文件一样，可用任何文本编辑器（例如记事本应用程序）来创建和编辑。编辑完成后，只要保存成.htm 或.html 的文件格式，随后就可以使用浏览器打开并浏览这类文件。

HTML 5 是目前的 HTML 标准，广义的 HTML 5 除了本身的 HTML 5 标签之外，还包含 CSS 3 以及 JavaScript。

下面先来了解 HTML 基本的架构。

HTML 文件主要由标签（Tag）来标示文件中语句的开始与结束。以下是 HTML 基本架构很重要的标签。

- <!DOCTYPE html>：在文件开头声明这是 HTML 5 文件。
- <html></html>：用来表示<html></html>之间的文件是一份 HTML 文件。只要是.htm 或.html 文件格式的文件，浏览器一般都会视为 HTML 文件，所以也可以省略此标签。

- <head></head>：用来设置 HTML 文件的标题、作者信息。
- <meta charset="UTF-8">：指定使用的编码格式。
- <title></title>：网页的标题名称，它会显示在浏览器的标题栏上。
- <body></body>：文件的主体部分（也称为内文部分），在<body></body>之间的 HTML 标签经浏览器解析之后，会显示在浏览器中，也就是网页浏览者所看到的画面。

完整的 HTML 文件架构如下所示：

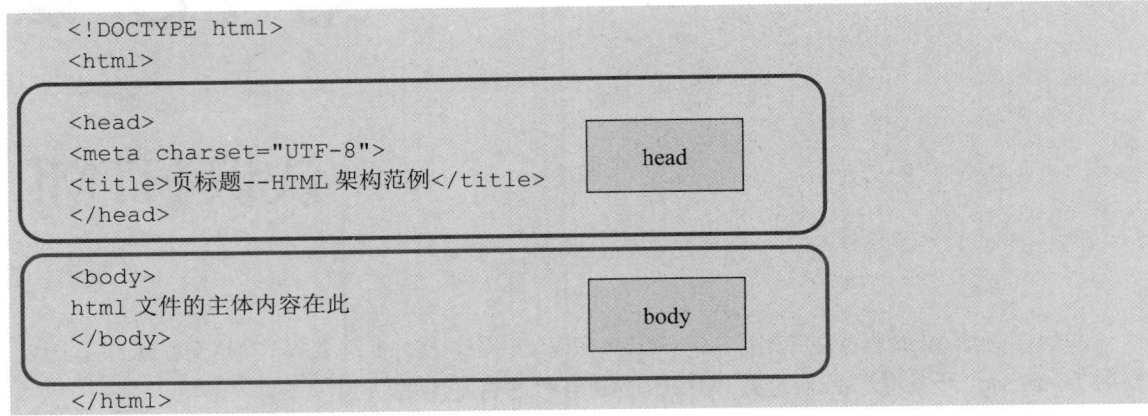

HTML 标签在使用上并不区分字母大小写。

（1）成双成对的标签

每个 HTML 标签都是有意义的，就好像是给浏览器下达指令一样。除了<p>、
、<hr>、<img>等标签之外，大部分的标签都是成双成对构成 HTML 的语句区块，分别声明该语句区块的开始与结束。例如下面的<h2>标签是告诉浏览器，文字要显示成 h2 字体大小，</h2>即代表结束。

范例程序：htmlStyle.htm

```
<!DOCTYPE html>
<html>
  <head>
    <meta charset="UTF-8">
    <title>成双成对的标签</title>
  </head>
<body>
  html 标签
  <hr>
  <h2>这是 h2 字体</h2>
</body>
</html>
```

该范例程序的执行结果如图 10-1 所示。

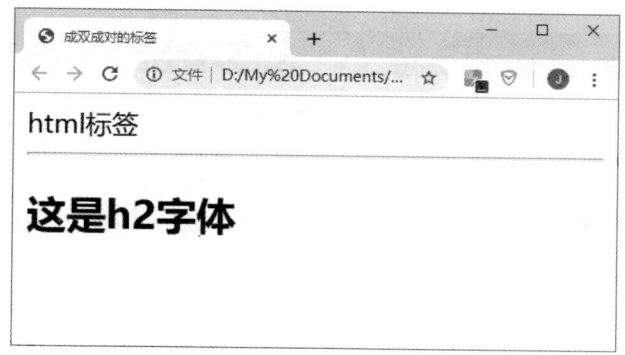

图 10-1

（2）标签的属性

HTML 标签可以加入额外的属性设置，让该标签产生更多的变化。例如<h2 style ="text-align：center">就是利用 style 属性，加上 CSS 语法来控制文字对齐方式。

```
<h2 style ="text-align: center">
```

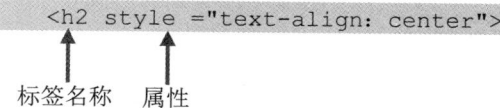

标签名称　　属性

标签名称与属性之间及属性与属性之间必须使用空格符分隔开。

10.1.2　HTML 5 声明与编码设置

标准的 HTML 文件在文件前端都必须使用 DOCTYPE 声明所使用的标准规范，HTML5 的声明语句如下：

```
<!DOCTYPE html>
```

在<head></head>标签里则会放置所使用语言与编码的声明，如果网页文件中没有声明正确的编码，浏览器就会依据浏览者计算机的设置来呈现编码，例如我们有时逛一些网站，会看到一些网页变成了乱码，这通常都是没有正确声明编码的缘故。

语言的声明方式很简单，只要在<head>与</head>中间加入如下语句即可：

```
<html lang="zh-CN">
```

lang 属性设置为 zh-CN，表示文件内容使用简体中文。

我们在本书的范例程序中都会加入网页编码的声明语句，例如：

```
<meta charset="utf-8">
```

Charset 属性设置为 UTF-8，表示使用 UTF-8 来编码。如果使用 GBK 编码，只要将 Charset 属性值改为 GBK 就可以了。

提　示

GBK 是简体中文编码，只支持简体中文，也就是说 GBK 编码的网页在以其他语言设置开启网页时就会呈现乱码，而 UTF-8 是国际编码，支持多国语言，一般不会有乱码的问题。再次提醒读者注意，网页编码的声明要与文件存盘时的编码格式一致。以记事本应用程序为例，如果网页要使用 UTF-8 编码，文件存盘时就必须在“编码”下拉菜单中选择 UTF-8 选项，如图 10-2 所示。

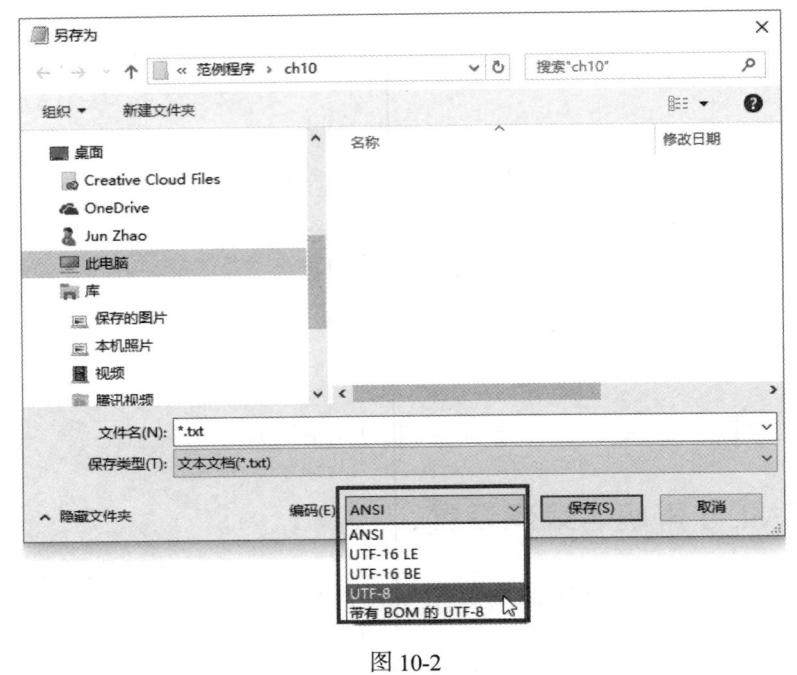

图 10-2

10.2　HTML 常用标签

HTML 的标签很多，本节仅介绍常用的 HTML 标签。

10.2.1　文字格式与排版相关标签

1. 文字格式的标签

文字格式的标签常用的有<font>、<h1>~<h6>、<b>、<i>、<u>等，详细说明可参考表 10-1。

表 10-1　HTML 常用的文字格式标签

标签	说明
<font></font>	设置文字字体、大小、颜色
<h1>~<h6> </h1>~</h6>	设置文字大小等级（字号）
<b></b>	将文字设为粗体字
<i></i>	将文字设为斜体字
<u></u>	将文字加上下画线

　　根据 HTML5 规范，这些字体标签最好能使用 CSS 语句来替代，不过这些仍然是很常见的语句，所以在此进行说明。CSS 语法相关的内容，可参考下一章的介绍。

　　有关文字格式设置，请参考下面的范例程序。

范例程序：ch10/font.htm

```
<!DOCTYPE html>
<html>
<head>
<meta charset="UTF-8">
<title>HTML</title>
</head>
<body>
<font color=#FF0000>昨夜星辰昨夜风</font><br>
<B>画楼西畔桂堂东</B><br>
<I>身无彩凤双飞翼</I><br>
<U>心有灵犀一点通</U><br>
</body>
</html>
```

该范例程序的执行结果如图 10-3 所示。

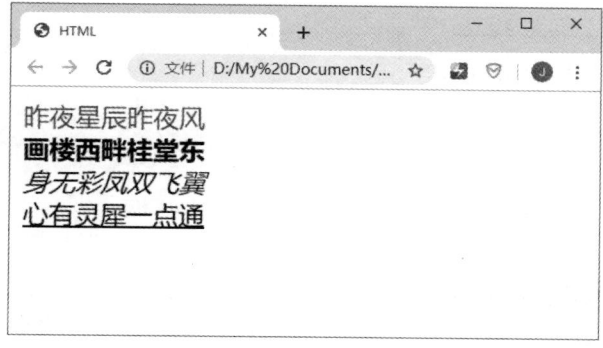

图 10-3

2. 排版标签

常用的排版标签有<!--注释-->、<p>、
、<hr 等，详细说明可参考表 10-2。

表 10-2　HTML 常用的排版标签

标签	说明
<!--注释-->	HTML 注释，只要是放在<!--注释-->内的文字，浏览器都会把它们作为注释而忽略掉
<p>	换行，并产生一个空行
 	换行
<hr>	产生水平线

下面来看看排版标签的用法。

范例程序：ch10/layout.htm

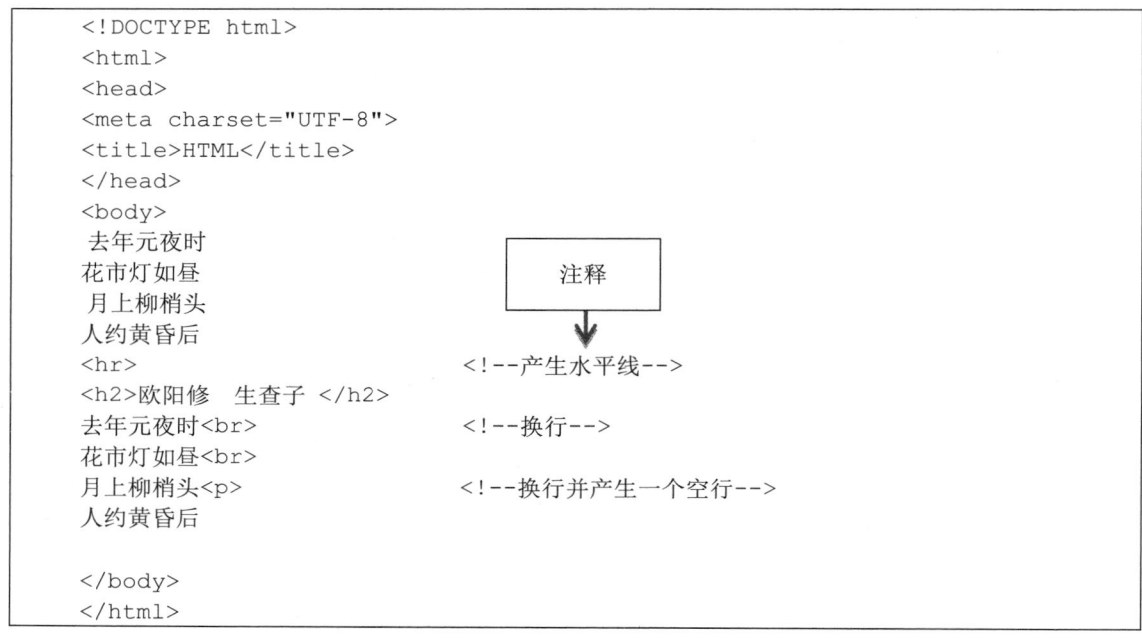

该范例程序的执行结果如图 10-4 所示。

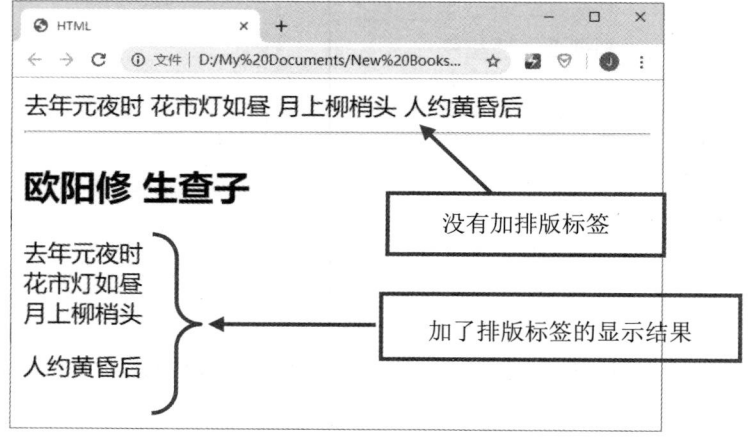

图 10-4

在 layout.htm 文件中，<body>…</body>内的前 4 行没有使用排版标签，编辑 HTML 文件时可以看到换行，但实际上在浏览器上显示时，仍然显示为一行，所以在 HTML 文件中，想要达到换行的效果，就必须借助
、<p>这类的排版标签。

10.2.2 项目列表

项目列表标签的作用是利用列表的方式让网页数据能以条列的方式清楚地呈现出来，常见的项目标签有两种，分别是<ol><li>与<ul><li>。

1. <ol>标签

<ol>标签说明如表 10-3 所示。

表 10-3 HTML 的项目列表标签<ol>

标签	说明
<ol>	每一项前面加上 1、2、3 等数字，又称为编号

<ol>属性说明如下：

- type 属性

数字及字母样式，type 属性值的含义如表 10-4 所示。

表 10-4 <ol>标签的 type 属性值的含义

type 值	项目样式
1	1,2,3…
a	a,b,c…
A	A,B,C…
i	i,ii,iii
I	I,II,III

- start 属性

开始值，默认为 start=1。

2. <li>标签

<li>标签说明如表 10-5 所示。

表 10-5 HTML 的项目列表标签<li>

标签	说明
<li>	列表项目将以符号排列

<li>属性说明如下：

- type 属性

符号样式，共有 3 种 type 样式，如表 10-6 所示。

表 10-6　<li>标签的 type 属性值的含义

type 值	符号样式
disc	●
circle	○
square	■

● value 属性

起始值，设置其后各项都以此值为起始数字递增。

3. <ul>标签

<ul>标签说明如表 10-7 所示。

表 10-7　HTML 的项目列表标签<ul>

标签	说明
<ul>	每一项前面加上●、○ 、■ 等符号，又称为符号列表

<ul>属性说明如下：

● type 属性

符号样式，type 属性值的含义如表 10-8 所示。

表 10-8　<ul>标签的 type 属性值的含义

type 值	符号样式
disc	●
circle	○
square	■

有关项目符号及编号设置的使用，可参考下面的范例程序。

范例程序：ch10/bullet.htm

```
<!DOCTYPE html>
<html>
<head>
<meta charset="UTF-8">
<title>项目符号</title>
</head>
<body>
我最喜欢的运动：
<ol type=a start=3>
<li>游泳
<li>羽毛球
<li>篮球
</ol>
```

```
    系所简介:
    <ul type=square>
      <li>工学院
        <ul>
          <li>机械系
          <li>化工系
        </ul>
      <li>管理院
        <ul>
          <li>信管系
          <li>企管系
        </ul>
    </ul>
    </body>
    </html>
```

该范例程序的执行结果如图 10-5 所示。

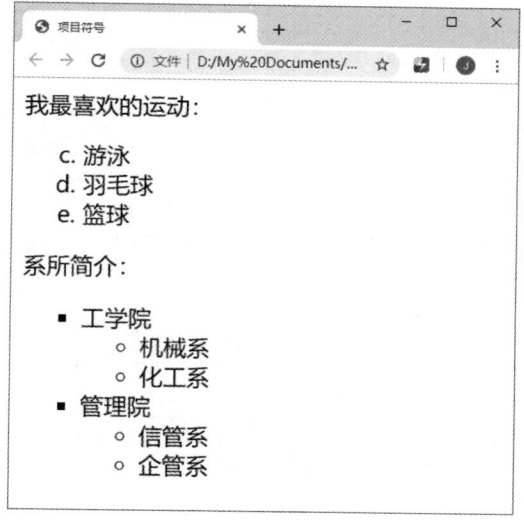

图 10-5

10.2.3　表格

通过表格能够帮助我们更有效地安排网页版面,表格内除了可输入文字之外,也可以放置图像或图片,常用的表格标签有<table>、<tr>、<td>三种。下面来认识一下表格的标签及属性。<table>标签的说明表 10-9 所示。

表 10-9　<table>标签

标签	说明
<table></table>	声明表格的开始与结束

<table>的属性说明如下:

（1）width 属性

表格宽度，可用百分比表示（如 80%）。

（2）border 属性

边框的宽度。

（3）cellspacing 属性

表格单元格网格线的填充间距。

（4）cellpadding 属性

文字与单元格网格线的距离。

<tr>标签的说明如表 10-10 所示。

表 10-10　<tr></tr>标签

标签	说明
<tr></tr>	用来设置表格行

<tr>的属性说明如下：

（1）align 属性

水平对齐方式，其值有 left（左对齐）、center（水平居中）、right（右对齐）3 种。

（2）valign 属性

垂直对齐方式，其值有 top（上对齐）、middle（垂直居中）、bottom（下对齐）3 种。

<th>和<td>标签的说明如表 10-11 所示。

表 10-11　<th>和<td>标签

标签	说明
<th></th>	用来设置表头标题栏
<td></td>	用来设置表格栏

<th>与<td>的属性说明如下：

（1）colspan 属性

单元格向右合并的格数，例如 colspan="2"表示往右合并两个单元格（含本身单元格）。

（2）rowspan 属性

单元格向下合并的格数，例如 rowspan="4"表示往下合并 4 个单元格（含本身单元格）。

（3）align 属性

水平对齐方式，其值有 left（左对齐）、center（水平居中）、right（右对齐）3 种。

（4）valign 属性

垂直对齐方式，其值有 top（上对齐）、middle（垂直居中）、bottom（下对齐）3 种。

有关表格标签的用法，可参考下面的范例程序。

范例程序： ch10/table.htm

```
<!DOCTYPE html>
<html>
<head>
<meta charset="UTF-8">
<title>表格</title>
</head>
<body>
<b>销售量调查表（单位：台）</b></p>
  <table border="1" cellpadding="0" cellspacing="0">
   <tr>
      <td> </td>
      <td>第一季</td>
      <td>第二季</td>
      <td>第三季</td>
      <td>第四季</td>
   </tr>
   <tr>
      <td>电视机</td>
      <td>10</td>
      <td>8</td>
      <td>12</td>
      <td>15</td>
   </tr>
   <tr>
      <td>笔记本电脑</td>
      <td>13</td>
      <td>11</td>
      <td>9</td>
      <td>16</td>
   </tr>
   <tr>
      <td>小计</td>
      <td>23</td>
      <td>19</td>
      <td>21</td>
      <td>31</td>
   </tr>
   <tr>
      <td>总计</td>
      <td colspan="4" align="right">94</td>
   </tr>
  </table>

</body>
</html>
```

范例程序的执行结果如图 10-6 所示。

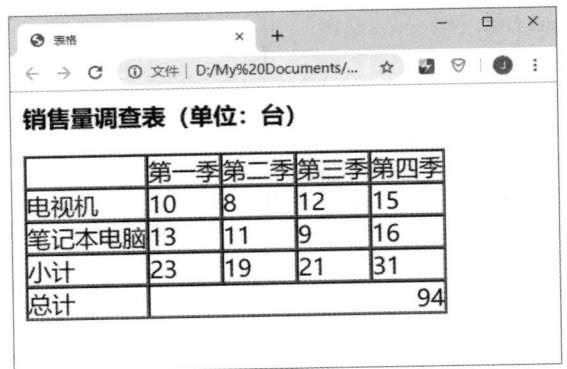

图 10-6

在范例程序中，描述表格语句的部分，第一行第一列的单元格内加上了 " " 标签，下面说明这个标签的作用。

" " 标签的目的是加入不断行空格（non-breaking space），一个 " " 标签代表一个空格，当表格单元格内无数据时，有些浏览器会呈现不完整的单元格框线，加上 " " 标签就能确保所有浏览器都能完整呈现表格框线，如图 10-7 和图 10-8 所示。

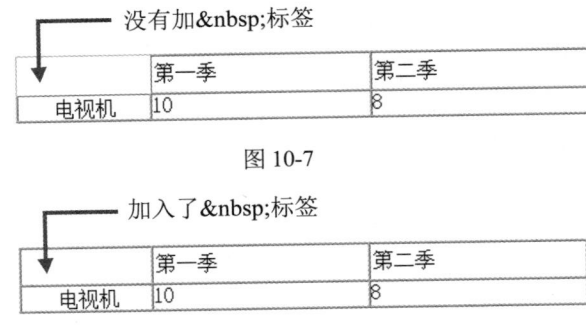

图 10-7

图 10-8

学习小教室
HTML 内如何加入连续空格？
加入连续空格的方法有两种：
（1）加入 " " 标签。
（2）加入全角空格符（在中文输入法模式下，按 Shift + Space 键即可切换全角或半角符号）。

10.2.4　插入图片

在网页中插入图片的标签为<img>，而超链接的标签为<a></a>。下面来看看这两个标签的用法。<img>标签的说明参考表 10-12。

表 10-12   <img>标签

标签	说明
<img>	加入图片

<img>属性说明如下：

（1）src 属性

图像文件可以有 GIF、JPG 以及 PNG 格式。若图像文件与 HTML 文件放在同一个目录中，则只需写上图像文件名称即可，否则还必须加上正确的路径，例如：

```
<img src="pic01.jpg">
<img src="images/pic01.jpg">
```

（2）width、height 属性

设置图片大小，图片宽度及高度一般是以像素（Pixel）为单位，若图片大小为原图大小，则可省略此设置（建议使用 CSS 来设置图片大小）。

（3）border 属性

边框大小。

（4）title 属性

当鼠标光标移到图片上时显示的文字。

（5）lowsrc 属性

预先加载低分辨率的图片（通常是灰度图像），通常用于图像文件较大的情况，因为大图加载的时间较久，预先加载低分辨率的图片可以让浏览者先大略知道原始图片的样式。

范例程序：ch10/img.htm

```
<!DOCTYPE html>
<html>
<head>
<meta charset="UTF-8">
<title>加入图片</title>
</head>
<body>
<img src="images/1.jpg" width="100" height="100">
<img src="images/2.jpg" width="200" height="200" border=1>
<img src="images/3.jpg" width="300" height="300" title="加入了 title 属性的
文字">

</body>
</html>
```

范例程序的执行结果如图 10-9 所示。

图 10-9

img.htm 范例程序中的第二张图片的 border 属性为 1，所以图片会有边框；第三张图片加入了 title 属性，当鼠标光标移到图片上时，鼠标光标旁就会出现设置好的说明文字。

10.2.5 超链接

超链接（Hyper link）是因特网中不可或缺的角色，只要通过简单的超链接标签，就可以轻松链接到其他的网页或文件。超链接的语法说明如表 10-13 所示。

表 10-13 <a>标签

标签	说明
<a></a>	加入超链接

<a></a>内的文字、图片都可以成为超链接，其属性有<href>、<name>以及<target>，分别说明如下。

（1）href 属性

href 用于设置所要链接的文件名称，常见的链接方式有以下 5 种。

- 链接到外部 URL，例如 href="http://www.yahoo.com/"。
- 链接内部网页，例如 href="index.htm"。
- 链接到同一网页指定的书签位置，例如 href="#top"。
- 链接至其他协议（Protocol），例如 https://、ftp://、mailto:。
- 执行 JavaScript，例如 href="javascript:alert('Hi');"。

链接至同一网页指定的书签位置，必须使用 name 属性先在文件内设置好。

（2）name 属性

name 属性用来设置文件内部被链接的点，该链接点并不会显示在屏幕上，使用时必须搭配 href 参数来链接，例如：

```
<a name="公司简介">...<a>
<a href="#公司简介">...</a>
```

其中，"公司简介"就是自行设置的链接点，href 属性必须以"#"号来识别。

（3）target 属性

这个属性用于指定在单击链接之后要显示的窗口，可输入的值有：框架名称、_blank、_parent、_self 以及_top。target 属性值的含义如表 10-14 所示。

表 10-14　target 属性值的含义

target 属性值	说明
target="框架名称"	将链接结果显示在某一个框架中，框架名称是事先由框架标签命名的
target="_blank"	将链接结果显示在新的页面，也可以写成 target="_new"，设为"_blank"是每单击一次链接都会产生新的页面，设为"_new"则只会产生一次新的页面，之后每单击一次链接只会更新这个新页面
target="_top"	通常用于有框架的网页中，表示忽略框架而显示在最上层
target="_self"	将链接结果显示在当前的窗口（框架）中，此为 target 属性的默认值

下面来看一个范例程序。

范例程序：ch10/link.htm

```
<!DOCTYPE html>
<html>
<head>
<meta charset="UTF-8">
<title>超链接</title>
</head>
<body>
<a href="table.htm">这是文字超链接</a>    <!--文字超链接-->
<a href="table.htm" target="_blank">
<img src="images/2.jpg" width=100>        <!--图片超链接-->
</a>

</body>
</html>
```

该范例程序的执行结果如图 10-10 所示。

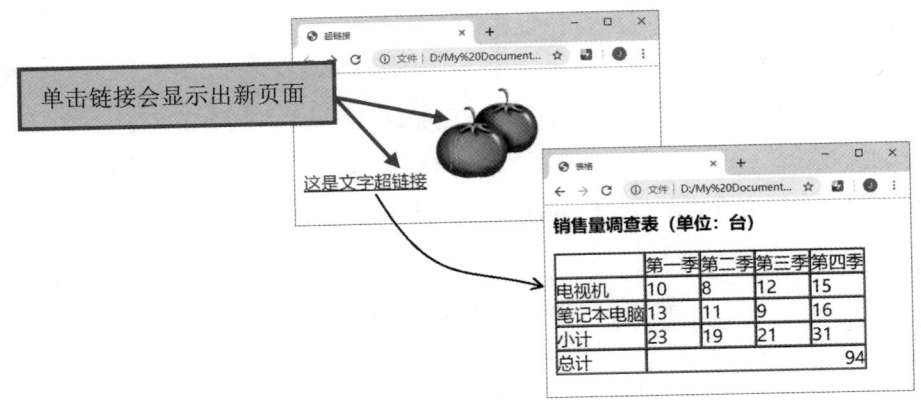

图 10-10

在这个范例程序中分别示范了文字超链接和图片超链接标签的用法，其中文字超链接没有设置 target 属性，当我们在文字链接上单击时，链接目标会在当前页面打开，而图片链接的 target 属性设为_blank，因此当我们在图片上单击时，链接目标会显示在一个新的页面中。

10.2.6　框架

HTML 框架有两种标签：分页框架<frame>和内置框架<iframe>。

1. 分布框架标签

分页框架的作用是将网页页面分成几个子页面，举例来说，可以将主页面分成左右两区，左侧的页面放置网页项目的选单，右侧则作为页面显示区。

下面就来看看框架标签的用法。表 10-15 所示为<frame>标签的说明。

表 10-15　<frame>标签

标签	说明
<frame></frame>	设置框架模式

frame 标签的属性说明如下：

（1）cols="120,*"

垂直分割窗口，参数值可以是整数或百分比值，输入"*"则代表自动调整框架宽度。参数值的个数代表分割的框架数目，例如"cols="120,*""表示分为左右两个窗口，左窗口的宽度是 120 像素，右窗口的宽度是扣除左窗口后剩余的宽度。再看另一个例子，"cols="120,*,30%""表示分为三个窗口，第一个窗口的宽度为 120 像素，第二个窗口是扣除第一和第三个窗口的宽度后剩余的宽度，第三个窗口则占整个画面 30%的宽度。

（2）rows="120,*"

水平分割窗口，也就是将窗口分为上下窗口，参数值设置与 cols 类似。

（3）frameborder="0"

设置是否显示框架边框，参数值只有 0 与 1，0 表示不显示边框，1 表示显示边框。

（4）border="0"

设置框架的边框宽度，单位为像素。

（5）framespacing="5"

表示框架与框架的间距。

<noframes>标签的说明如表 10-16 所示。

表 10-16　<noframes>标签

标签	说明
<noframes></noframes>	浏览器不支持框架模式时的处理方式

有些比较旧的浏览器可能无法显示出框架，以至于浏览者看到的画面是一片空白。为了避免出现这种情况，可以加上<noframes>标签，当浏览器无法辨识框架标签时，就会显示 <noframes>与</noframes>之间的内容。

框架标签的用法可参考下面的范例程序。

范例程序：ch10/frame.htm

```
<!DOCTYPE html>
<html>
<head>
<meta charset="UTF-8">
<title>frame 框架</title>
</head>
<frameset rows="80,*">
<frame name="top" src="top.htm">        <!---框架名称为 top-->
<frame name="main" src="table.htm">      <!---框架名称为 main-->
</frameset>
<noframes>
<body>
本网页使用框架，您使用的浏览器不支持框架功能。
</body>
</noframes>
</html>
```

该范例程序的执行结果如图 10-11 所示。

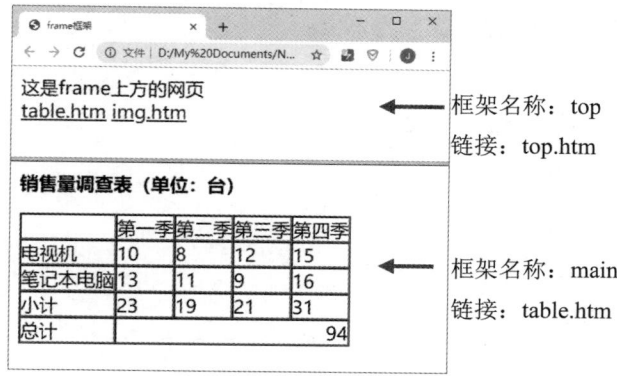

图 10-11

当单击 top.htm 范例程序中的链接文字时，对应的网页内容会显示在 name 属性为 main 的框架（下方的框架）中，看到的画面如图 10-12 所示。

图 10-12

使用\<frameset\>\</frameset\>标签时就不需要\<body\>\</body\>标签，不过如果添加了\<noframes\>标签，就必须在\<noframes\>标签内加上\<body\>\</body\>标签。

2. 内置框架标签

内置框架是在现有页面加上框架，很像在网页上"挖"一个框，在框内是另一个网页。\<iframe\>标签的说明如表 10-17 所示。

表 10-17　\<iframes\>标签

标签	说明
\<iframe\>\</iframe\>	窗体标签

\<iframe\>的属性说明如下：

（1）frameborder="0"
设置是否显示框架边框，参数值只有 0 与 1，0 表示不显示边框，1 表示显示边框。

（2）width、height 属性
设置内置框架的宽度与高度，一般是以像素为单位。

（3）scrolling="yes"
是否出现滚动条，设置值有 yes、no 与 auto。

（4）marginwidth、marginheight
设置 iframe 的边距，一般是以像素为单位。
内置框架标签的用法可参考下面的范例程序。

范例程序：ch10/iframe.htm

```
<!DOCTYPE html>
<html>
```

```
<head>
<meta charset="UTF-8">
<title>iframe 内置框架</title>
</head>
<body>
<h3>iframe 有滚动条: </h3>
<iframe src ="table.htm" width="300" height="100" scrolling="auto">
  <p>Your browser does not support iframes.</p>
</iframe>
<hr>
<h3>iframe 设置 seamless: </h3>
<iframe   src   ="table.htm"   width="300"   height="180"   frameborder="0"
scrolling="no">
  <p>Your browser does not support iframes.</p>
</iframe>
</body>
</html>
```

该范例程序的执行结果如图 10-13 所示。

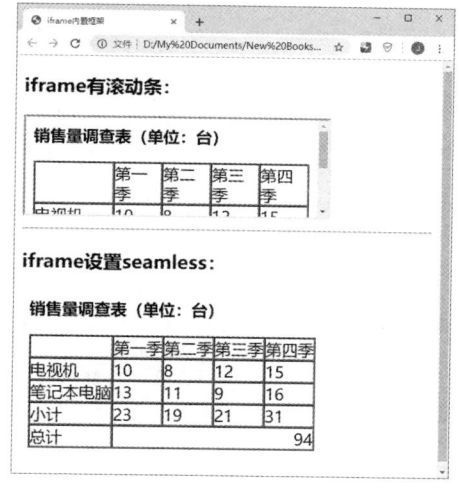

图 10-13

10.2.7 窗体与窗体组件

窗体（Form）通常会搭配 JavaScript、CGI 程序或 ASP、PHP 等描述语言，以达到与用户互动的目的。

一个完整的窗体通常由<form></form>标签包围，再加上一种以上的窗体组件共同组成。下面介绍<form>标签及常用的窗体组件。<form>标签的说明如表 10-18 所示。

表 10-18　<form>标签

标签	说明
<form></form>	窗体标签

窗体标签的属性说明如下。

（1）action

当窗体与 CGI、PHP 之类的服务器端描述语言配合使用时，必须通过 action 属性指定程序传递的位置。例如想要将窗体所填的数据发送到 abc@mail.com 这个邮件地址，就要在 action 属性中设置 action=mailto:your@email.com。

（2）method

method 属性用来指定数据传送的方式，参数值有 GET 和 POST 两种。使用 GET 方式传送数据时，GET 会将数据直接加在 URL 后面，作为查询的字符串（Query String），从浏览器的网址栏就可以看见窗体传送的数据，不过这种方式安全性较差，也不适合数据量大时的传输。图 10-14 所示为以 GET 方式传送数据的示例网站。

图 10-14

而 POST 方式则是包装在 HTTP Request 封包的 message-body 中进行传送，容许传送大量的数据，因此一般的窗体传送建议采用 POST 方式。表 10-19 所示是 GET 方式和 POST 方式的对比。

表 10-19　GET 方式和 POST 方式的对比

	GET	POST
网址	网址会显示带有窗体的参数与查询字符串	包装在 HTTP Request 封包内的 message body 进行数据的传送，网址中不会显示出窗体数据
数据量限制	URL 长度有限制，只适合少量参数	没有明确的限制，取决于服务器的设置和内存大小
Web 缓存	响应会被缓存	响应不会被缓存
安全性	URL 可以看到参数，安全性差	安全性较佳

GET 原本的设计就是为了获取数据，因此只要是相同的查询条件（传递的参数与参数值都相同），浏览器就默认数据相同，浏览器的缓存（Cache）功能会先把 HTTP Response（HTTP 的响应数据）进行缓存，之后读取相同网页的时候，直接从缓存中取出数据，而不需要从服务器重新下

载这些。POST 的设计是为了传送数据，因此缓存不会将 HTTP Response 缓存。

提　示
Cache 被称为快取或缓存，这里是指浏览器的缓存，它用于暂时存放 HTTP 响应，好处是可以减少加载数据的时间与流量，但是有时会造成浏览网站都是旧的数据，这时只要将浏览器的缓存内容清空即可。

（3）name

name 属性用于指定 form 的名称。当使用 JavaScript 语句调用窗体组件时，必须以 name 为依据，所以<form>的 name 属性相当重要。

窗体组件必须放在<form>与</form>标签之间，搭配发送指令才能将数据传送出去。窗体组件基本的语法架构如下：

```
<input type="text" name="T1" value="单行文字">
```

type 属性用于定义窗体组件的类型，例如 type 属性设置为 text，表示产生文本框，让浏览者可以在方框内输入文字。name 属性用于设置该组件的标识名称，而 value 则是该组件的值。

常见的窗体组件可参考表 10-20。

表 10-20　常见的窗体组件

窗体组件名称	外观	HTML 语法
文本框（单行）	单行文字	<input type="text" name="T1" value="单行文字">
密码框	●●●●●●●●●●●	<input type="password" name="T2" value="123">
日期框	2018/12/01	<input type="date">
年月框	2019年01月	<input type="month">
年周框	2019 年第 01 周	<input type="week">
数字框	3	<input type="number">
查找框	test	<input type="search">
滑动框		<input type="range">
复选框	☑ 运动 ☐ 跳舞 ☐ 唱歌	<input type="checkbox" name="C1" value="ON">
单选按钮	● 男　○ 女	<input type="radio" value="V1" name="R1">
一般按钮	按钮	<input type="button" value="按钮" name="B3">
文字区域（多行）	这是文字区域	<textarea name="textarea2" cols="20" rows="5">这是文字区域</textarea>

（续表）

窗体组件名称	外观	HTML 语法

下拉列表框
（单选）
	第一项 ▼
	第一项
	第二项
	第三项
		`<select size="1"name="D2">`
		`<option value="第一项">第一项</option>`
		`<option value="第二项">第二项</option>`
		`<option value="第三项">第三项</option>`
		`</select>`

下拉列表框
（复选）
	第一项
	第二项
	第三项
		`<select size="4" name="D1" multiple>`
		`<option value="第一项">第一项</option>`
		`<option value="第二项">第二项</option>`
		`<option value="第三项">第三项</option>`
		`</select>`

窗体组件的按钮除了常规按钮（type=button）之外，还有两种按钮：提交按钮（type=submit）和重置按钮（type=reset）。

- 提交按钮：单击提交按钮之后，窗体数据将会传送到<form>中 action 属性所指定的 URL 地址。
- 重置按钮：单击重置按钮之后，会把表单字段的数据清除，并恢复为窗体组件的默认值。

窗体组件通常会与<label>标签搭配使用，<label>标签从外观看不出任何效果，不过当单击<label>标签内的文字时，就会将焦点（Focus）转到标签指定的组件。<label>标签的格式如下：

```
<label for="组件的 id">
```

其中，for 属性值必须是组件的 id 值。

窗体组件的使用方式可参考下面的范例程序。

范例程序：ch10/form.htm

```
<!DOCTYPE html>
<html>
<head>
<meta charset="UTF-8">
<title>form 窗体</title>
</head>
<body>
<form name="frm" method="post" action="">
  <label for="username">请输入姓名: </label>
    <input type="text" name="username" id="username">
<br>
  <label for="sex_box">性别: </label>
    <input name="sex" id="sex_box" type="radio" value="男" checked><label
for="sex_box">男</label>
    <input  name="sex"  id="sex_girl"  type="radio"  value=" 女 "><label
for="sex_girl">女</label>
  <br>
  <label for="birthday">出生日期: </label>
    <input name="birthday" id="birthday" type="date">
  <p>
```

```
        <input type="submit" name="Submit" value="提交">
        <input type="reset" name="reset1" value="重置">
    </form>

    </body>
    </html>
```

该范例程序的执行结果如图 10-15 所示。

请输入姓名：[   ]　←——　取得焦点
性别：　◉男 ◯女
出生日期：[年 /月/日   ]

提交　重置

图 10-15

范例程序中光标输入点停在文本框内，我们就称该组件取得焦点。

窗体是与浏览者产生互动的基本方式之一，在之后章节里，我们会通过 JavaScript 来控制这些窗体组件。

10.3　div 标签与 span 标签

div 标签与 span 标签属于区块标签，都是网页不可或缺的组件，主流的响应式网页设计（Responsive Web Design，RWD）就是运用 div 标签加上 CSS 和 JavaScript 来实现的。

10.3.1　认识 div 标签

标签属于独立的区块标签（Block-Level），也就是说它不会与其他组件同时显示在同一行， 标签之后会自动换行。功能有点类似分组，经常被用于网页布局，它的语法如下：

```
<div>...</div>
```

请看下面的范例程序。

范例程序：ch10/div.htm

```
<!DOCTYPE HTML>
<html>
 <head>
 <meta charset="UTF-8">
  <title> div 标签 </title>
 </head>
 <body>
<div>
锦瑟无端五十弦，
```

```
一弦一柱思华年。
</div>
<div style="background-color:#ffccff">
庄生晓梦迷蝴蝶,
望帝春心托杜鹃。
</div>
<div>
沧海月明珠有泪,
蓝田日暖玉生烟。
</div>
<div style="background-color:#ffff99">
此情可待成追忆,
只是当时已惘然。
</div>
 </body>
</html>
```

该范例程序的执行结果如图 10-16 所示。

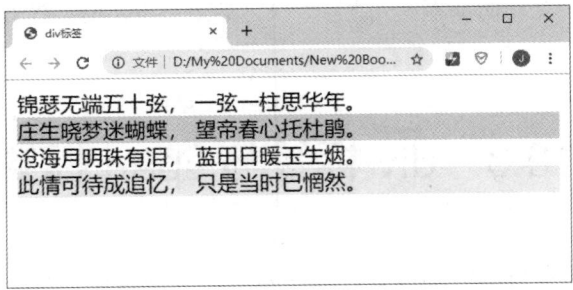

图 10-16

10.3.2 认识 span 标签

<span>标签与<div>标签有点类似,差别在于</div>标签之后会换行,而<span>属于行内标签 (Inline-Level),可与其他组件显示于同一行。

<span>标签默认无法指定宽度属性,而是由 span 标签内的文字或组件决定宽度。<span>标签 的语法如下:

```
<span>…</span>
```

<div>标签大多用于一个区块,<span>则大多应用于单行。通过下面的范例程序来比较<div> 标签与<span>标签用法的差别。

范例程序:ch10/span.htm

```
<!DOCTYPE HTML>
<html>
 <head>
 <meta charset="UTF-8">
  <title> span 标签 </title>
  </head>
```

```
    <body>
    <div style="width:250px;border:1px solid red;background-color:#ffff66">
<!--div 1 start-->
        <div style="background-color:#ffccff">李商隐 锦瑟</div>  <!--div 2-->
        锦瑟无端五十弦，
        一弦一柱思华年
    </div>    <!--div 2 end-->
        庄生晓梦迷蝴蝶，
        望帝春心托杜鹃。
        <span style="background-color:#99ff66">沧海月明珠有泪</span>,
        蓝田日暖玉生烟。
        此情可待成追忆,
        只是当时已惘然。

    </body>
    </html>
```

该范例程序的执行结果如图 10-17 所示。

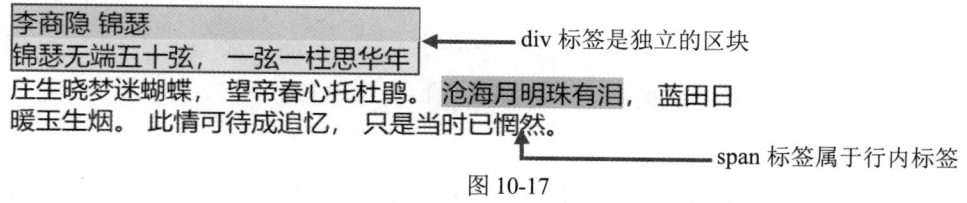

图 10-17

在这个范例程序中，<div>内还包含了一个<div>标签，形成了 div 的多层嵌套，程序代码一多就很容易少写</div>或找不到对应的</div>，建议在<div>标签的开始与结尾处加上注释。

<span>标签虽然不能指定宽度属性，但是通过 CSS 语句可以把 display 属性设置成 inline-block，这样就可以设置区块的宽度与高度。在范例程序中添加的 style 属性用于设置 CSS 样式。在下一章，我们将介绍实用的 CSS 语法。

第11章

认识 CSS

CSS 在网页中扮演着举足轻重的角色，除了可以美化网页版面之外，还可以让其他网页套用相同的 CSS，省去反复设置格式的麻烦，让网页维护更加容易。

11.1　使用 CSS 样式表

CSS（Cascading Style Sheets，层叠样式表）可用来定义 HTML 网页上对象的大小、颜色、位置与间距，甚至包括为文字、图片加上阴影等功能，就像是网页美容师一样，可给网页赋予丰富漂亮且一致的外观。

11.1.1　套用 CSS

将 CSS 样式表套用于网页的方法有 3 种，下面分别说明。

1. 样式套用于行内

这种方式是使用 style 属性将 CSS 样式套用于组件，例如：

```
<font style="font-size:60px; color:#FF0000;">行内样式</font>
```

上面的语句只有<font>标签范围内的文字格式会被更改，其他的<font>标签不受影响。

2. 样式套用于整页

这种套用方式是用<style></style>标签来声明 CSS 样式，通常会放在<head></head>标签内，声明的格式如下：

```
<style>
```

```
    选择器 {
        属性：属性值；
    }
</style>
```

选择器最常使用的是 HTML 组件名称、id 名称或 class 名称。先来看看下面的范例程序。

范例程序：ch11/css.htm

```
<!DOCTYPE HTML>
<html>
 <head>
 <meta charset="UTF-8">
  <title> 套用 CSS 样式 </title>
  <style>
body{text-align:center}
H1{
    font-size:60px;
    color:#3300ff;
}
H2{
    font-size:60px;
    color:#3300ff;
    text-shadow:5px 5px 5px #a6a6a6;
}
 </style>

 </head>
 <body>
  <H1>这是 H1 样式</H1>
  <H2>这是 H2 样式</H2>

 </body>
</html>
```

该范例程序的执行结果如图 11-1 所示。

图 11-1

这个范例程序在<head></head>内声明了<H1>和<H2>的样式，所以整个网页里只要是<H1>和<H2>标签都会套用同样的样式。

3. 链接外部 CSS 样式表

CSS 样式表与 JavaScript 的*.js 文件一样，都可以从外部加载，CSS 样式文件的扩展名为*.css，只要将喜欢的样式保存为 CSS 文件，日后加载这个文件，网页就能套用相同的样式，相当方便。

链接的语法如下：

```
<link rel=stylesheet href="css 文件路径">
```

接下来看看链接外部 CSS 样式表的范例程序。

范例程序：ch11/linkCSS.htm

```
<!DOCTYPE HTML>
<html>
 <head>
 <meta charset="UTF-8">
  <title> 套用外部 CSS 样式文件 </title>
  <!--加载 CSS 样式文件-->
  <link rel=stylesheet href="myCSS.css">
 </head>
 <body>
<img src="images/cat.gif">
<H2>这是 H2 样式</H2>
 </body>
</html>
```

该范例程序的执行结果如图 11-2 所示。

图 11-2

这个范例程序所链接的 CSS 样式文件（myCSS.css）的程序代码如下：

```
body{text-align:center}
H2{
font-size:60px;
color:#0000ff;
height:60px;
filter:shadow(direction=135, Color=#FF0000);
}
```

如果同一个 HTML 文件同时使用了外部 CSS、内部 style 以及行内 CSS 而造成样式相冲突，那么行内 CSS 会先被使用，先后顺序如下：

行内 CSS→内部 style→外部 CSS

了解了 CSS 样式存储的位置之后，接下来就来看看如何声明样式。

11.1.2　CSS 选择器

CSS 选择器可用于指定要设置哪些组件的样式，常用的选择器有组件选择器、id 选择器与 class 选择器，下面来看 CSS 选择器的格式。

1. 组件选择器——套用于 HTML 标签

这种方式是定义现有的 HTML 标签，也就是为标签加上新的样式。

```
HTML 标签{属性：设置值；}
```

例如：

```
img {border:1px solid red}
```

<img>是 HTML 的标签，用于加入图片，经过上面的程序语句的声明之后，所有<img>标签图片都会加上边框。

2. class 选择器——套用于符合 class 名称的标签

这种方式是以类名称（class）来定义样式，格式如下：

```
.class 名称{属性：设置值；}
```

例如：

```
.RedColor{color:#FF0000;}
```

注意，RedColor 前方有一个句点（.），相当于*.RedColor，意思就是只要类名称是 RedColor 都会套用。

3. id 选择器——套用于符合 id 名称的标签

这种方式是以 id 名称来定义样式，格式如下：

```
#id 名称{属性：设置值；}
```

例如：

```
#RedColor{color:#FF0000;}
```

注意，id 选择器的符号是#，RedColor 前方有一个井号（#），表示套用于 id 名称为 RedColor 的组件。

范例程序：ch11/classSelector.htm

```
<!DOCTYPE HTML>
<html>
 <head>
 <meta charset="UTF-8">
  <title> class 选择器 </title>
  <style>
  .redBorder{
     font-size:30px;
     color:#FF0000;
     border:3px groove red;  /*加上边框*/
}
  </style>
 </head>
<body>
<img src="images/cat.gif">
<img src="images/butterfly.gif" class="redBorder">
<H1>这是 H1 样式</H1>
<H1 class="redBorder">这里套用了.redBorder 样式</H1>
</body>
</html>
```

该范例程序的执行结果如图 11-3 所示。

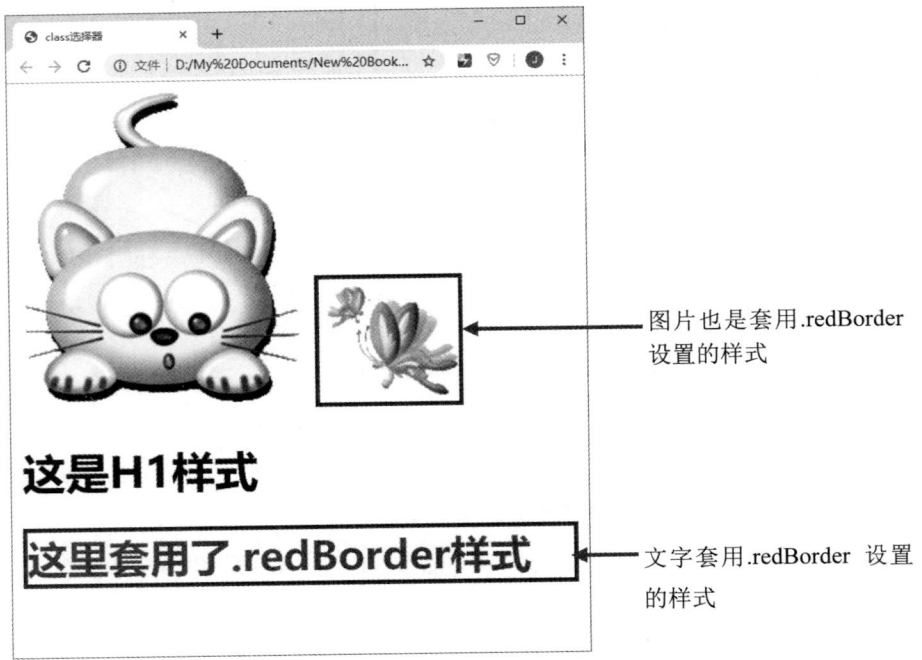

图片也是套用.redBorder 设置的样式

文字套用.redBorder 设置的样式

图 11-3

这个范例程序中一张图片与一段文字里都设置了 class 名称（class="redBorder"），因此就会套用 .redBorder 的 CSS 样式。

小课堂

CSS 的度量单位

CSS 支持多种不同的度量单位，常见的有：

（1）绝对单位：像素（Pixel，px）、点（Point，pt）、厘米（cm）、英寸（in）、毫米（mm）。

（2）相对单位：倍数（em）、相对于 HTML 根元素的倍数（rem）、百分比（%）。

所谓绝对单位，是指不会随着外层对象的变动而变动，譬如 12pt 就会固定以 12pt 呈现，像素（px）虽然归类为绝对单位，但因为它是屏幕上的一个像素，所以还是会与屏幕分辨率有相对的关系。

相对单位会随着外层组件的单位而连动。以 em 为例，em 是指定倍数，譬如下面 CSS 程序代码的 body 字体大小为 12px，2em 就是 12px 的 2 倍。

```
body{
  font-size: 12px;
}
h1{
  font-size: 2em;    ← body 的 12px 的 2 倍
}
```

一般浏览器默认都是 16px，如果上层组件没有设置单位，2em 就是 16px 的 2 倍。

rem 与 em 一样都是倍数，差别在于 rem 只受 HTML 影响，譬如下面 CSS 样式指定 h1 的字体大小是 2rem，表示是 HTML 的 2 倍（30px 的 2 倍），外层 div 并不会影响 h1 字体的大小。

CSS	HTML

`html{font-size:30px}`
`div{`
`    font-size:60px;`
`}`
`h1{`
`    font-size:2rem;` ← HTML 的 30px 的 2 倍
`}`
	`<html>`
	`<body>`
	`<div>`
	　这是 div 里面的文字
	`<H1>`这是 H1 里面的文字`</H1>`
	`</div>`
	`</body>`
	`</html>`

如果 HTML 没有设置单位，就默认为 16px。

11.2　CSS 样式语法

CSS 最令人津津乐道的就是文字方面的性质，只用 HTML 产生的文字太呆板，加上 CSS 样式后文字就有了更生动活泼的造型。

11.2.1　文字与段落样式

1. 文字字体属性

表 11-1 列出了常用的文字字体的属性。

表 11-1　CSS 文字字体的属性

设置值	属性	说明
{font-family:字体 1、字体 2...}	字体	
{font-size:60px | <绝对大小> <相对大小> }	字体大小	<绝对大小> 包括 xx-small | x-small | small | medium | large | x-large | xx-large；<相对大小>包括 larger | smaller
{font-style:Normal | Italic | Oblique}	斜体	Normal：默认值 Italic：斜体 Oblique：原字体倾斜
{font-weight: Normal | Bold | Bolder | Lighter | 100 ~ 900 }	字体粗细	最细：100~最粗：900 Bold：粗体，相当于 700 Bolder：原字体粗细加 100 Lighter：原字体粗细减 300
{ font-variant : Normal | Small-caps }	字母大小写	Normal：小写转换为大写 Small-caps：小写字母转成字体较小的大写字母

范例程序：ch11/css_font.htm

```
<!DOCTYPE HTML>
<html>
 <head>
 <meta charset="UTF-8">
  <title> CSS_font </title>
<style>
body{text-align:center};
.p30chinese{
        font-size:30pt;
        color:#FFCC00;
        font-family:楷体;
 }
```

```
    .p30english_w100{
          font-size:30px;
          color:#FF0000;
          font-family:Arial;
          font-weight:100;
    }
    .p30eng_bold_w900{
          font-size:30px;
          color:#6699FF;
          font-family:Arial;
          font-weight:900;
    }
    .p30eng_italic{
          font-size:30px;
          color:#FF00FF;
          font-family:Impact;
          font-style:italic;
    }

    .p30eng_small-caps{
          font-size:30px;
          color:#00CC00;
          font-family:Impact;
          font-variant:small-caps;
    }

    </style>
    </head>
<body>

    <img src="images/cat.gif" width=150>
    <img src="images/butterfly.gif" class="p60">
    <H1 class="p30chinese">中文选择的是楷体</H1>
    <H1   class="p30english_w100">font-family  is   "Arial",font-weight   is
"100"</H1>
    <H1   class="p30eng_bold_w900">font-family  is   "Arial",font-weight   is
"900"</H1>
    <H1   class="p30eng_italic">font-family   is   "Impact",font-style   is
"italic"</H1>
    <H1  class="p30eng_small-caps">font-family  is  "Impact",font-variant  is
"small-caps"</H1>

    </body>
    </html>
```

该范例程序的执行结果如图 11-4 所示。

中文选择的是楷体

font-family is "Arial",font-weight is "100"

font-family is "Arial",font-weight is "900"

font-family is "Impact",font-style is "italic"

FONT-FAMILY IS "IMPACT",FONT-VARIANT IS "SMALL-CAPS"

图 11-4

2. 文字段落属性

除了字体属性之外，还可以借助 CSS 样式来调整字间距、行高及文字对齐方式等，常用的属性列于表 11-2 中。

表 11-2　CSS 文字段落的设置值

设置值	属性	说明
{Letter-spacing:Normal | <length>}	字间距	<length>指定固定的值，如 20(=pt)、20px
{Line-height:Normal | <length> | <number>}	行高	<length>指定固定的值，如 20(=pt)、20px；<number>为数字，如 line-height:3，若此时字高为 20pt，则行高为 20pt×3=60pt
{Text-indent:<length>}	段落缩排	<length>指定固定的值，如 20(=pt)、20px
{Text-decoration:None | Overline | Underline | Line-through | Blink}	文字效果	None：默认值 Overline：顶线 Underline：底线 Line-through：删除线 Blink：闪烁文字
{Text-align:Left | Center | Right | Justify}	文字水平对齐	Left：左对齐 Center：居中对齐 Right：右对齐 Justify：两端均分对齐
{Text-transform:None | Lowercase | Uppercase | Capitalize}	字母大小写转换	None：默认值 Lowercase：字母转小写 Uppercase：字母转大写 Capitalize：首字母大写

上述字间距、行高以及段落缩排可参考图 11-5。

图 11-5

范例程序：ch11/css_p.htm

```
<!DOCTYPE HTML>
<html>
 <head>
 <meta charset="UTF-8">
  <title> CSS line </title>
<style>
.letter_spacing{
        color:#000099;
        Letter-spacing:10px;
}
.text_indent{
        color:#ff0000;
        Text-indent:50px;
}
.line_height{
        color:#33CC00;
        Line-height:2;
}
.text_decoration{
        color:#0000FF;
        Text-decoration:Underline;
}
.text_transform{
        color:#669900;
        Text-transform:Uppercase;
}
.text_align{
        color:#CC0000;
        Text-align:right;
}
  </style>
 </head>
<body>

 <p class="letter_spacing">Some of the stories we know and like are many
hundreds of years old.</p>
 <p class="text_indent">Among them are Aesop's fables. A fable is a short story
made up to teach a lesson.Most fables are about animals. In them animals talk.</p>
 <p class="line_height"> Many of our common sayings come from fables. "Sour
```

```
Grapes" is one of them.It comes from the fable "The Fox and the Grapes. " In the
story a fox saw a bunch of grapes hanging from a vine. </p>
    <p class="text_decoration">They looked ripe and good to eat. But they were
rather high.</p>
    <p class="text_transform">He jumped and jumped, but he could not reach them.
At last he gave up.</p>
    <p class="text_align">As he went away he said.<br> "Those grapes were sour
anyway." <br>Now we say, <br>Sour Grapes! when someone pretends he does not want
something he tried to get but couldn't. </p>


    </body>
    </html>
```

该范例程序的执行结果如图 11-6 所示。

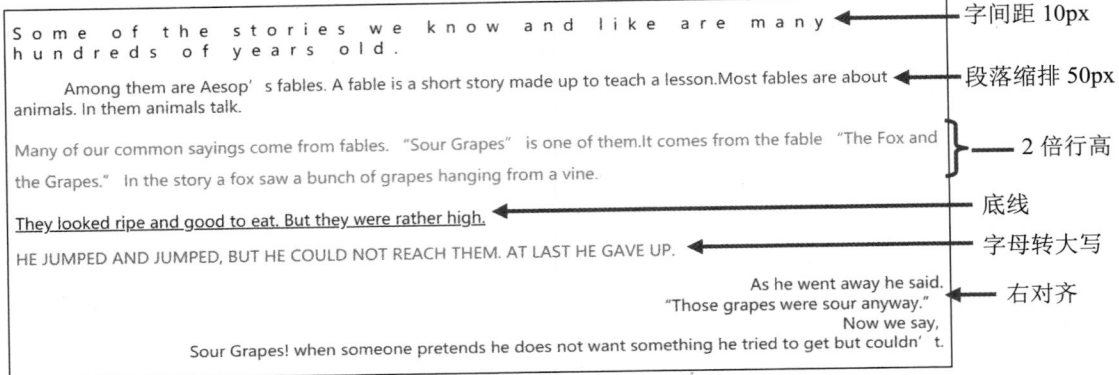

图 11-6

11.2.2 颜色相关样式

CSS 样式的颜色有两种常用表示法，如表 11-3 所示。

表 11-3 CSS 样式的颜色表示法

语法	示例	说明
{color:颜色名称}	{color:blue}	以颜色名称表示
{color:#RRGGBB}	{color:#6600CC}	十六进制值表示颜色（HEX color）

使用颜色名称来指定颜色是最简单的方法，常用的颜色名称如表 11-4 所示。

表 11-4 CSS 常用的颜色名称

black（黑色）	blue（蓝色）	gray（灰色）	green（绿色）	olive（橄榄色）
purple（紫色）	red（红色）	silver（银色）	white（白色）	yellow（黄色）

十六进制值表示颜色简称为 HEX 颜色，是由一个井号（#）加上 6 个十六进制数字来表示的，前两个数字代表 RGB 颜色中的 R，中间两个数字代表的是 G，后面两个数字代表的是 B，十六进制单个数码的最小值是 0，最大值是 F，如 "#000000" 表示 RGB 三个颜色值都是 0，也就是黑色，

"#FF0000"则表示红色。

网页上的前景颜色都是以 color 属性来设置的，包括文字颜色，例如：

```
H1{color:#33CC00;}
```

除了前景颜色之外，网页背景也是网页设计者很重视的一环，CSS 样式设置背景颜色的指令是 background-color 属性，例如：

```
body{background-color:#33CC00;}
```

background-color 属性除了网页背景之外，也可以应用在 HTML 区块的组件上，表格、<div>…</div>标签所围起来的区域都可以使用。

范例程序：ch11/css_color.htm

```
<!DOCTYPE HTML>
<html>
 <head>
 <meta charset="UTF-8">
  <title> CSS line </title>
<style>
td{width:300px;height:100px;}
div{width:600px}
.bg_color_FCF{
    background-color:#FFCCFF;
    Text-align:center;
}
.bg_color_FFC{
        background-color:#ccffff;
        Text-align:center;
}

  </style>
 </head>
<body>

<TABLE border=1>
<TR>
<TD class="bg_color_FCF">颜色:#FFCCFF</TD>
<TD class="bg_color_FFC">颜色:#FFFFCC</TD>
</TR>
</TABLE>
<br>
<div class="bg_color_FFC">
<IMG SRC="images/cat.gif" WIDTH="100" BORDER="0">这是 div 围起来的区块<p>
</div>
</body>
</html>
```

该范例程序的执行结果如图 11-7 所示。

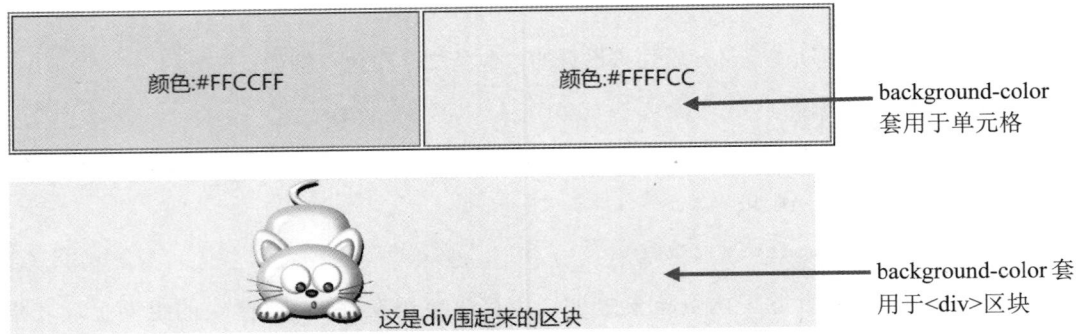

图 11-7

如何获取颜色的 HEX 码呢？

通常用于编辑程序代码的文本编辑器都会有颜色盘可供直接选取颜色，如果使用的编辑器是 Notepad++，就需要另外安装 ColorPicker 插件。具体操作是，选择 Notepad++的"插件"菜单，再从菜单项中选择"插件管理"，而后在"插件管理"窗口的搜索栏中输入"color"来查找 Color Picker 这类插件，勾选想要安装的插件，最后单击"安装"按钮，如图 11-8 所示。

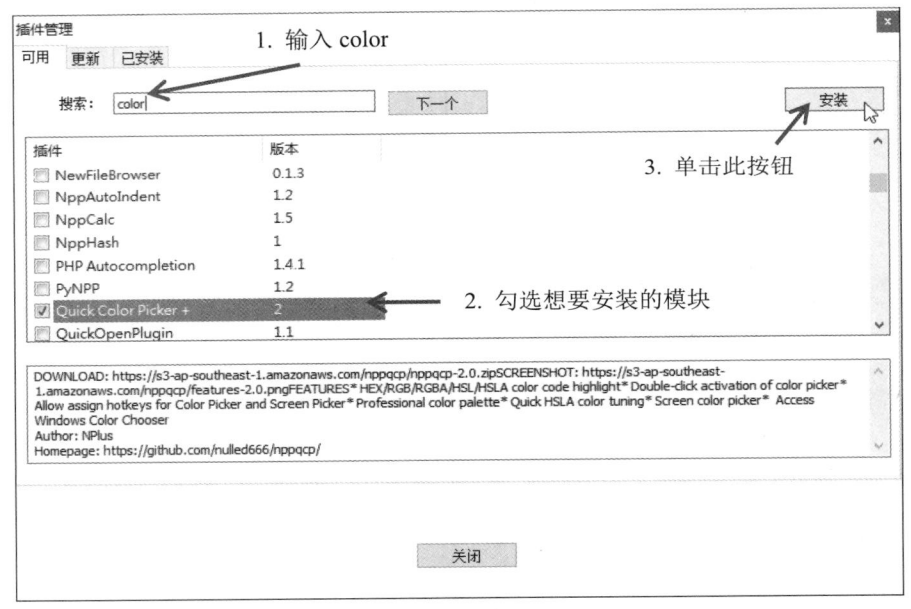

图 11-8

接着就会出现将重新启动 Notepad++的信息，如图 11-9 所示，单击"是"按钮，就会安装插件并自动重启 Notepad++。

成功安装后，在"插件"菜单的选项中就会出现已安装的 Color Picker 插件。双击 HTML 文件里的颜色代码，也会显示出 Color Picker 插件，选好所需的颜色就会自动带入 HEX 编码，相当方便，如图 11-10 所示。

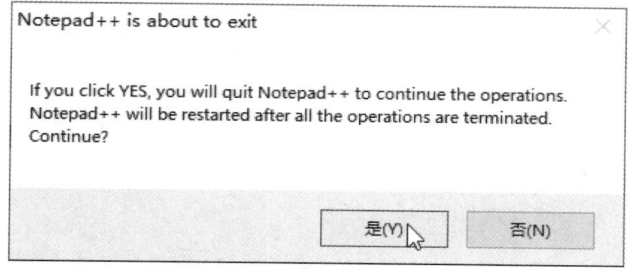

图 11-9

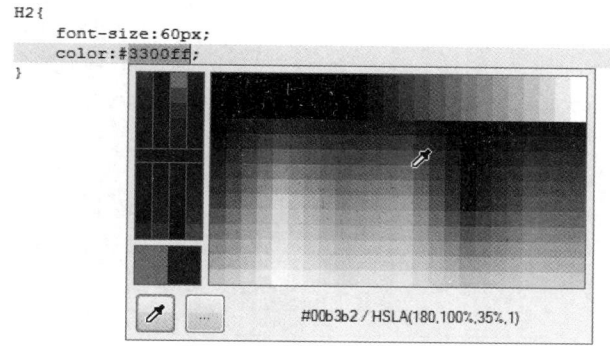

图 11-10

如果读者没有使用文本编辑器，那么没有关系，最容易获取的 Color Picker 就是 Google Chrome 浏览器，只要在搜索栏中输入"color picker"，就会出现了，如图 11-11 所示。

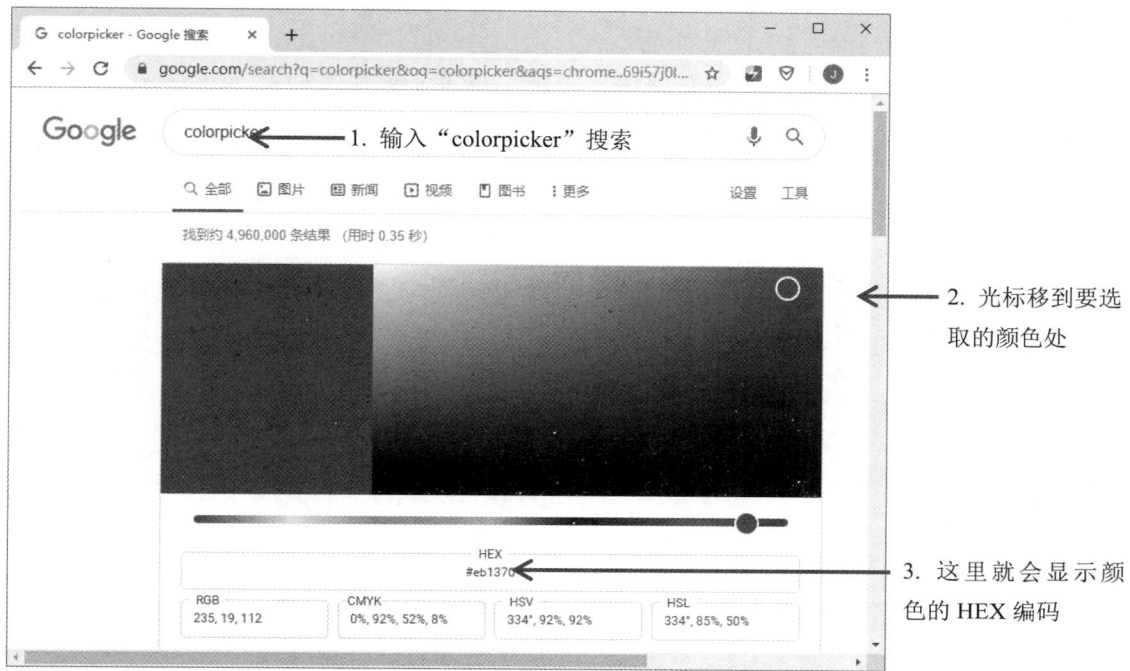

图 11-11

11.2.3 背景图案

在使用 HTML 语句为背景加上图片之后，图片会重复显示并填满整个背景，如果希望图片只进行水平或垂直的排列，就必须使用 CSS 指令。

常用的背景图案相关属性设置如表 11-5 所示。

表 11-5　CSS 常用的背景图案相关属性的设置

设置值	属性	说明
background-image:none | URL（图片路径）	设置背景图案	可使用 JPG、GIF、PNG 三种图像格式
background-repeat:repeat | repeat-x | repeat-y	背景图案显示方式	repeat：填满整个网页（默认值） repeat-x：水平方向重复显示 repeat-y：垂直方向重复显示
background-attachment:scroll | fixed	滚动或固定背景图案	scroll:滚动条滚动时背景图案也跟着移动（默认值） fixed：滚动条滚动时背景图案固定不动
background-position:(x y)	背景图案位置	x：表示水平距离 y：表示垂直距离

background 属性可以集合起来一次设置完成，代码如下：

```
background: url(images/bg04.gif) fixed;
```

11.2.4 边框

只要是 HTML 的区块组件，都可以设置边框属性，常用的属性有 3 种，分别是 margin（边界）、padding（边界留白）、border-width（边框宽度），如图 11-12 所示。

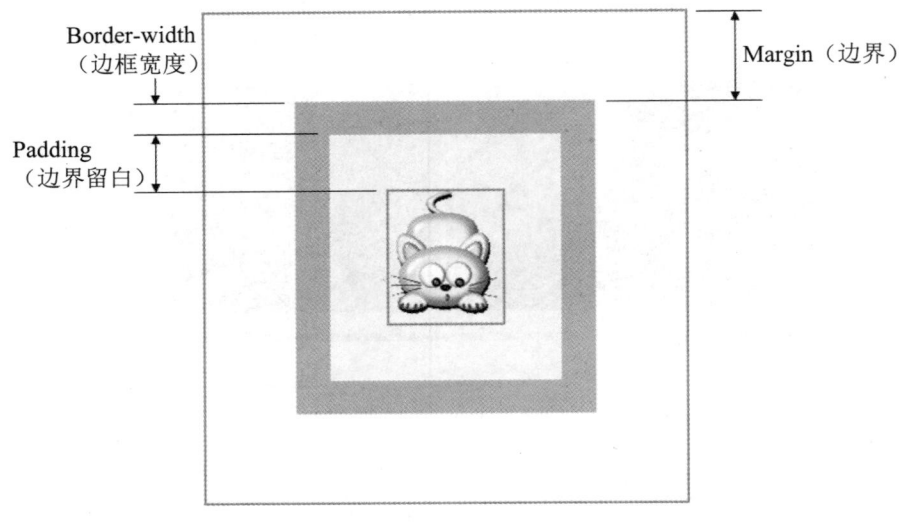

图 11-12

设置方式很简单，只要给予宽度值即可，例如：

```
div{
    margin:10px;
    padding:10px;
    border-width:10px;
}
```

表示 margin、padding 与 border 四边的值都是 10px。也可以分别指定 4 个边界的值，这些属性如表 11-6 所示。

表 11-6　CSS 边框属性的设置值

属性	说明
margin	边界
margin-top	上边界
margin-right	右边界
margin-bottom	下边界
margin-left	左边界
padding	边界留白
padding-top	上边留白
padding-right	右边留白
padding-bottom	下边留白
padding-left	左边留白
border-width	边框宽度
border-top-width	上边框宽度
border-right-width	右边框宽度
border-bottom-width	下边框宽度
border-left-width	左边框宽度

边框的形式有多种可供选择，如图 11-13 所示。

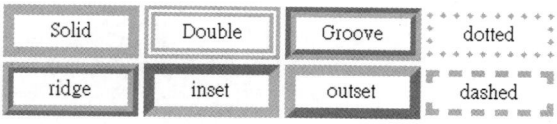

图 11-13

11.2.5　图文混排

当网页上的图片与文字排在一起时，图片会与文字靠下对齐成一行，如图 11-14 所示。

Some of the stories we know and like are many hundreds of years old.

图 11-14

通过 CSS 的 float 属性可以设置为靠左浮动或靠右浮动，形成图文混排的形式，clear 属性则用来清除 float 的设置，两者搭配就可以让网页版面做出多种变化。float 和 clear 属性的说明如表 11-7 所示。

表 11-7　CSS 的 float 和 clear 属性的设置值

属性	属性名称	说明
float:right | left	允许文字与图片排列	left：图片在左侧 right：图片在右侧
clear:left | right | both	清除 float 设置	left：清除 float:left 的设置 right：清除 float:right 的设置 both：清除 float:left 与 float:right 的设置

范例程序：ch11/css_float.htm

```
<!DOCTYPE HTML>
<html>
 <head>
 <meta charset="UTF-8">
  <title> float & clear </title>
<style>
#img01{
    float:left;
    width:150px;
}
#img02{
    float:right;
    width:150px;
}
div{clear:both}
  </style>
 </head>
<body>

<IMG SRC="images/cat.gif" id="img01">Some of the stories we know and like
are many hundreds of years old.
    Among them are Aesop's fables. A fable is a short story made up to teach a
lesson.Most fables are about animals. In them animals talk.
```

```
    Many of our common sayings come from fables. "Sour Grapes" is one of them.It
comes from the fable "The Fox and the Grapes." In the story a fox saw a bunch
of grapes hanging from a vine.
    They looked ripe and good to eat. But they were rather high.
    He jumped and jumped, but he could not reach them. At last he gave up.

    <IMG SRC="images/15.gif" id="img02">
    <div>As he went away he said. "Those grapes were sour anyway." Now we say,
"Sour Grapes!" when someone pretends he does not want something he tried to get
but couldn't. </div>

    </body>
    </html>
```

该范例程序的执行结果如图 11-15 所示。

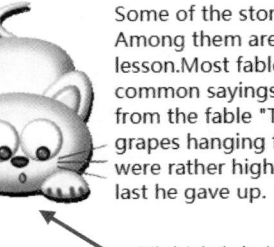

Some of the stories we know and like are many hundreds of years old. Among them are Aesop's fables. A fable is a short story made up to teach a lesson.Most fables are about animals. In them animals talk. Many of our common sayings come from fables. "Sour Grapes" is one of them.It comes from the fable "The Fox and the Grapes." In the story a fox saw a bunch of grapes hanging from a vine. They looked ripe and good to eat. But they were rather high. He jumped and jumped, but he could not reach them. At last he gave up.

图片浮动在文字左边

float 的设置被清除

图片显示在右边

As he went away he said. "Those grapes were sour anyway." Now we say, "Sour Grapes!" when someone pretends he does not want something he tried to get but couldn't.

图 11-15

在这个范例程序中，最后一个 div 组件加了 clear:both，表示清除 float 的设置，因此 img02 所设置的 float:right 并不会影响 div 组件。如果没有加入 clear:both，div 组件内的文字就会在 img02 图片组件的左方，如图 11-16 所示。

he could not reach them. At last he gave up.
As he went away he said. "Those grapes were sour anyway." Now we say, "Sour Grapes!" when someone pretends he does not want something he tried to get but couldn't.

图 11-16

11.3　掌握 CSS 定位

网页上的组件并不一定都要一个接一个"乖乖地"排列，其实我们可以让组件呈现浮动的状态，这些设置都与定位方式有很大的关系。这一节就来认识 CSS 的定位语句。

11.3.1　网页组件的定位

网页的定位与图层（Layer）的概念很类似，也就是在一个 HTML 文件中可以拥有很多个图层，图层与图层间是可以重叠的，如图 11-17 所示。

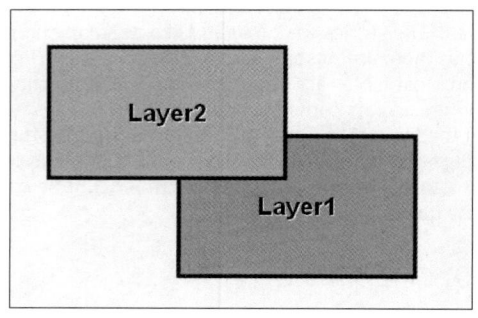

图 11-17

通常可以使用 HTML 的<div>标签与 CSS 语句搭配来设置组件的位置，语法如下：

```
<div style = "属性1:设置值;属性2:设置值;">
……
</div>
```

下面来看看有哪些可供设置的属性。

- position 属性：这个属性能控制组件的位置，设置值有两种：一种是绝对位置（absolute）；另一种是相对位置（relative）。
  - **static（静态定位）**：组件按照常规流（Normal Flow），此时 top、right、bottom、left 以及 z-index 均无效。
  - **absolute（绝对位置）**：组件脱离常规流，组件原本所在的位置会被删除，top、right、bottom、left 是相对于最近的非静态（static）的父组件来指定距离的。
  - **relative（相对位置）**：组件按照常规流，元素先放在尚未定位的位置，在不改变布局的前提下调整元素的位置（保留原来的位置），top、right、bottom 及 left 属性可设置偏移距离。此属性对 table-*-group、table-row、table-column、table-cell、table-caption 组件无效。
  - **fixed（固定定位）**：组件脱离常规流，直接指定组件在 Viewport（视口，即设备高和宽）的固定位置，即使拉动滚动条也不会改变组件在 Viewport 的位置。
  - **sticky（沾滞定位）**：根据用户对组件的滚动操作来定位，一般情况下是相对定位

"(position:relative);"，当组件超出目标区域时，就变成固定定位"(position:fixed);"。注意，IE/Edge15 浏览器不支持 sticky 属性。

- top、left、right、bottom 属性：这些属性可用于设置组件上下左右偏移的距离，例如 top:100px;left:120px，表示把组件向下移 100px，向右移 120px，如图 11-18 所示。

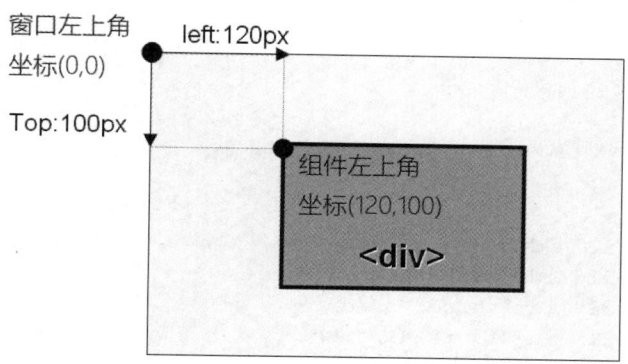

图 11-18

提　示

网页原点是在窗口的左上角，因此 top 属性往下为正值，left 属性往右为正值。

范例程序：ch11/position.htm

```html
<!DOCTYPE HTML>
<html>
<head>
<meta charset="UTF-8">
<title>position 与 relative</title>
<style>
*{font-size:25px}
.box1 {
  display: inline-block;
  width: calc(100% / 5);
  height:100px;
  background: red;
  color: white;
}
.box2 {
  display: inline-block;
  width: calc(100% / 5);
  height: 100px;
  background: #0099cc;
  color: white;
  line-height:100px;
  vertical-align:baseline;
}
#two {
  position: relative;
```

```
      top: 30px;
      left: 30px;
      background: #ffcc00;
    }
    #seven {
      position: absolute;
      top: 180px;
      left: 150px;
      background: #33ffcc;
    }
    </style>
    </head>
    <body>
    <div class="box1" id="one">1</div>
    <div class="box1" id="two">2</div>
    <div class="box1" id="three">3</div>
    <div class="box1" id="four">4</div>
    <div class="box2" id="five">5</div>
    <div class="box2" id="six">6</div>
    <div class="box2" id="seven">7</div>
    <div class="box2" id="eight">8</div>
    </body>
    </html>
```

该范例程序的执行结果如图 11-19 所示。

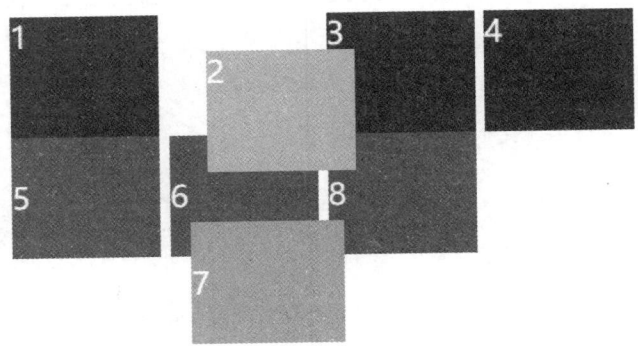

图 11-19

在这个范例程序中，编号 2 的 div 组件使用了相对位置，上下偏移 30px，原来的位置会保留下来；编号 7 的 div 组件使用了绝对位置，上偏移 180px，左偏移 150px，原来的位置不会保留，所以编号 8 就顺着常规流移到原来 7 号的位置。

width 宽度设置使用了 CSS 独特的计算功能（calc）来计算宽度，下一小节会介绍 calc 的用法。

sticky 是新的定位方式，必须指定 top、right、bottom 或 left 才能发挥作用，IE/Edge15 浏览器都不支持 sticky，Safari 浏览器需要加上"-webkit-"。可参考下面的范例程序。

范例程序：ch11/sticky.htm

```html
<!DOCTYPE HTML>
<html>
<head>
<meta charset="UTF-8">
<title>sticky 定位</title>
<style>
*{font-size:25px}
.box1 {
  width: 300px;
  height: 50px;
  background: #FFD23F;
  color: white;
  margin:10px;
}
.box2 {
  width:  300px;
  height:  50px;
  background: #3BCEAC;
  color: white;
  margin:10px;
}
#three {
  position: -webkit-sticky;  /*Safari*/
  position: sticky;
  top:10px;
  border:5px solid #000000;
  background: #540D6E;
}
</style>
</head>
<body>
<div class="box1"></div>
<div class="box2"></div>
<div class="box1" id="three">sticky</div>
<div class="box2"></div>
<div class="box1"></div>
<div class="box2"></div>
<div class="box1"></div>
<div class="box2"></div>
</body>
</html>
```

该范例程序的执行结果如图 11-20 所示。

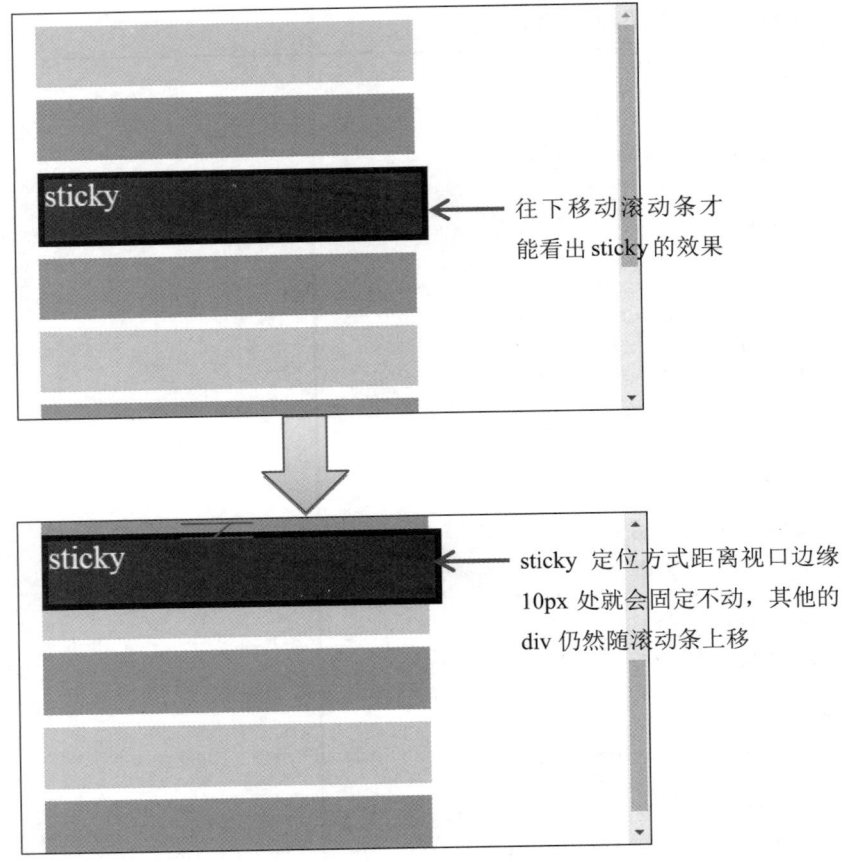

图 11-20

11.3.2 立体网页的定位

立体空间是利用 z-index 属性来营造出立体的堆叠，z-index 可以将网页分成许多图层，图层互相堆叠在一起，每一层都有编号值，z-index 值较大的图层会覆盖 z-index 值较小的图层。图 11-21 左图以平面视角来看可以看到有 3 个图层，当我们以立体视角来看时，可以清楚地看到 z-index 定义了 3 个图层之间的高度关系，如图 11-21 右图所示。

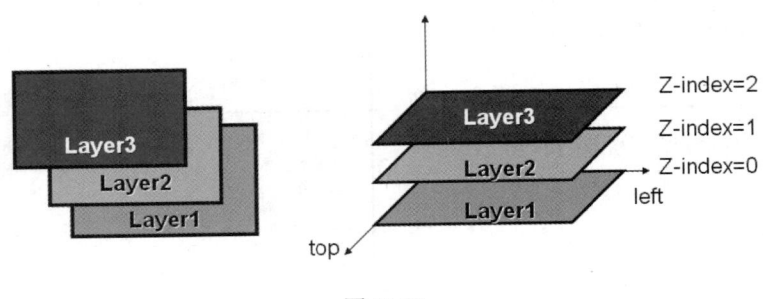

图 11-21

z-index 的语法如下：

```
z-index: n
```

z-index 可以用于 absolute、relative 与 fixed 定位中，设置值（n）可以是 auto 或数字，数字可以是正数或负数，默认值为 auto。下面来看范例程序。

范例程序：ch11/z-index.htm

```
<!DOCTYPE HTML>
<html>
<head>
<meta charset="UTF-8">
<title>z-index</title>
<style>
*{font-size:25px}
#one {
  display: inline-block;
  width: 300px;
  height: 300px;
  background: #C16E70;
  color: white;
  position: absolute;
}
#two {
  display: inline-block;
  width: 200px;
  height: 200px;
  left:150px;
  top:50px;
  background: #DC9E82;
  color: white;
  opacity: 0.5;
  position: absolute;
}
#cat{
position:absolute;
z-index:1;
left:65px;
top:65px;
}
</style>
</head>
<body>
<div id="one">1</div>
<div id="two">2</div>
<img src="images/cat.gif" id="cat" width=150>
</body>
</html>
```

该范例程序的执行结果如图 11-22 所示。

图 11-22

编号 1 和编号 2 的 div 组件设置的是绝对位置，因此会按顺序叠加上去，猫咪会在最底下的图层，想要让它到最上层的图层，只要加上 z-index=1 即可。

11.3.3 calc()函数

以前想让 4 个 div 组件等分在 Viewport（视口），会将每一个 width 属性都设置为 25%，有了 calc()函数，只要写成 calc(100%/4)即可，它会帮我们把每个 div 区块的宽度都计算好。

CSS 的函数 calc()可以用于任何一个需要数值的地方，例如 length、angle、time、number 等，单位可以是 px、%、em 和 rem，它的语法如下：

```
calc(expression)
```

expression（表达式）可以是+、-、*、/的组合运用，例如：

```
width: calc(100% - 80px);
```

加号（+）与减号（-）运算符号前后必须有空格。请看下面的范例程序。

范例程序：ch11/calc.htm

```
<!DOCTYPE HTML>
<html>
<head>
<meta charset="UTF-8">
<title>calc 计算</title>
<style>
*{text-align:center}
.box{
    height: 300px;
    line-height:300px;
}
#one{
    float: right;
    width: 20%;
background:#F6FEAA;
```

```
    }
    #two{
        float: left;
        width: 20%;
        background:#FCE694;
    }
    #three{
        width: calc(100% - (20%*2) - 2em);
        margin: 0 auto;
        background:#C7DFC5;
    }
    </style>
    </head>
    <body>
        <div class="box" id="one">20%</div>
        <div class="box" id="two">20%</div>
        <div class="box" id="three">calc(100% - (20%*2) - 2em)</div>
    </body>
    </html>
```

该范例程序的执行结果如图 11-23 所示。

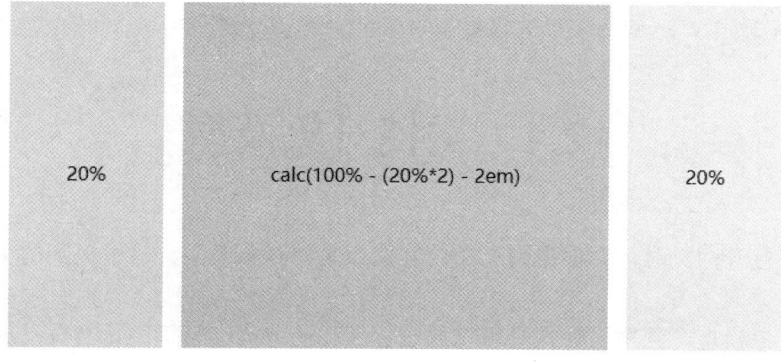

图 11-23

第 **12** 章

JavaScript 与 HTML DOM

文档对象模型（Document Object Model，DOM）可以让 JavaScript 存取网页内的组件，当浏览器加载网页时，会自动建立这个网页文件的 DOM，DOM 具有层级的概念，学会如何操作 DOM，在使用 JavaScript 开发 Web 应用中至关重要。

12.1　文档对象模型

在浏览器中打开网页时，会根据网页的内容建立文档对象模型，这里提到的文档对象模型是指 HTML DOM。

通过文档对象模型，程序设计人员可以通过标准化的方式编写程序让网页呈现出动态效果，例如让文字在鼠标经过时变成蓝色，鼠标移开后又变回原来的颜色，等等。

12.1.1　DOM 简介

文档对象模型是 W3C 所制定的一套文件处理的标准，能够提供跨平台且标准的处理接口，DOM 中包含对象（Object）、方法（Method）、属性（Property）、集合（Collection）、样式表（Style-Sheet）、事件（Event）。

当浏览器加载网页时，会自动按照 HTML 建立 DOM，因此我们要操作的 DOM 指的就是 HTML 的每一个组件。例如下面的语句：

```
<B><I>Hello World</I></B>
```

以上的 HTML 语句有<B></B>标签，其中包含<I></I>标签，对应文档对象模型，就是一个 B 对象派生了一个 I 对象的关系。

12.1.2　DOM 的节点

　　DOM 是一个具有层级的树形结构（树结构），就像目录关系一样，一个根目录下会有子目录，子目录下还包含另一层子目录，每一个对象都称为一个节点，根节点下面会有子节点，子节点下还有另一层子节点，彼此成为上下层的关系。举例来说，浏览器最上层的节点是 window，也就是根节点（Root），接下来是 HTML 文件本身（Document），而 HTML 文件的组成是 HTML 标签，<html>文件标签的下一层是<body>标签，因此<body>标签就是<html>标签的子节点，在 JavaScript 语句里要引用<body>标签，可以这么表示：

```
window.document.body
```

　　HTML DOM 部分对象关系的示意图如图 12-1 所示。

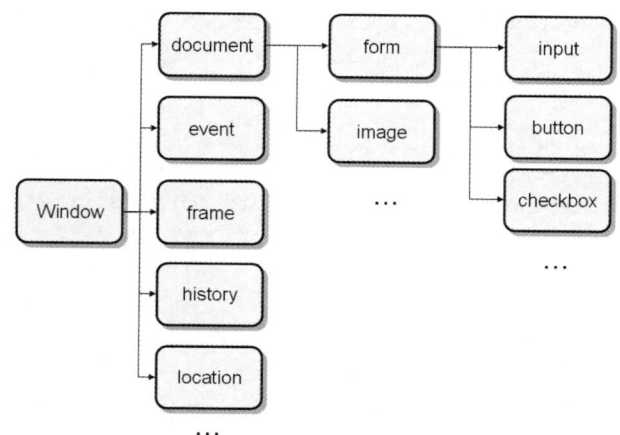

图 12-1

　　学习 DOM 的关键就在于掌握节点与节点之间的关系，如何正确引用节点对象，重点就是要清楚节点与节点之间的描述方式，JavaScript 针对对象描述有完整的方法与属性，接下来为读者逐一介绍。

12.1.3　获取对象信息

　　如果想要获取文件中的对象或对象集合，就可以调用表 12-1 中的各个方法。

表 12-1　DOM 用于获取文件中的对象或对象集合的方法

方法	说明
getElementByID	通过 ID 获取对象
getElementsByClassName	通过类名称获取对象
getElementsByName	通过名称获取对象
getElementsByTagName	通过标签名获取对象
querySelector	获取符合特定选择器的对象

例如 getElementsByTagName("p")表示通过标签名称 p 来获取对象。

querySelector 使用选择器来获取对象，例如：

```
document.querySelector(".myclass");
```

请看下面的范例程序。

范例程序：ch12/getElement.htm

```
<!DOCTYPE HTML>
<html>
<head>
<meta charset="UTF-8">
<title>获取组件</title>
<style>
*{
    font-size:20px;
    font-family: 微软雅黑;
}
</style>
<script>
function chgBorder(){
    document.getElementById('myImg').border="5";
    document.getElementById('myImg').style.borderStyle="double";

}
function chgColor(){
    document.getElementsByTagName('p')[1].style.cssText    =    "color:
blue;font-size:25px;";
}

</script>
</head>
<body>
    <p>您好！</p>
    <p>很高兴认识您。</p>
    <!--图片-->
    <img id="myImg" src="images/17.jpg" BORDER="0" width="200">
    <br>
    <!--按钮-->
    <input type="button" onclick="chgBorder()" value="图片加框线">
    <input type="button" onclick="chgColor()" value="改变字体颜色">
</body>
</html>
```

该范例程序的执行结果如图 12-2 所示。

您好!

很高兴认识您。

图片加框线　改变字体颜色

图 12-2

　　这个范例程序中使用了 document.getElementById('myImg')表示获取 id 名称为 myImg 的组件，也就是<img>对象；document.getElementsByTagName('p')[1]表示获取标签为<p>的对象，其中[1]是索引值，从 0 开始，因此[1]表示获取第 2 个<p>对象。

　　修改对象的 CSS 样式必须通过 HTMLElement.style 属性，它会返回 CSSStyleDeclaration 对象，使用方式如下：

```
// 设置多种 CSS 样式
HTMLElement.style.cssText = "color: red; border: 1px solid blue";
// 或者调用 setAttribute 方法
HTMLElement.setAttribute("style", "color:red; border: 1px solid blue;");
// 设置特定的 CSS 样式
HTMLElement.style.color = "red";
```

12.1.4　处理对象节点

　　DOM 可以将 HTML 文件视为树结构，使用表 12-2 中所列的属性就可以遍历和处理树结构中的节点。

表 12-2　DOM 中的属性

属性	说明
firstChild	第一个子节点
parentNode	遍历父节点
childNodes	遍历子节点
previousSibling	遍历上一个节点
nextSibling	遍历下一个节点

遍历节点时，可以获取节点的名称、内容及节点的类型，如表 12-3 所示。

表 12-3　遍历节点时获取的属性

属性	说明
nodeName	节点名称
nodeValue	节点内容（节点的值）
nodeType	节点类型

nodeType 为对象的类型，1 表示元素节点，3 表示文字节点。

下面来看一个范例程序。

范例程序：ch12/NodeList.htm

```
<!DOCTYPE HTML>
<html>
<head>
<meta charset="UTF-8">
<title>NodeList</title>
<style>
*{
    font-size:20px;
    font-family: 微软雅黑;
}
div{
    color:red;
    border:1px solid red;
    width:500px;
    padding:10px;
    text-align:center
}
</style>
<script>
function check()
{
    let result = document.getElementById("result");
    let d1 = document.getElementById("div1");
    result.value = " 第 一 个 子 节 点 (firstChild) 的 nodeValue = " +
d1.firstChild.nodeValue +"\n";
    result.value += " 第 一 个 子 节 点 (childNodes) 的 nodeValue = "+
d1.childNodes.item(0).nodeValue+"\n";
    result.value += " 最 后 一 个 子 节 点 (lastChild) 的 nodeType = "+
d1.lastChild.nodeType+"\n";
    result.value += "div1 对 象 下 一 个 的 节 点 (nextSibling) = "+
d1.firstChild.nextSibling.getAttribute("id")+"\n";
    result.value += "a1 的 父 节 点 (parentNode) =
"+document.getElementById("a1").parentNode.getAttribute("id");
    }
</script>
</head>
<body>
```

```
<input type="button" value="检查节点关系" onclick="check()"><br>
<textarea cols="50" rows="9" id="result"></textarea>

<div id="div1">Coffee
<a href="#" id="a1">这是 a1</a>
<a href="#" id="a2">这是 a2</a>
<a href="#" id="a3">这是 a3</a>

</div>
</body>
</html>
```

该范例程序的执行结果如图 12-3 所示。

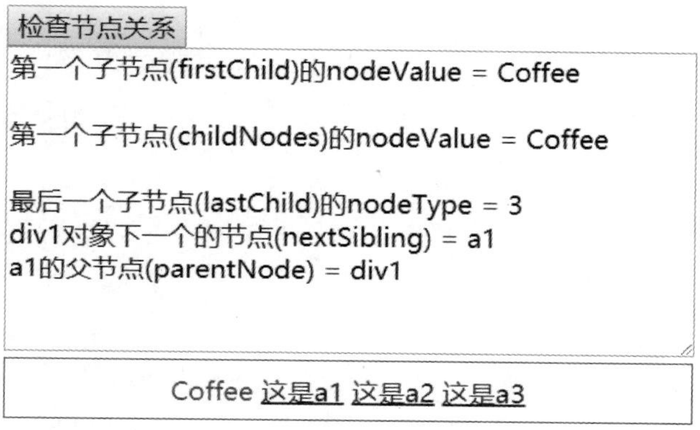

图 12-3

12.1.5　属性的读取与设置

DOM 为每个元素提供了两个方法来读取与设置元素的属性值，如表 12-4 所示。

表 12-4　遍历节点时获取的属性

方法	说明
getAttribute(string name)	读取由 name 参数指定的属性值
setAttribute(string name, string value)	增加新属性值或改变现有的属性值

范例程序：ch12/attributeRead&Setting.htm

```
<!DOCTYPE HTML>
<html>
<head>
<meta charset="UTF-8">
<title>属性的读取与设置</title>
<script>
function changeBorderWidth(px){
    let showTable = document.getElementById("myTable");
    showTable.setAttribute("border",px);  //设置属性值
```

```
        document.getElementById("showMessage").value=showTable.getAttribute("bgc
olor");   //获取属性值
    }
    </script>
    </head>
    <body>
    <input type="text" id="showMessage">
    <table id="myTable" width="200" cellspacing="2" cellpadding="2" border="1"
bgcolor="#FFFF66">
        <tr id="Tr1" bgcolor="#00ee00">
        <td>数学</td>
        <td>英语</td>
        <td>语文</td>
        </tr>
        <tr id="Tr2">
            <td>90</td>
            <td>60</td>
            <td>80</td>
        </tr>
        <tr id="Tr2">
            <td>80</td>
            <td>86</td>
            <td>98</td>
        </tr>
        </table><br>
        <button onclick="changeBorderWidth(1);">1px</button>
        <button onclick="changeBorderWidth(5);">5px</button>
        <button onclick="changeBorderWidth(10);">10px</button>
    </body>
    </html>
```

该范例程序的执行结果如图 12-4 所示。

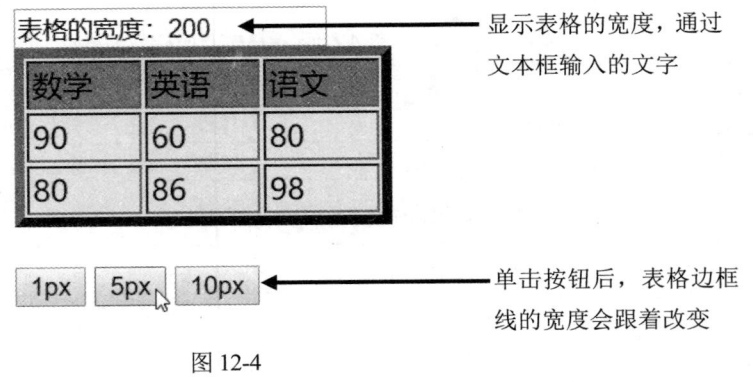

图 12-4

事实上，调用 setAttribute()方法与直接使用 JavaScript 语句设置属性值的结果是一样的，例如下面 3 行语句的执行结果是相同的。

```
document.getElementById("myTable").setAttribute("border", 5);
document.getElementById("myTable").border=5;
```

```
myTable.border=5;
```

12.2　DOM 对象的操作

在 DOM 中清楚地定义了每个对象，一个对象包含属性、事件、方法及集合。下面来逐一介绍它们。

12.2.1　Window 对象

对象的概念在前面已经详细介绍过了，相信读者记忆犹新。在 DOM 中包括网页上的图片、标签等都是对象，调用对象的方法和使用对象的属性与前面章节学过是相同的，语法如下：

对象.方法或属性

范例程序：ch12/window.htm

```
<!DOCTYPE HTML>
<html>
<head>
<meta charset="UTF-8">
<title>对象</title>
<script>
function showFormElements()
{
    let all = document.getElementsByTagName("*");
    let tagname="当前文件内共有 "+ all.length + " 个对象<br>";
    for (i = 0; i < all.length; i++) {
        tagname += all[i].tagName + "<br>";
    }
    showDiv.innerHTML = tagname;
}

</script>
</head>
<body>
<div   style="float:left;height:500px;width:200px;"   id="showDiv"> 这 是
DIV</div>

<table border=1>
<tr>
<td align="center"><b>这是表格</b></td>
</tr>
</table>
<form>
<input type="text" size="20" value="我是文本框">
<br>
```

```
    <img src="images/14.jpg" width="200" border="0">
    <br>
    <input    type="button"    name="myButton"    value=" 显 示 所 有 对 象 "
onClick="showFormElements()">
    </form>
    </body>
    </html>
```

该范例程序的执行结果如图 12-5 所示。

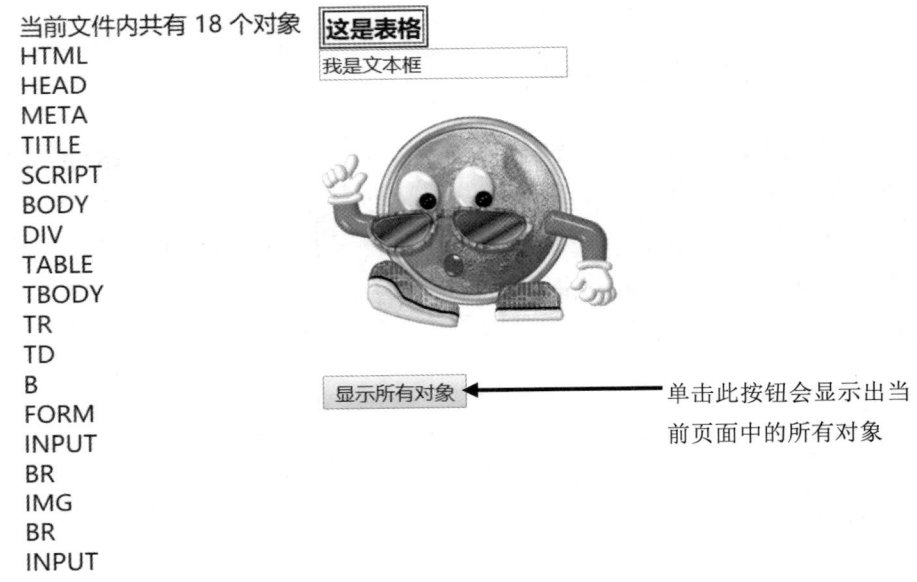

图 12-5

在这个范例程序中列出了文件中所有对象的名称，无论是基本对象还是网页上的图片、HTML 标签都被视为对象。

12.2.2 DOM 集合

Document 对象中包含许多集合，如 anchors、fonts、forms、scripts 和 stylesheets 等，当想要操作具有特定名称的对象时就可以使用集合。集合指令便于我们管理相同性质的对象，可参考表 12-5。

表 12-5 DOM 的集合指令

集合	说明
all[]	所有对象
anchors[]	所有 Anchor 对象（具有 name 属性的\<a\>标签）
forms[]	所有的 Form 对象
images[]	所有 Image 对象
links[]	所有 Area 和 Link 对象（具有 href 属性的\<a\>标签和\<area\>标签）

存取集合中的对象有两种方法：使用索引（Index）或对象的名称。例如，有一个图像（Image）

对象，名称为 myImg，想要存取 images 集合中的第 3 个成员，可以使用索引 2，程序语句如下：

```
document.images[2]
```

或者使用 myImg 名称，程序语句如下：

```
document.images["myImg"]
```

另外，也可以使用 all 来返回文件内名称符合的所有对象，程序语句如下：

```
document.all["myImg")
```

表示获取名称为 myImg 的对象。

每一个集合对象都有属性及方法，集合对象的属性可参考表 12-6。

表 12-6 DOM 集合对象的属性

属性	说明
length	集合中的成员数

集合对象的方法可参考表 12-7。

表 12-7 DOM 集合对象的方法

方法	说明
item(index)	指定第几个元素（index 从 0 开始）
namedItem(id)	指定元素 id 名称

参考下面的范例程序。

范例程序：ch12/Collection.htm

```
<!DOCTYPE HTML>
<html>
<head>
<meta charset="UTF-8">
<title>集合的存取</title>
<script>
function check()
{
n = document.images.length;
document.myform.result.value = "images 对象的数目：" + n
+ "\nimage1 的图片宽度：" + document.images[0].width
+ "\nimage2 的边框宽度：" + document.images["myimg2"].border
+ "\nimage3 的名称：" + document.all["myimg3"].name
+ "\n 超链接的 href：" + document.links.item(0).href;
}
</script>
</head>
<body>
<form name=myform>
<textarea name=result rows=6 cols=60></textarea><br>
<input  type="button"  value=" 存 取  images  对 象 属 性 "  name="mybtn"
onclick="check()">
```

```
</form>
<img src="images/1.jpg" width="100" border="0" name="myimg1">
<img src="images/2.jpg" width="150" border="0" name="myimg2">
<img src="images/3.jpg" width="200" border="0" name="myimg3">
<a href="https://www.sina.com.cn/">新浪</a>
</body>
</html>
```

该范例程序的执行结果如图 12-6 所示。

图 12-6

12.3　DOM 风格样式

一般来说，网页元素通常会使用 CSS（Cascading Style Sheets，层叠样式表）来设置特定的风格样式，不过网页上所显示的 CSS 效果可能会因浏览器的不同而有所差异。因此，为了解决这个问题，使用 DOM 让元素都可以通过 style 属性来定义 CSS，使用 DOM 第二层样式（DOM Level 2 Style）来操作 CSS 属性。

12.3.1　查询元素样式

在 JavaScript 中，想要知道某个元素的样式属性值，可以使用 style 来查询，程序语句如下：

```
document.getElementById('textStyle').style.backgroundColor
```

然而，每个元素可供设置的样式繁多，我们可以利用循环将元素的样式列出。可参考下面的范例程序。

范例程序：ch12/showstyles.htm

```html
<html>
<head>
<script language="JavaScript">
<!--
    function showStyle(txtStyle){
        var styleValue = "";
        for (var i in txtStyle.style){
            styleValue += i + ": " + txtStyle.style[i] + "\n";
        }
            document.myForm.txtArea.value=styleValue;
    }
//--!>
</script>
<title>显示元素样式</title>
</head>
<body>
<form name="myForm">
<TEXTAREA NAME="txtArea" ROWS="10" COLS="50"></TEXTAREA>
</form>
<h1      id="textStyle"       style="font-family:arial;       font-size:20px;
font-color:#FF0000; background-color:#FFCCFF; width=300">STYLE 属性</h1>
    <button onclick="showStyle(document.getElementById('textStyle'))">显示样式
</button>
    </body>
    </html>
```

该范例程序的执行结果如图 12-7 所示。

图 12-7

在这个范例程序中显示了 id 名称为 textStyle 的元素样式值，由于只设置了 font-family、font-size、font-color、background-color 以及 width 等属性，因此其他的属性值都是空的。

在这个范例程序中显示的 style 样式是 CSS 中的样式名称，如果想使用 JavaScript 来指定样式的值，就必须通过属性值来设置，可参考下一节介绍的内容。

12.3.2　设置组件样式

设置组件样式的方式很简单，格式如下：

```
组件名称.style.样式属性值
```

若想使用 JavaScript 来指定样式的值，则可以直接使用 CSS 样式来指定，例如想要设置 id 名称为 textStyle 的宽度，可以使用如下程序语句：

```
document.getElementById('textStyle').style.width=500;
```

要特别注意的是，有些 CSS 样式值以 "-" 连字符来连接，例如 font-color、background-color，这时 JavaScript 执行时会出现错误，所以必须将 "-" 符号后的第一个字母改为大写，并删除 "-" 符号，如表 12-8 所示。

表 12-8　CSS 属性对应的 JavaScript 样式表示法

CSS 属性	JavaScript 样式表示法
width	style.width
font-size	style.fontSize
background-color	style.backgroundColor
border-top-width	style.borderTopWidth

范例程序：ch12/cssStyle.htm

```html
<!DOCTYPE HTML>
<html>
<head>
<meta charset="UTF-8">
<title>改变元素样式</title>
<style>
table{
    background-color:#F6FEAA;
}
th{background-color:#118AB2;}
td,th{
    padding:10px;
    text-align:center;
}
th{color:white}
.colorbtn{width:30px; height:20px;}
</style>
<script>
    function tableWidth(w){
        let table = document.getElementById("myTable");
        table.style.width=w;
    }
```

```
            function setTableColor(col){
                let table = document.getElementById("myTable");
                table.style.backgroundColor = col;
            }
    </script>
    </head>
    <body>
        <table id="myTable" cellspacing="2" cellpadding="2" border="1">
         <tr id="Tr1">
            <th>数学</th>
            <th>英语</th>
            <th>语文</th>
         </tr>
         <tr id="Tr2">
            <td>90</td>
            <td>60</td>
            <td>80</td>
         </tr>
         <tr id="Tr2">
            <td>80</td>
            <td>86</td>
            <td>98</td>
         </tr>
         </table><br>
         改变表格宽度<br>
            <button onclick="tableWidth('200px');">宽度 200px</button>
            <button onclick="tableWidth('300px');">宽度 300px</button>
         <p>
         改变背景颜色<br>
            <button    class="colorbtn"    onclick="setTableColor('#C7DFC5');"
style="background-color:#C7DFC5;"></button>
            <button    class="colorbtn"    onclick="setTableColor('#C1DBE3');"
style="background-color:#C1DBE3;"></button>
            <button    class="colorbtn"    onclick="setTableColor('#CEBACF');"
style="background-color:#CEBACF;"></button>
            <button    class="colorbtn"    onclick="setTableColor('#EBD2B4');"
style="background-color:#EBD2B4;"></button>
         </p>
    </body>
    </html>
```

该范例程序的执行结果如图 12-8 所示。

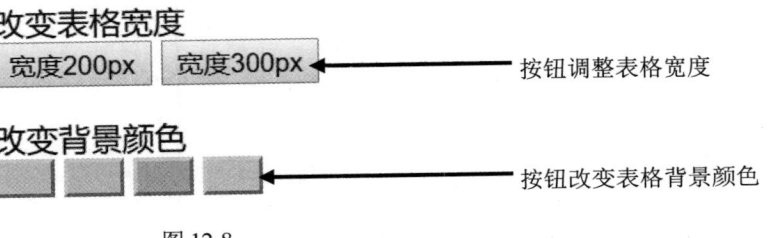

图 12-8

第 **13** 章

JavaScript 事件与事件处理

JavaScript 事件（Event）是与用户互动很重要的媒介，通过捕捉事件就能够得知用户做了什么事情，要给予什么样的响应。本章就来学习有趣又实用的 JavaScript 事件。

13.1 事件与事件处理程序

事件是由特定操作发生时所引发的反应。举例来说，用户单击或移动鼠标，或者浏览器加载网页，都可以看成是事件的产生。当事件发生时，我们可以在浏览器内检测到，并以特定的程序对此事件做出响应，这个特定程序称为事件处理程序（Event Handler）。

13.1.1 事件处理模式

事件对动态网页的编写是相当重要的，那么如何绑定事件呢？有几个需要考虑的事项。

（1）触发哪种事件
触发事件的类型，例如当鼠标移动时或者按下鼠标按键时触发事件。

（2）事件影响的范围
知道触发何种事件之后，还要了解事件影响的范围，例如想对整个网页都有效，事件就要加在<body>标签内，如果只对某个对象有效，事件就只需加在该对象上。

（3）触发后的处理
触发之后要如何进行后续处理，也就是编写事件处理程序。举例来说，我们想要知道用户是否按下了按钮，首先必须在这个按钮绑定事件，并编写事件处理程序。

JavaScript 绑定事件有 3 种方式，下面一一介绍。

（1）行内绑定

直接将事件属性绑定在 HTML 组件，例如下面的程序语句，在按钮上绑定 onclick 事件，当按钮被单击之后就会触发处理事件函数 send()。

```
<input type="button" id="btn" value="提交" onclick="send()">
<script>
function send(){
    ……事件处理语句……
}
</script>
```

（2）在 JavaScript 语句绑定

同样是将事件属性绑定在 HTML 对象，不过是通过 JavaScript 来绑定的，例如：

```
<input type="button" id="btn" value="提交">
<script>
btn.onclick = function () {
    ……事件处理语句……
};
</script>
```

（3）绑定事件监听函数

用 addEventListener 方法来绑定，语法如下：

```
target.addEventListener(event, listener[, useCapture]);
```

event：要监听的事件，例如 click。

listener：事件触发后要执行的函数。

useCapture：布尔值，默认值是 false，可省略，用于指定事件是在捕获阶段执行还是在冒泡阶段执行。true 表示在捕获阶段执行，false 表示在冒泡阶段执行。

下面来介绍捕获阶段与冒泡阶段，先来看一个简单的例子。

```
<input type="button" id="btn" value="提交">
<script>
function send(e){
    ……事件处理语句……
}
btn.addEventListener("click", send, false)
</script>
```

当监听的 click 事件触发时，会执行 addEventListener()注册的事件处理程序，在上面的例子中就是 send()函数，并创建一个事件对象（包含相关的属性）传给事件处理程序，也就是 send(e)里面的参数 e，参数名称可以自行命名，习惯使用 e 来命名。

addEventListener()方法可以向一个元素添加多个事件处理程序，而且可以添加到任何 DOM 对象，不仅仅是 HTML 元素，譬如想要检测用户调整窗口大小，就属于 window 的 resize 事件，语法如下：

```
window.addEventListener("resize", (e) => {
    ……事件处理语句……
```

```
});
```

addEventListener()方法较具弹性，当需要调整绑定的元素时，只需要调整 addEventListener()
语句即可，如果是行内绑定，就得一一去修改，维护时比较麻烦。

提　示

addEventListener()方法里的事件不需要加 on，例如单击是 click 事件而不是 onclick 事件。

13.1.2　冒泡与捕获

冒泡（Bubble）与捕获（Capture）是一种事件传递引发的现象，会发生在父元素与子元素绑
定相同的事件时，当子元素事件被触发时，父元素的事件也会被触发，触发的顺序是子元素到父元
素（由内而外）；捕获触发的顺序与冒泡相反，触发的顺序是由外而内。下面先来看冒泡的范例程
序。

范例程序：ch13/bubble.htm

```html
<!DOCTYPE HTML>
<html>
<style>
#one{width:200px;height:200px;background-color:#C7DFC5}
#two{width:150px;height:150px;background-color:#FCE694}
#three{width:100px;height:100px;background-color:#F6FEAA}
</style>
<head>
<div id="one">one
  <div id="two">two
    <div id="three">three
    </div>
  </div>
</div>
<script>

document.getElementById("one").addEventListener("click",function(){
    console.log("one");
    alert("one");
});

document.getElementById("two").addEventListener("click",function(){
    console.log("two");
    alert("two");
});

document.getElementById("three").addEventListener("click",function(){
    console.log("three");
    alert("three");
});
</script>
```

该范例程序的执行结果如图 13-1 所示。

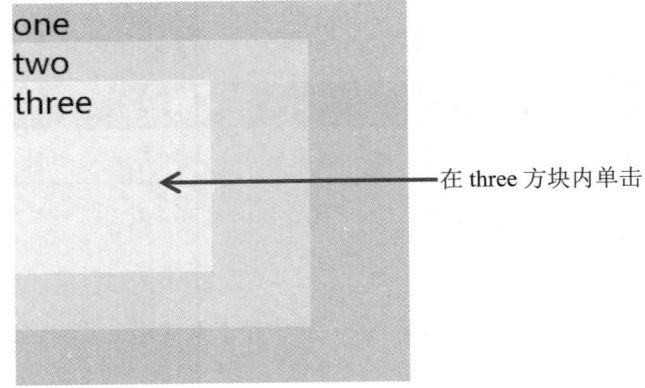

在 three 方块内单击

图 13-1

当单击 three 方块时，会按序跳出 alert 窗口，内容分别是 three、two、one，从 Console 窗口可以看到如图 13-2 所示的结果。

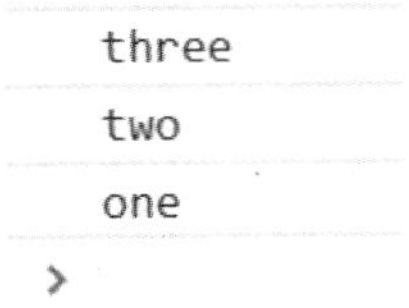

```
three
two
one
>
```

图 13-2

虽然只单击了 three 方块，但是事件往外传递，直到父对象，这样的现象就称为冒泡，这是事件默认的传递方式。

addEventListener()方法可以利用 useCapture 参数改变事件传递的方向，请看下面的范例程序。

范例程序：ch13/capture.htm

```
<!DOCTYPE HTML>
<html>
<style>
#one{width:200px;height:200px;background-color:#C7DFC5}
#two{width:150px;height:150px;background-color:#FCE694}
#three{width:100px;height:100px;background-color:#F6FEAA}
</style>
<head>
<div id="one">one
  <div id="two">two
    <div id="three">three
    </div>
  </div>
</div>
<script>

document.getElementById("one").addEventListener("click",function(){
```

```
        console.log("one");
        alert("one");
},true);   //useCapture 参数设置为 true

document.getElementById("two").addEventListener("click",function(){
        console.log("two");
        alert("two");
},true);   //useCapture 参数设置为 true

document.getElementById("three").addEventListener("click",function(){
        console.log("three");
        alert("three");
},true);   //useCapture 参数设置为 true
</script>
```

该范例程序的执行结果如图 13-3 所示。

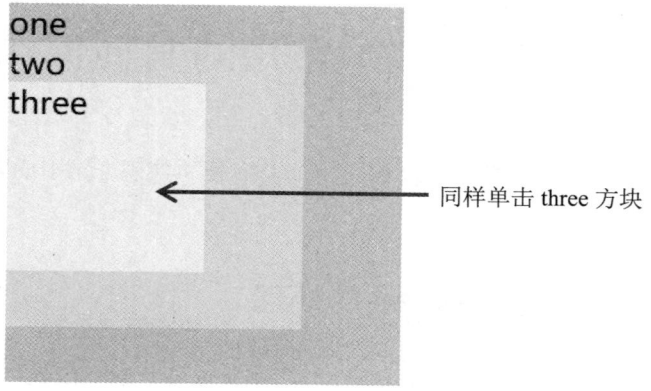

图 13-3

这个范例程序将 useCapture 参数设置为 true，这时事件的传递变成捕获，也就是由外向内，因此当单击 three 方块时，会按序跳出 alert 窗口，内容分别是 one、two、three，从 Console 窗口可以看到如图 13-4 所示的结果。

```
one
two
three
>
```

图 13-4

如果不想让事件传递，可以调用 event.stopPropagation() 方法来取消，只要碰到 event.stopPropagation() 方法，事件就不会再继续传递给其他对象。譬如上面范例程序的 two 对象加入 stopPropagation() 方法。

范例程序：ch13/stopPropagation.htm

```
document.getElementById("two").addEventListener("click",function(e){
```

```
        e.stopPropagation();    //加入 stopPropagation 方法
        console.log("two");
      alert("two");
    });
```

该范例程序的执行结果如图 13-5 所示。

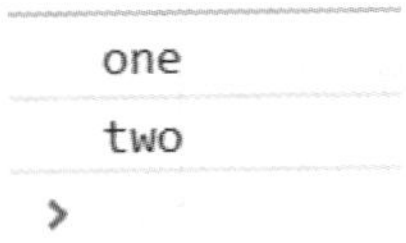

图 13-5

上面的范例程序 capture.htm 原本输出的内容是 one、two、three，在给 two 的事件处理函数加上 stopPropagation 方法之后，就不会再继续传递事件了。

13.2　常用的 HTML 事件

通过 JavaScript 来操控 HTML 事件可以让网页实现非常多的实用功能，接下来我们就来看看有哪些常用的 HTML 事件。

13.2.1　Load 与 Unload 的处理

使用 JavaScript 操作 HTML DOM 时，必须先确定操作的元素已经被加载了再来处理，否则就很容易出错，最好养成使用 window 和 Document 提供的加载相关事件来把关，确认 DOM 都加载之后再执行 JavaScript 的好习惯。

确认网页加载的方式有以下两种：

- window.onload
- 监听 Document 的 DOMContentLoaded 事件

下面来看 load 与 DOMContentLoaded 事件。

（1）window.onload
load 事件是在网页所有资源加载完成时触发的。使用 onload 事件处理程序的语法如下：

```
window.onload = (event) => {
    ......
};
```

或者使用事件监听，语法如下：

```
window.addEventListener('load', (event) => {
    ......
});
```

（2）监听 Document 的 DOMContentLoaded 事件

DOMContentLoaded 事件是在 Document 被完整地读取与解析之后触发的，不会等待 CSS、图片或其他资源读取完成，语法如下：

```
document.addEventListener("DOMContentLoaded", function(){
    ......
});
```

两者的差别在于触发时间点的不同，可参考图 13-6。

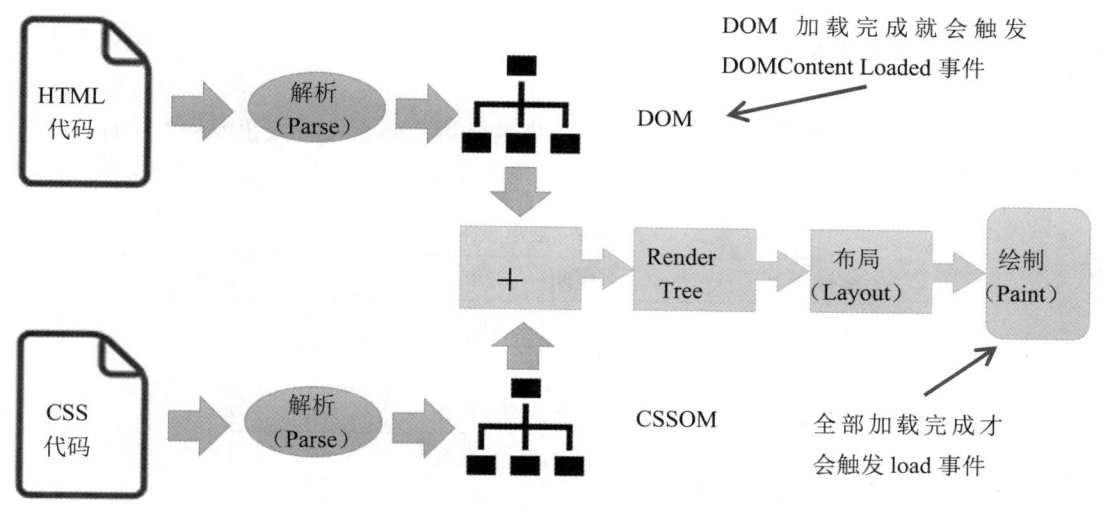

图 13-6

load 事件与 DOMContentLoaded 事件的对比如表 13-1 所示。

表 13-1　load 事件与 DOMContentLoaded 事件的对比

	load	DOMContent Loaded
事件	window 事件	Document 事件
触发时机	网页所有资源加载完成时触发	DOM 加载完成时触发
事件处理程序	onload	无

load 事件也可以应用于网页组件，例如想要在图片加载之后才执行其他操作，可以在图片中加入事件处理程序。

```
<img src="images/13.jpg" onload="check()">
```

通过改变 JavaScript 的加载方式也能够让网页资源先加载。JavaScript 程序代码的加载会因为放置的位置不同而有差异，JavaScript 程序代码如果放入 HTML 的 head 里面，网页加载之前 JavaScript 就会被加载执行，如果放在 body 里面，就会按照页面从上到下按序加载执行，所以我们可以把 JavaScript 程序代码放到页面文件的底部，这样 JavaScript 就会最后才加载（放在</body>之前）。

也可以使用 HTML 5 的 async 与 defer 属性让外部 JavaScript 推迟加载，async 是异步加载，只要在外部 JavaScript 加上 async 属性，代码如下：

```
<script src="abc.js" async></script>
```

abc.js 会在后台加载，等到 abc.js 加载完毕，网页会暂停解析，先执行 abc.js。

defer 属性也是异步加载，等到网页加载完成才会执行 abc.js，使用方式如下：

```
<script src="abc.js" defer></script>
```

async 与 defer 只适用于外部 JavaScript 文件。

13.2.2　鼠标触发事件

单击或右击、移动鼠标都会触发鼠标事件，要监听用户是否按下按钮或移入图片、移出图片都得仰仗鼠标触发事件。鼠标事件的说明可参考表 13-2。

表 13-2　鼠标事件

事件	说明
click	单击对象时
dblclick	双击对象时
mousedown	按下鼠标按键时
mouseup	松开鼠标按键时
mouseover	当鼠标光标经过时
mouseenter	当鼠标光标进入时
mouseleave	当鼠标光标离开时
mouseout	当鼠标光标移出时
mousemove	移动鼠标时
mousewheel	滚动鼠标滚轮时

以上这些事件都与鼠标操作相关，下面来看一个范例程序。

范例程序：ch13/Event_mouse.htm

```
<!DOCTYPE HTML>
<html>
<head>
<title>鼠标触发事件</title>

</head>
<body>
<font size=6>现在的鼠标光标位置：</font><INPUT TYPE="text" id="xy">
<br><font size=5>请将鼠标光标移到月亮图片上</font>
<IMG    SRC="images/13.JPG    WIDTH="200"    BORDER="0"    id="moonTarget"
onmouseover="mouseTarget()">
<br><font size=5>请在地球图片上单击鼠标左键</font>
```

```
<IMG SRC="images/14.JPG" WIDTH="200" BORDER="0" id="earthTarget">

<script>
let earthTarget = document.getElementById('earthTarget');

let mouseTarget = () => {
    alert('嘿！你碰到月亮了！\n 所以触发了 onMouseOver 事件。')
};
earthTarget.addEventListener("click", e => {
    alert('嘿！你在地球图片上按了一下鼠标左键！\n 所以触发了 onClick 事件。')
});

document.addEventListener("mousemove", e => {
    document.getElementById("xy").value = e.clientX+","+e.clientY;
});
</script>
</body>
</html>
```

该范例程序的执行结果如图 13-7 所示。

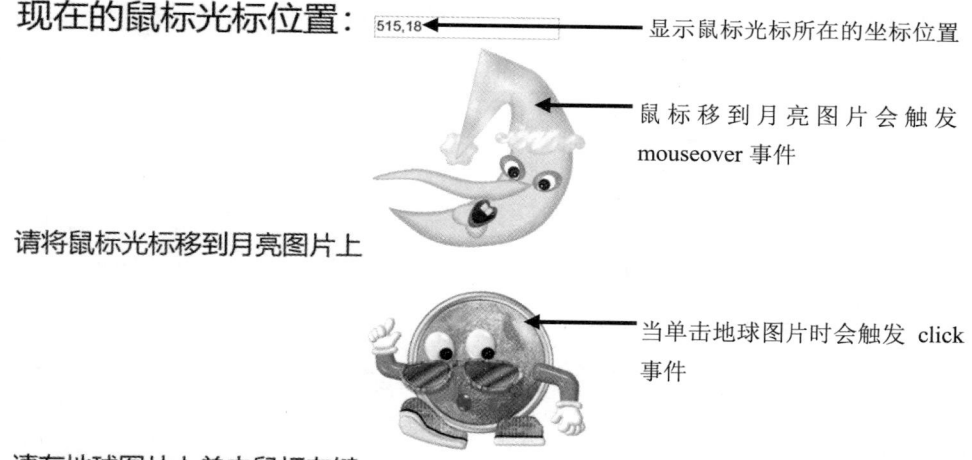

图 13-7

这个范例程序中使用了 event.clientX 和 event.clientY 来获取鼠标光标的 X、Y 坐标位置，为了能随着鼠标移动显示光标的位置，我们使用了 mousemove 事件，这个事件影响的范围是整个网页，因此 mousemove 事件加在 document 对象上。另外，当鼠标移过图片或在图片上单击时，希望能显示出设置的信息，所以分别加入了 mouseover 和 click 事件，月亮图片的事件是使用行内绑定的方式，而另一个图片的事件则是使用监听方式（addEventListener）。

事件坐标的应用相当广泛，关于事件坐标的事件可参考表 13-3。

表 13-3   关于事件坐标的事件

事件	说明
clientX	事件触发时鼠标光标相对于客户区域的 X 坐标
clientY	事件触发时鼠标光标相对于客户区域的 Y 坐标
offsetX	事件触发时鼠标光标相对于对象的 Y 坐标
pageX	页面上的 X 坐标
pageY	页面上的 Y 坐标
screenX	屏幕上的 X 坐标
screenY	屏幕上的 Y 坐标
x	X 坐标
y	Y 坐标

13.2.3   鼠标按键事件

市面上的鼠标通常有左、中、右 3 个按键以及一个滚轮，JavaScript 也提供了一些事件，便于我们检测用户执行了哪些操作。鼠标按键事件可参考表 13-4。

表 13-4   鼠标按键事件

事件	说明
button	按下鼠标按键时的状态

button 事件可参考表 13-5。

表 13-5   button 事件的编号和状态

编号	状态
0	按下鼠标左键
1	按下鼠标中键
2	按下鼠标右键

参考下面的范例程序。

范例程序：ch13/Event_mousebtn.htm

```
<!DOCTYPE HTML>
<html>
<head>
<title>mouse button 事件</title>
<link rel="stylesheet" href="style.css">
</head>
<body>
请用鼠标在我身上单击一下
<div id="msgshow"></div>
<IMG SRC="images/17.jpg" WIDTH="200" id="myImg" BORDER="0">
```

```
<script>
var msg = document.querySelector('#msgshow');
myImg.addEventListener("mouseup", e => {
    if (typeof e === 'object') {
        switch (e.button) {
            case 0:
                msg.innerHTML="您按下了左键";
                break;
            case 2:
                msg.innerHTML='您按下了右键.';
                break;
            default:
                msg.innerHTML=`button value=${e.button}`;
        }
    }
});
</script>
</body>
</html>
```

该范例程序的执行结果如图 13-8 所示。

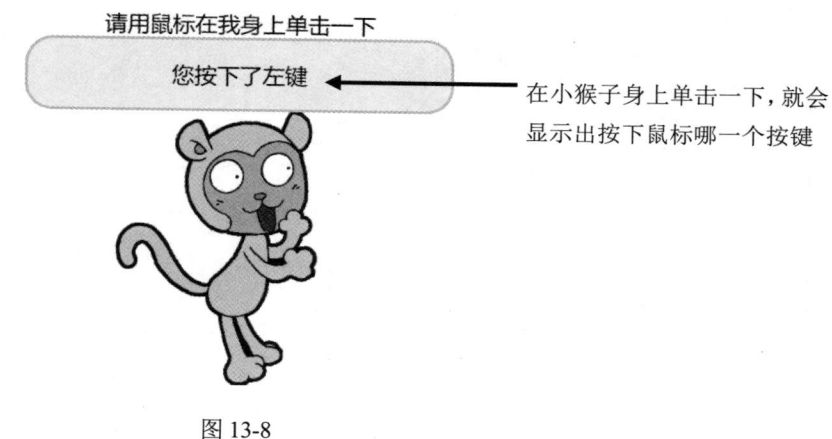

图 13-8

13.2.4　键盘事件

键盘事件可参考表 13-6。

表 13-6　键盘事件

事件	说明	事件	说明
KeyDown	按下键盘任意按键时	KeyPress	按下键盘字符按键时
KeyUp	松开键盘按键时	keyCode	返回按键的按键码

键盘事件是当按下键盘的按键时所触发的事件，想要得知按下的是哪一个按键，必须搭配

keyCode 事件来获取按键码。

另外，针对键盘上的特殊键，JavaScript 也提供了检测状态的事件，可参考表 13-7。

表 13-7　键盘特殊按键的事件

事件	说明
altKey	按下键盘上的 Alt 按键时
altLeft	按下键盘左边的 Alt 按键时
ctrlKey	按下键盘的 Ctrl 按键时
ctrlLeft	按下键盘左边的 Ctrl 按键时
shiftKey	按下键盘上的 Shift 按键时
shiftLeft	按下键盘左边的 Shift 按键时

键盘事件的使用方式可参考下面的范例程序。

范例程序：ch13/Event_keyboard.htm

```html
<!DOCTYPE HTML>
<html>
<head>
<title>keyboard 事件</title>
<style>
body{text-align:center}
#msgshow{
    background-color:#FCE694;
    height:50px;
    width:500px;
    margin:0 auto;
    line-height:50px;
}
</style>
</head>
<body>
请按下键盘按键
<div id="msgshow"></div>
<IMG SRC="images/17.jpg" WIDTH="200" id="myImg" BORDER="0">
<script>
var msg = document.querySelector('#msgshow');
document.addEventListener("keydown", e => {
    if (typeof e === 'object') {
        let str="嘿! 您按下了 ";
            switch (e.code) {
                case "Space":
                    str += "空格键";
                    break;
                case "AltLeft":
                    str += "左边的 Alt 键";
                    break;
```

```
                    case "shiftKey":
                        str += "shift 键";
                        break;
                    default:
                        str += String.fromCharCode(e.keyCode);
                }
            msg.innerHTML = str;
        }
    });
</script>
</body>
</html>
```

该范例程序的执行结果如图 13-9 所示。

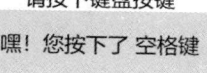

图 13-9

　　这个范例程序在用户按下键盘上的任意键时就会显示用户所按的按键。前面介绍了常用的事件，读者应该体会到了事件对于交互式网页的重要性，下面来做一个练习题。

　　当鼠标移到图片上时就更换图片，在鼠标移开时，再恢复为原图，如图 13-10 所示。大家可以在 images 文件夹找到 13.jpg 和 14.jpg 这两个图像文件，读者练习一下如何编写这个程序。

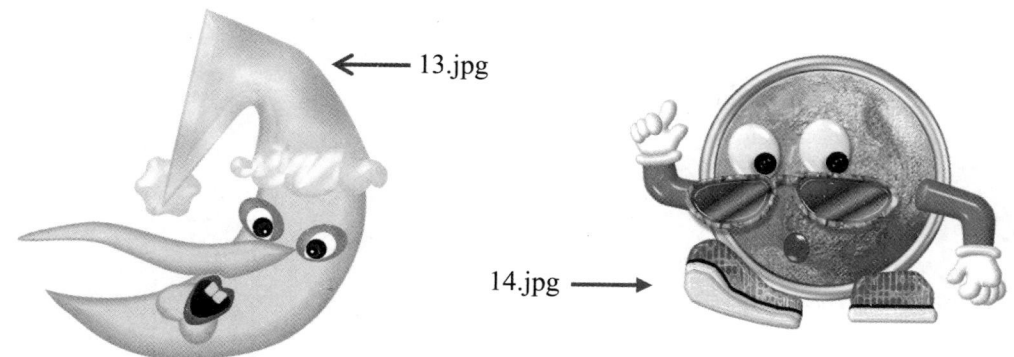

图 13-10

范例程序：ch13/changeImg.htm

```html
<!DOCTYPE HTML>
<html>
<head>
<title>鼠标移过换图</title>
</head>
<body>
<img src="images/13.jpg" width="200" border="0" id="myImg">
鼠标移过来看看

<script>
var myImg = document.querySelector('#myImg');
myImg.addEventListener("mouseover", e => {
    myImg.src="images/14.jpg";
})
myImg.addEventListener("mouseout", e => {
    myImg.src="images/13.jpg";
})
</script>
</body>
</html>
```

该范例程序的执行结果如图 13-11 所示。

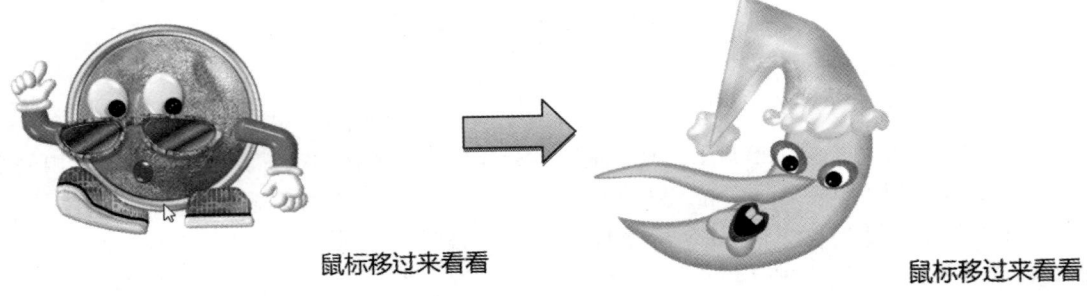

鼠标移过来看看　　　　　　　　　　　　　　鼠标移过来看看

图 13-11

第 **14** 章

前端数据存储

在制作网页时，有时希望记录一些信息，例如用户登录状态、计数器、小游戏等，但又不希望用到数据库，这种情况下就可以利用 Web Storage 技术将数据存储在用户浏览器中。

14.1   认识 Web Storage

Web Storage 是一种将少量数据存储于客户端（Client）磁盘的技术。只要支持 Web Storage API 规范的浏览器，网页设计者都可以使用 JavaScript 来操作它。下面先来了解 Web Storage。

14.1.1   Web Storage 的概念

在网页没有 Web Storage 之前，其实就有在客户端存储少量数据的功能，这种功能被称为 Cookie，这两者存在一些异同。

- 存储大小不同：Cookie 只允许每个网站在客户端存储 4KB 的数据，而在 HTML 5 规范中，Web Storage 的容量是由客户端程序（浏览器）来决定的，一般来说，通常是 1MB~5MB。
- 安全性不同：Cookie 每次处理网页的请求都会连带把 Cookie 值传送给服务器端（Server），使得安全性降低，Web Storage 纯粹运行于客户端，不会有这样的问题。
- 以一组键-值（Key-Value）对应保存的数据：Cookie 是以一组键-值对应的组合保存数据，Web Storage 采用同样的方式。

Web Storage 提供了两个对象可以将数据存储在客户端：一个是 localStorage；另一个是 sessionStorage。这两者主要的差异在于生命周期及有效范围，两者的对比可参考表 14-1。

表 14-1　localStorage 和 sessionStorage 的对比

Web Storage 类型	生命周期	有效范围
localStorage	执行删除指令才会消失	同一网站的网页可跨窗口及分页
sessionStorage	浏览器窗口或分页关闭就会消失	只对当前浏览器窗口或分页有效

接下来检测浏览器是否支持 Web Storage。

14.1.2　检测浏览器是否支持 Web Storage

为了避免浏览器不支持 Web Storage 功能，在操作之前，最好先检测一下浏览器是否支持这项功能，语法如下：

```
if(typeof(Storage)=="undefined")
{
    alert("您的浏览器不支持 Web Storage")
}else{
    //localStorage 及 sessionStorage 程序代码
}
```

当浏览器不支持 Web Storage 时就会跳出警示窗口，如果支持就执行 localStorage 和 sessionStorage 程序代码。

目前大多数浏览器都支持 Web Storage，不过需要注意的是，IE 和 Firefox 浏览器在测试的时候需要把文件上传到服务器或 localhost 才能执行。建议读者在测试时使用 Google 的 Chrome 浏览器。

14.2　localStorage 和 sessionStorage

localStorage 的生命周期及有效范围与 Cookie 类似，它的生命周期由网页程序设计人员自行指定，不会随着浏览器的关闭而消失，适合用于数据需要跨分页或跨窗口的应用场合，关闭浏览器之后除非执行清除，否则 localStorage 数据会一直存在；sessionStorage 则是在浏览器窗口或分页关闭后数据就会消失了，数据也只对当前窗口或分页有效，适合用于数据暂时保存的应用场合。接下来，就来看看如何使用 localStorage。

14.2.1　存取 localStorage

JavaScript 基于同源策略（Same-Origin Policy），网页之间的相互调用仅限于来自相同的网站，localStorage API 通过 JavaScript 来操作，同样只有来自相同来源的网页才能获取同一个 localStorage。

什么才是相同网站的网页呢？相同网站的协议、主机（域名与 IP 地址）、传输端口等都必须相同，举例来说，下面的 3 种情况都视为不同来源的网页：

（1）http://www.abc.com 与 https://www.abc.com（协议不同：HTTP 和 HTTPS）。

（2）http://www.abc.com 与 https://www.abcd.com（域名不同）。

（3）http://www.abc.com:801/与 https://www.abc.com:8080/（端口不同）。

在 HTML 5 标准中，Web Storage 只允许存储字符串数据，存取方式有以下 3 种可供选用：

（1）Storage 对象的 setItem 和 getItem 方法。

（2）数组索引。

（3）属性。

下面逐一来看这 3 种存取 localStorage 的编写方式。

（1）Storage 对象的 setItem 和 getItem 方法

存储时调用 setItem 方法，格式如下：

```
window.localStorage.setItem(key, value);
```

例如，若想指定一个 localStorage 变量 userdata，并给它赋值为"Hello!HTML5"，程序代码可以这样编写：

```
window.localStorage.setItem("userdata", "Hello!HTML5");
```

当想读取 userdata 数据时，则可以调用 getItem 方法，格式如下：

```
window.localStorage.getItem(key);
```

例如：

```
var value1 = window.localStorage.getItem("userdata");
```

（2）数组索引

存储语法如下：

```
window.localStorage["userdata"] = "Hello!HTML5";
```

读取语法如下：

```
var value = window.localStorage["userdata"];
```

（3）属性

存储语法如下：

```
window.localStorage.userdata= "Hello!HTML5";
```

读取语法如下：

```
var value1 = window.localStorage.userdata;
```

提　示

前面的 window 可以省略不写。

下面通过一个范例程序来实践一下。

范例程序：ch14/storage.htm

```html
<!DOCTYPE html>
<html>
<head>
<meta charset="UTF-8">
<title>Storage</title>
<link rel=stylesheet type="text/css" href="color.css">
<script>
window.addEventListener('load', () => {
    if(typeof(Storage)=="undefined")
    {
        alert("Sorry! 您的浏览器不支持 Web Storage。");
    } else{
        btn_save.addEventListener("click", saveToLocalStorage);
        btn_load.addEventListener("click", loadFromLocalStorage);
    }
})

function saveToLocalStorage(){
    localStorage.username = inputname.value;
    show_LocalStorage.innerHTML= "存储成功！";
}

function loadFromLocalStorage(){
    show_LocalStorage.innerHTML= localStorage.username +" 您好，很高兴见到您！
";
}
</script>
</head>
<body>
<body>
<img src="images/girl.jpg"><br>
    请输入您的姓名：<input type="text" id="inputname" value=""><br>
    <div id="show_LocalStorage"></div><br>
    <button id="btn_save">存储至 localStorage</button>
    <button id="btn_load">从 localStorage 读取数据</button>
</body>
</body>
</html>
```

该范例程序的执行结果如图 14-1 所示。

1. 先输入名称再单
击此按钮

请输入您的姓名：Eileen

存储成功！

2. 这里会显示出
"存储成功！"

存储至 localStorage　　从 localStorage 读取数据

图 14-1

当用户输入姓名并单击"存储至 localStorage"按钮时，数据便会存储起来，当单击"从
localStorage 读取数据"按钮时，就会将姓名显示出来，如图 14-2 所示。

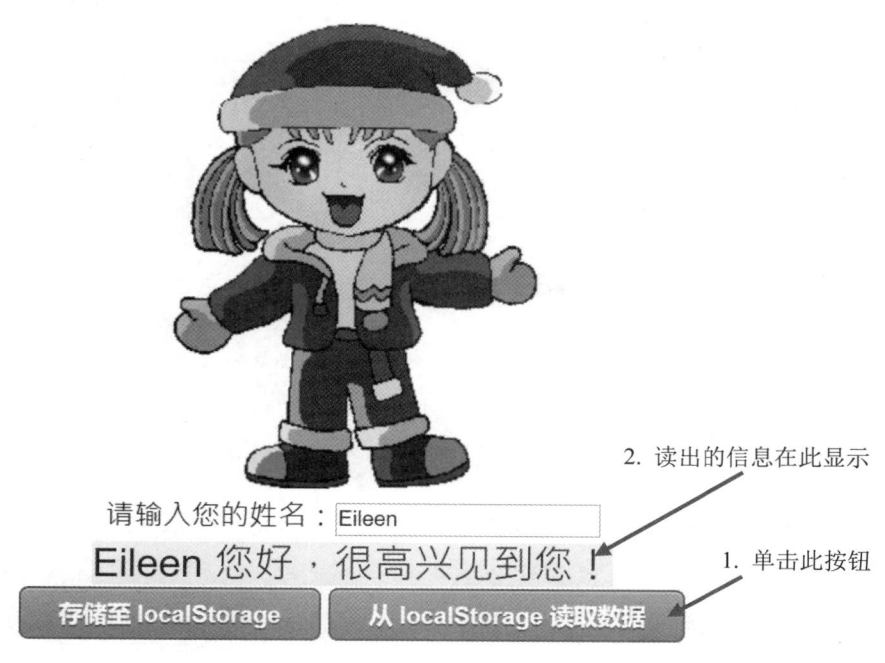

2. 读出的信息在此显示

请输入您的姓名：Eileen

Eileen 您好，很高兴见到您！

1. 单击此按钮

存储至 localStorage　　从 localStorage 读取数据

图 14-2

将浏览器窗口关闭，重新打开这个 HTML 文件，再单击"从 localStorage 读取数据"按钮试

试，大家可以发现存储的 localStorage 数据一直都在，不会因为关闭浏览器而消失。

打开浏览器的 Console 窗口（按 F12 键），切换到 Application 页签，单击打开 Local Storage，再单击"file://"，就可以看到并管理我们存储的数据，如图 14-3 所示。

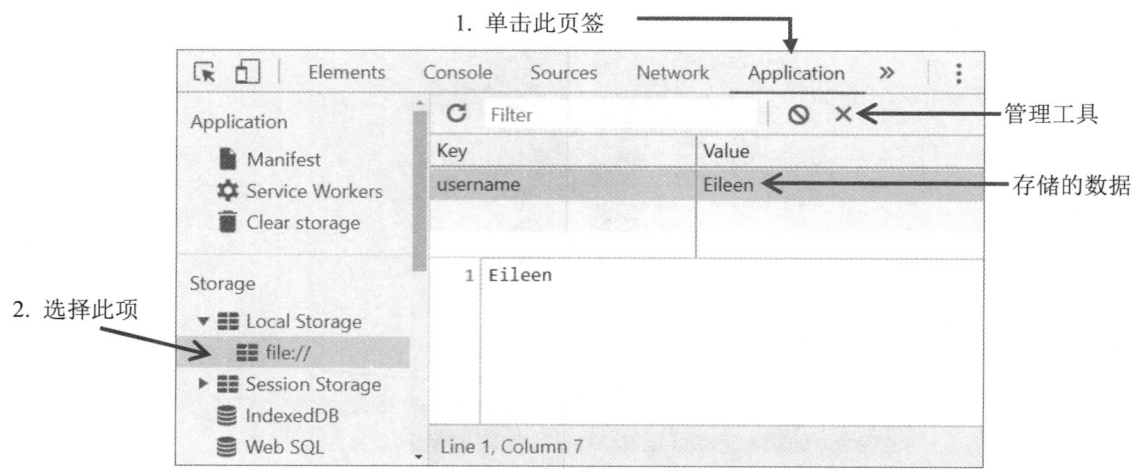

图 14-3

Storage 数据上方有一排管理工具，功能如图 14-4 所示。

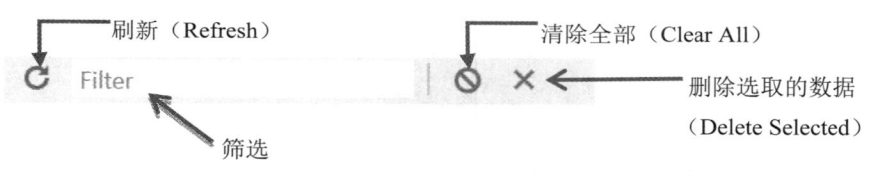

图 14-4

14.2.2　清除 localStorage

若想要清除某一笔 localStorage 数据，则可以调用 removeItem()方法或使用 delete 属性，例如：

```
window.localStorage.removeItem("userdata");
delete window.localStorage.userdata;
delete window.localStorage["userdata"]
```

若想清除 localStorage 中的全部数据，则可以调用 clear()方法。

```
localStorage.clear();
```

延续上面 ch14/storage.htm 的范例程序，增加一个"清除 localStorage 数据"按钮。

范例程序：ch14/clearLocalStorage.htm

```
<!DOCTYPE html>
<html>
```

```
<head>
<meta charset="UTF-8">
<title>clear Local Storage</title>
<link rel=stylesheet type="text/css" href="color.css">
<script>
window.addEventListener('load', () => {
    if(typeof(Storage)=="undefined")
    {
        alert("Sorry! 您的浏览器不支持Web Storage。");
    } else{
        btn_save.addEventListener("click", saveToLocalStorage);
        btn_load.addEventListener("click", loadFromLocalStorage);
        btn_clear.addEventListener("click", clearLocalStorage);
    }
})

function saveToLocalStorage(){
    localStorage.username = inputname.value;
    show_LocalStorage.innerHTML= "存储成功！";
}

function loadFromLocalStorage(){
    if (localStorage.username) {
        show_LocalStorage.innerHTML = localStorage.username +" 您好，很高兴
见到您！";
    } else{
        show_LocalStorage.innerHTML = "无数据";
    }
}

function clearLocalStorage(){
    localStorage.clear();
    loadFromLocalStorage();
}

</script>
</head>
<body>
<body>
<img src="images/girl.jpg" /><br />
    请输入您的姓名：<input type="text" id="inputname" value=""><br />
    <div id="show_LocalStorage"></div><br />
    <button id="btn_save">存储至 localStorage </button>
    <button id="btn_load">从 localStorage 读取数据</button>
    <button id="btn_clear">清除 localStorage 中的数据</button>
</body>
</body>
</html>
```

该范例程序的执行结果如图14-5所示。

图 14-5

14.2.3 存取 sessionStorage

sessionStorage 只能保存在单个浏览器窗口或分页中，浏览器一关闭存储的数据就消失了，最大的用途在于保存一些临时的数据，防止用户不小心刷新网页时数据就不见了。sessionStorage 的操作方法与 localStorage 相同，下面整理出 sessionStorage 存取的语法供读者参考，就不再重复说明了。

（1）存储

```
window.sessionStorage.setItem("userdata", " Hello!HTML5");
window.sessionStorage ["userdata"] = "Hello!HTML5";
window.sessionStorage.userdata= "Hello!HTML5";
```

（2）读取

```
var value1 = window.sessionStorage.getItem("userdata");
var value1 = window.sessionStorage["userdata"];
var value1 = window.sessionStorage.userdata;
```

（3）清除

```
window.sessionStorage.removeItem("userdata");
delete window.sessionStorage.userdata;
delete window.sessionStorage ["userdata"]
//清除全部
sessionStorage.clear();
```

14.3 Web Storage 实例练习

至此，相信读者对 Web Storage 的操作已经相当了解了，下面我们使用 localStorage 和 sessionStorage 来实现网页上常见且实用的功能："登录/注销"和"计数器"。

14.3.1 操作步骤

本节使用 localStorage 数据保存的特性来实现一个登录/注销的界面并统计用户访问网站的次数（计数器）。登录/注销的界面可参考图 14-6。

图 14-6

此范例程序将会有以下几个操作步骤：

（1）当用户单击"登录"按钮时，会出现"请输入姓名"文本框让用户输入姓名。

（2）单击"提交"按钮之后，会将姓名存储于 localStorage。

（3）重新加载页面后，将访问网站的次数存储于 localStorage，并将用户姓名及访问网站的次数显示于<div>标签中。

（4）单击"注销"按钮之后，<div>标签显示已注销，并清空 localStorage。

范例程序：ch14/countLogin.htm

```
<!DOCTYPE html>
<html>
<head>
<meta charset="UTF-8">

<title>登录次数</title>
```

```
<link rel=stylesheet type="text/css" href="color.css">
<script>
window.addEventListener('load', () => {
    inputSpan.style.display='none';    /*隐藏输入框和提交按钮*/
    if(typeof(Storage)=="undefined")
    {
        alert("Sorry! 您的浏览器不支持 Web Storage。");
    } else {
        /*判断姓名是否已存入 localStorage，已存入时才执行{}内的程序语句*/
        if (localStorage.username) {
            /*localStorage.counter 数据不存在时返回 undefined*/
            if (!localStorage.counter) {
                localStorage.counter = 1;      /*初始值设为 1*/
            } else {
                localStorage.counter++;        /*累加*/
            }
            btn_login.style.display='none';    /*隐藏登录按钮*/
            show_LocalStorage.innerHTML= localStorage.username+" 您好,这是您
第"+localStorage.counter+"次来到网站。";
        }
        btn_login.addEventListener("click", login);
        btn_send.addEventListener("click", sendok);
        btn_logout.addEventListener("click", clearLocalStorage);
    }
})

function sendok(){
    localStorage.username=inputname.value;
    location.reload();                 /*重新加载网页*/
}

function login(){
    inputSpan.style.display='';        /*显示姓名输入框和提交按钮*/
}
function clearLocalStorage(){
    localStorage.clear();              /*清空 localStorage*/
    show_LocalStorage.innerHTML="已成功注销！";
    btn_login.style.display='';        /*显示登录按钮*/
    inputSpan.style.display='';        /*显示姓名输入框和提交按钮*/
}
</script>
</head>
<body>
<button id="btn_login">登录</button>
<button id="btn_logout">注销</button> <br/>
<img src="images/girl.jpg" /><br/>
<span id="inputSpan">请输入您的姓名：<input type="text" id="inputname"
value=""><button id="btn_send">提交</button></span><br/>
<div id="show_LocalStorage"></div><br/>
```

```
</body>
</body>
</html>
```

该范例程序的执行结果如图 14-7 和图 14-8 所示。

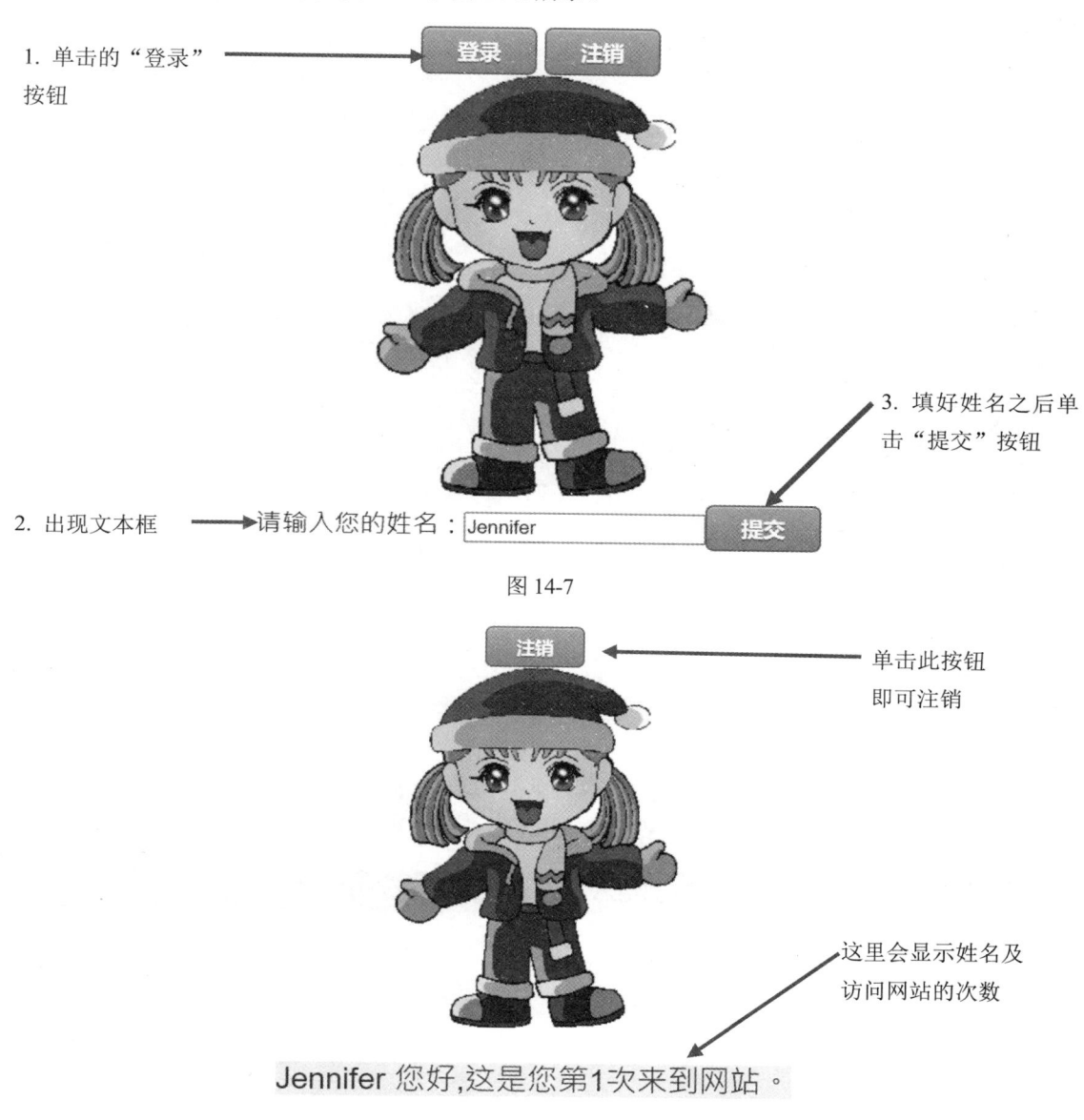

1. 单击的"登录"按钮

3. 填好姓名之后单击"提交"按钮

2. 出现文本框

图 14-7

单击此按钮即可注销

这里会显示姓名及访问网站的次数

图 14-8

下面分别来看范例程序中几段主要的程序代码。

14.3.2　隐藏\<div>及\<span>组件

姓名的输入框和"提交"按钮放在\<span>组件中，当用户尚未单击"登录"按钮之前，这个组件可以先隐藏，这里使用 style 属性的 display 来显示或隐藏组件，程序语句如下：

```
inputSpan.style.display='none';
```

display 设置为 none 时，组件就会隐藏起来，在界面上看起来组件原本占据的空间就消失了；display 设为空字符串（"）则会重新显示出来。

同样的，当用户登录之后，"登录"按钮就可以先隐藏起来，直到用户单击"注销"按钮，再重新显示出来。程序语句如下：

```
btn_login.style.display='none';
```

14.3.3　登录

当用户单击"提交"按钮，就会调用 sendok()函数将姓名存入 localStorage 的 username 变量，并重新加载网页，程序语句如下：

```
function sendok(){
    localStorage.username=inputname.value;
    location.reload(true);              //重新加载网页
}
```

每次重新加载网页时计数器都会加 1。计数器加 1 的时间点是在重新加载网页的时候，因此程序代码可以写在 onLoad()函数里面，计数器累加的程序语句如下：

```
if (!localStorage.counter) {           /*localStorage.counter 数据不存在*/
    localStorage.counter = 1;          /*初始值设为1*/
} else {
    localStorage.counter++;            /*累加*/
}
```

我们要检查浏览器是否支持 Web Storage API，可以检查 localStorage 数据是否存在，代码如下：

```
if (localStorage.counter) {  }
```

> **提示**
>
> 若调用 getItem 方法来取出值，则数据不存在时返回 null；若用属性及数组索引方式存取数据，则返回 undefined。

14.3.4　注销

对于注销的操作，只要清除 localStorage 里面的数据，并将"登录"按钮、姓名输入框及"提交"按钮显示出来就完成了，程序语句如下：

```
function clearLocalStorage(){
    localStorage.clear();              /*清空 localStorage*/
    show_LocalStorage.innerHTML="已成功注销！";
    btn_login.style.display='';        /*显示"登录"按钮*/
    inputSpan.style.display='';        /*显示姓名输入框和"提交"按钮*/
```

```
}
```

<table>
<tr><td colspan="1" align="center">小 课 堂</td></tr>
</table>

Web Storage 的数字相加

JavaScript 中的运算符"+"除了用于数值的相加外，还可以用于字符串的相加，例如"abc"+456 会被认为是字符串相加，因此会得到字符串"abc456"。如果字符串中是数字字符，同样也是进行字符串的相加，例如 "123"+456 会得到"123456"。

在 HTML 5 的标准中，Web Storage 只能存入字符串，即使 localStorage 和 sessionStorage 存入数字，仍然是字符串类型。因此，进行当我们想要进行数值运算时，必须先把 Storage 里的数据转成数值才能进行运算，例如范例程序中的表达式：

```
localStorage.counter++;
```

可以试着把它改成：

```
localStorage.counter=localStorage.counter+1;
```

读者会发现得到的结果不是累加，而会是 1111…。

在 JavaScript 中，从字符串转换为数字的方式是调用 Number()方法，它会自动判断数值是整数还是浮点数（有小数点的数）来进行正确的转换，程序语句如下：

```
localStorage.counter=Number(localStorage.counter)+1;
```

递增运算符"++"与递减运算符"--"原本就用于数字的运算，因此不需要进行转换，JavaScript 会强制把操作数转换为数值类型。

第15章

JavaScript 在多媒体的应用

多媒体是网页不可或缺的元素，适当的图片与影音能够让网页更生动、更活泼。本章将学习如何使用 JavaScript 来操作网页上的多媒体。

15.1　网页图片使用须知

吸引人的网页总少不了精美的图片，千言万语也比不上一张图令人印象深刻，因此图片在网页上是相当重要的元素之一。

网页常用的图像格式为 PNG、JPEG 以及 GIF，通常静态的图片用 PNG 和 JPEG 格式，动态的图片则使用 GIF 格式。

15.1.1　图片的尺寸与分辨率

网页上受限于网络带宽，太多或太大的图片会让网页响应速度变慢，造成浏览者的困扰，对整体的网站运营而言，添加了很大的负担。因此，放入图片之前应该先做好规划并筛选适合的图片。网页图片的选择应考虑图片格式、分辨率以及图片大小 3 个因素。

（1）建议的图片格式

选择网页上的图片只有一个原则，在保证图片清晰的前提下，文件越小越好。建议大家采用 JPEG 或 GIF 的图片格式，尽量不要使用 BMP，因为 BMP 格式的图像文件比较大。

（2）建议的图片分辨率

分辨率是指在单位长度内的像素个数，单位为 DPI（Dot Per Inch），是以每英寸包含多少像素来计算的。像素越多，分辨率就越高，图片的画面也就越细致；反之，分辨率就越低，画质也就越粗糙。一般而言，网页上理想的分辨率 72dpi 就够了（计算机屏幕的分辨率每英寸 72 个点）。

　　（3）建议的图片大小

　　网页上使用的图像文件当然是越小越好，不过必须考虑图像文件的清晰度，一张图像文件很小而画面却很模糊的图片，放在网页上也没有意义。一般来说，图片最好不要超过 30KB。如果有特殊的情况，非得使用大张的图片不可，建议先将图片分割成数张小图片，再拼到网页上（见图 15-1），如此一来，可以缩短图片显示的速度，浏览者就不需要等待一张大图下载的时间了（图片分割的方法后续的章节中会有详细的说明）。

先把图片分割成 4 张小图片，再到网页上拼成一张完整的图片

图 15-1

　　掌握以上 3 个重点因素，我们就可以在网页上添加精美的图片，也不用担心图片对网页浏览效率的影响了。

15.1.2　图片的来源

　　巧妇难为无米之炊，想要使用图片，当然先要有图片才行。以下是图片的几个来源：

　　（1）使用绘图软件自行制作图片。
　　（2）通过扫描仪或数码相机获得。
　　（3）网络上免费的图片素材。

　　在网络上可以找到很多热心网友提供的可免费下载的图片，例如 Maggy 的网页素材、Unsplash 图库、Pexels 图库等。

　　如果读者有使用他人的照片或图片的需求，那么可以通过该网站所提供的联络方式与著作权人联络，向著作权人询问是否可以授权使用，相信热心的网友都会乐于提供授权。最好能在网页适当的位置标示图片的来源或出处，这样才是尊重著作权人的正确做法。

15.1.3　网页路径表示法

　　图片的使用在前面的章节已经介绍过了，这里就不再赘述，这一节针对网页文件的路径来进行说明。

网页路径有两种表示方式：一种是相对路径（Relative Path）；另一种是绝对路径（Absolute Path）。绝对路径通常用于想要链接到网络上某一张图片时，也就是直接指定 URL，表示方式如下：

```
<img src="http://网址/图像文件.jpg">
```

相对路径是以网页文件存放的文件夹与图像文件存放的文件夹之间的路径关系来表示的。下面以图 15-2 为例来说明相对路径的表示法。

图 15-2 所示为一个网站的目录结果，根目录为 myweb，在 myweb 文件夹内有 travel 和 flower 文件夹，而 flower 文件夹内有 animal 文件夹。

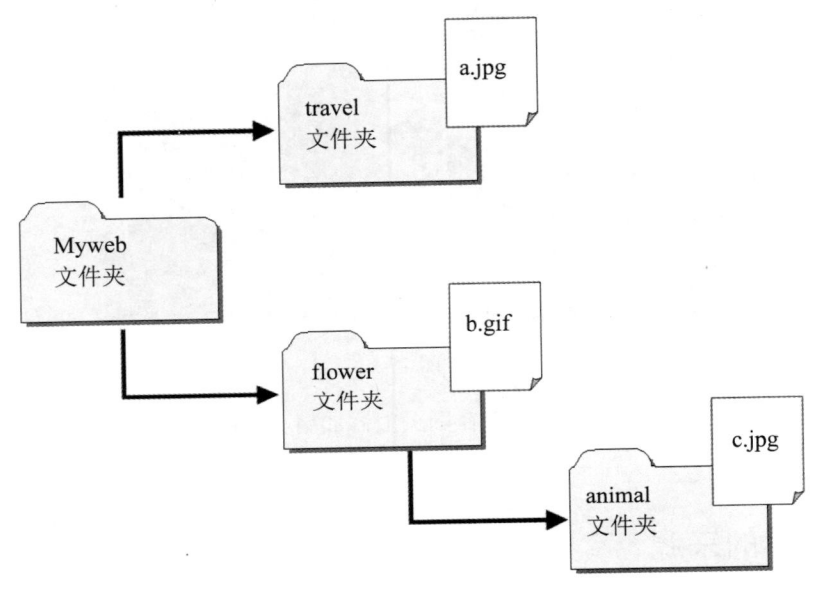

图 15-2

（1）网页与文件位于同一个文件夹

当网页与文件位于同一个文件夹时，直接以文件名表示即可。

例如网页位于 flower 文件夹，想要在网页内嵌入 flower 文件夹内的 a.jpg 图像文件，可以如下表示：

```
<img src="a.jpg">
```

（2）位于上层文件夹

路径的表示法是以"../"表示上一层文件夹，"../../"表示上上一层文件夹，以此类推。当文件位于网页的上层文件夹时，只要在文件名前加上"../"即可。

例如，网页位于 animal 文件夹，想要在网页内加入 flower 文件夹内的 b.gif 图像文件，可以如下表示：

```
< img src="../flower/b.gif">
```

（3）位于下层文件夹

当文件位于网页的下层文件夹时，只要在文件名前加上文件夹路径即可。

例如网页位于 flower 文件夹，想要在网页内加入 animal 文件夹内的 c.jpg 图像文件，可以如下表示：

```
<img src="animal/c.jpg">
```

15.2　加入影音特效

有些网站一进入就会听到悦耳的音乐，或者单击网页上的按钮之后就会播放视频，这是怎么做到的呢？下面将一步一步地示范和讲解在网页上加入影音的操作方式。

15.2.1　在网页中加入音乐

常见的声音格式有 .WAV、.MP3、.MIDI 及 OGG 等，分别说明如下。

（1）WAV 声音格式

WAV 格式文件是常见的数字声音文件，几乎所有的音乐编辑软件都支持。最大的特色是未经压缩处理，因此能表现最佳的音质，但是文件很大，一分钟大概需要 10MB。

（2）MIDI 格式

MIDI（Musical Instrument Digital Interface，乐器的数字化接口）文件只记录乐器的信息，不传送声音，因此文件非常小，通常只要 10KB 左右，适合用于网页背景音乐。由于 MIDI 有统一格式的标准，因此在计算机上均可播放，没有兼容性与软件支持的问题。

（3）MP3 格式

MP3（MPEG Layer 3）是一种有损失的压缩格式，它舍弃了音频数据中人类听觉一般听不到的声音，因此文件很小，一分钟需要 1MB 左右。在音质上会比 WAV 稍差，不过除非有对声音很敏锐的听觉，否则一般听不出来太多差异，目前的音乐文件大多为这种格式。

（4）OGG 格式

OGG（Ogg Vorbis）和 MP3 一样，也是一种有损失的压缩格式。不同的地方在于，OGG 是免费而且开放源码的，音质比 MP3 格式清晰，文件也比 MP3 格式小。OGG 格式的缺点是仍不普及，并不是所有播放软件都可以播放 OGG 音频文件。

HTML 5 有两种多媒体标签可以用来播放视频或声音：一个是<video>标签；另一个是<audio>标签。video 与 audio 都可以播放声音，不同的地方在于 video 还可以显示视频，而 audio 只有声音，不会显示视频。

首先来看音频<audio>标签，语法如下：

```
< audio src="music.mp3" type="audio/mpeg" controls></ audio>
```

音频标签内常使用的属性说明如下。

- src="music.mp3": 设置音乐文件名及路径，<audio>标签支持 3 种音乐格式：MP3、WAV 和 OGG。
- autoplay: 是否自动播放音乐，加入 autoplay 属性表示自动播放。
- controls: 是否显示播放面板，加入 controls 属性表示显示播放面板。
- loop: 是否循环播放，加入 loop 属性表示循环播放。
- preload: 是否预先加载，减少用户等待时间，属性值有 auto、metadata 和 none 三种。
    - auto: 网页打开时就加载影音。
    - metadata: 只加载 meta 信息。
    - none: 网页打开时不加载影音。

    当设置了 autoplay 属性时，preload 属性会被忽略。
- width / height: 设置播放面板的宽度和高度，单位为像素。
- type="audio/mpeg": 指定播放类型，可让浏览器不需要再检测文件格式，type 必须指定适当的 MIME（Multipurpose Internet Mail Extension）类型，例如 MP3 对应 audio/mpeg，也可以在 type 里再增加 codec 属性参数，更明确地指定文件编码，例如：

```
type='audio/ogg; codec="vorbis"。
```

- volume="0.9": 提高或降低音量大小，范围为 0~1。

各种浏览器对<audio>标签支持的音乐格式并不相同，如果要让大部分浏览器都支持，最好准备 MP3 和 OGG 两种格式，WAV 格式文件较大，并不建议用于网页上。HTML 5 提供了<source>标签，可以同时指定多种音乐格式，浏览器会按序找到可播放的格式为止。其语法如下：

```
<audio controls="controls">
  <source src="music.ogg" type="audio/ogg" />
  <source src=" music.mp3" type="audio/mpeg" />
</audio>
```

如此一来，当浏览器不支持第一个 source 指定的 OGG 格式或找不到音频文件时，就会播放第二个 source 指定的 MP3 音乐。

范例程序：ch15/audio.htm

```
<!DOCTYPE html>
<html>
<head>
<meta charset="utf-8">
<title>audio</title>
</head>
<body>

<h3>加入音乐</h3>
<audio controls="controls">
    <source src="multimedia/music.mp3" type="audio/mpeg">
    您的浏览器不支持此音乐播放的模式！
</audio>
```

```
    </body>
    </html>
```

该范例程序的执行结果如图 15-3 所示。

加入音乐

图 15-3

当浏览器不支持<audio>标签时，会将<audio></audio>标签中的文字显示在屏幕上。

除了上述直接加在<audio>标签的属性之外，还有一些属性通常会使用 JavaScript 来调整，如表 15-1 所示。

表 15-1　使用 JavaScript 来调整的 audio 组件的一些属性

属性	说明
autoplay	自动播放
controls	是否显示标准播放器
currentSrc	返回当前播放的音频文件路径
currentTime	返回当前播放的秒数
defaultMuted	返回是否设为静音
duration	返回音乐的长度
ended	返回播放是否结束
error	返回播放音频文件是否有错误信息
loop	循环播放
muted	设为静音
networkState	返回音频的网络状态
paused	是否停止播放音频
played	是否正在播放音频
preload	预先加载音频文件
readyState	返回音频文件当前的状态
src	设置音频文件的路径
volume	播放的声音大小

audio 组件提供的方法如表 15-2 所示。

表 15-2　audio 组件提供的方法

方法	说明
load()	加载音频文件
play()	播放音频文件
pause()	停止音频文件的播放

通过这些属性和方法可以得知当前音频文件的状态，并可控制播放，例如想要让音乐从 50 秒

的地方开始播放，可以如下表示：

```
audio.currentTime = 50;
audio.play();
```

想让音乐停止，只要加入下面的程序语句即可：

```
audio.pause();
```

15.2.2　加入影音动画

在网页中，视频文件可以使用 HTML 5 新增的<video>标签，它的属性和方法与<audio>标签大致相同。其语法如下：

```
<video src="multimedia/butterfly.mp4" controls="controls"></video>
```

<video>标签支持 3 种视频格式：OGG（Theora 编码）、MP4（h264 编码）和 WebM（VP8 编码）。参考下面的范例程序。

范例程序： ch15/video.htm

```html
<!DOCTYPE html>
<html>
<head>
<meta charset="utf-8">
<title>video</title>
</head>
<body>

<style>
video {
    object-fit:fill;
    width:400px;
    height:240px;
}
</style>

<h3>加入视频</h3>
<video controls="controls">
    <source src="multimedia/Java Lession 1.mp4" type="video/mp4" />
    您的浏览器不支持此视频播放的模式！
</video>

</body>
</html>
```

该范例程序的执行结果如图 15-4 所示。

加入视频

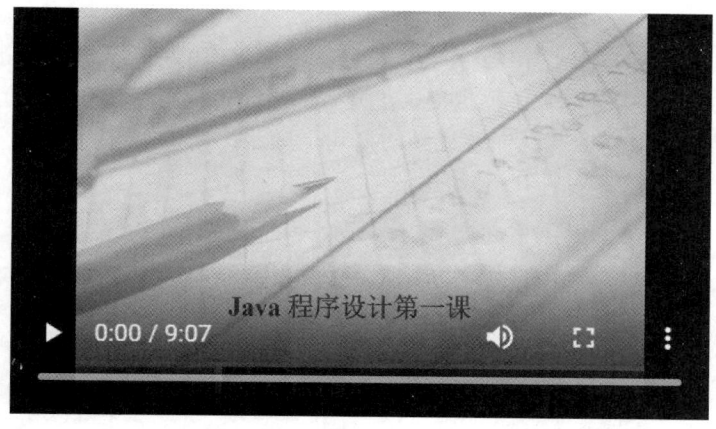

图 15-4

因为<video>标签加入了 controls 属性，所以视频上会出现播放面板，面板从左至右分别是播放/暂停按钮、音量调整按钮以及全屏幕播放按钮。

小 课 堂

关于视频编码

我们常常用扩展名来判断文件的类型，但是对于视频文件未必适用，因为视频文件的文件格式（Container）和视频编码（Codec）之间并非绝对对应和相关（关系见图 15-5），决定视频文件播放的关键在于浏览器是否有适合的视频编解码技术。

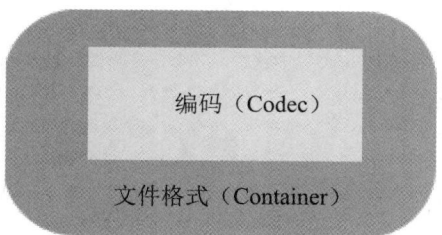

图 15-5

视频编解码技术常见的有 H.264、Ogg Theora、WebM/VP8，而处理音频的有 Ogg Vorbis。H.264 编码适用于多种视频格式，如 QuickTime 的 MOV 文件以及各大网络视频网站常见的FLV 文件等，WebM 则是 Google 发布的影音编码格式，与 OGG 格式一样具有免付权利金、开放源码的优点。

时至今日，各个浏览器厂商对于采用哪一种音频和视频编码仍未获得共识，也就是说想通过 HTML 5 把影音嵌入网站，就必须考虑各种不同的影音格式，才能让各种浏览器都能读取。

15.2.3 iframe 嵌入优酷视频

优酷是知名的视频分享网站，不少人会将自己拍摄或制作的视频上传到优酷，如果想同时把视频在自己的网页或博客中分享，优酷也提供了嵌入语法，让我们可以将视频嵌入自己的网页中。

分享过优酷视频的用户会发现嵌入视频的语句已经从原来的<object>标签改成<iframe>标签了，具体的嵌入步骤如图 15-6~图 15-8 所示。

图 15-6

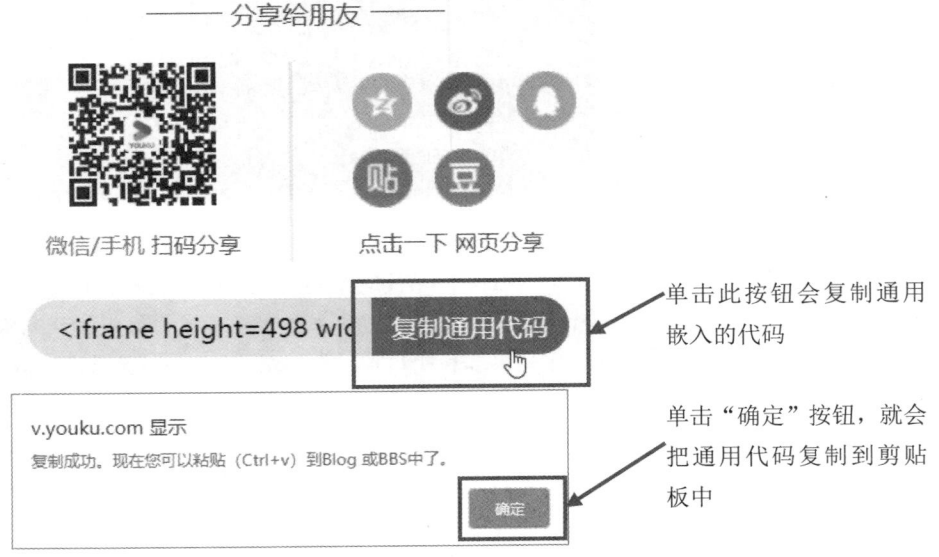

图 15-7

这就是嵌入视频的语句

<iframe height=498 width=510
src='http://player.youku.com/embed/X
NDMxMTk4NTA2NA==' frameborder=
0 'allowfullscreen'></iframe>

图 15-8

新的嵌入视频的语句是以<iframe>标签来播放视频的，通过新的嵌入视频的语句，优酷会自动按照浏览者的设置，用 AS3 Flash 或 HTML 5 来播放视频。<iframe>标签在前面的章节已经介绍过了，这里就不再赘述。

只要将 iframe 的 src 属性指向优酷的视频网址即可。

```
<iframe height=498 width=510 src='http://player.youku.com/embed
/XNDMxMTk4NTA2NA==' frameborder=0 'allowfullscreen'>
</iframe>
```

在网页中加入上述程序语句后（参考范例程序 YouKuVideo.htm），优酷的视频就嵌入了，执行结果如图 15-9 所示。

加入优酷视频

图 15-9

将音频和视频嵌入网页中，必须注意版权问题，包括音乐、MV 或翻录的电视节目或电影等音频和视频文件，不要随意嵌入网页中分享给他人浏览，以免侵权。

15.3 JavaScript 控制影音播放
——实现一个音乐播放器

本节我们将用 JavaScript 来实现一个音乐播放器，如图 15-10 所示。

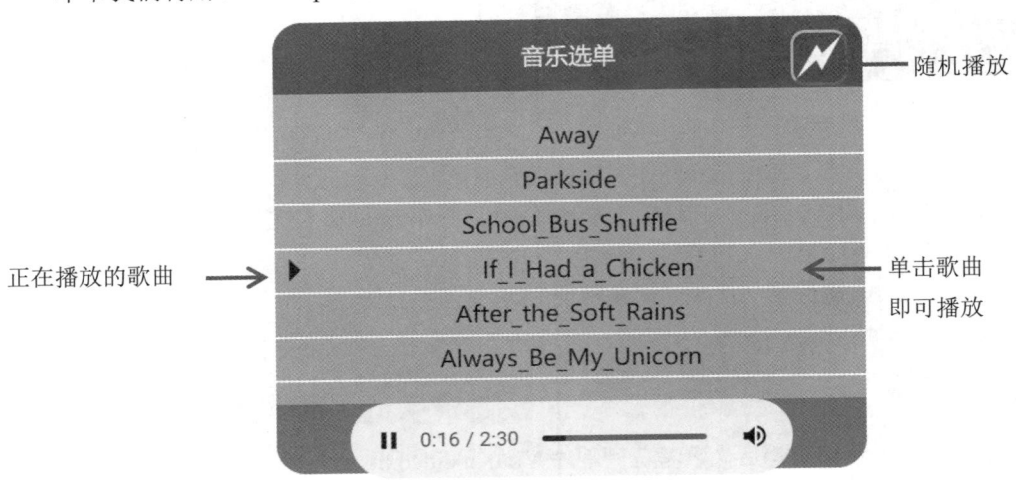

图 15-10

读者可以从本书下载资源的 ch15 文件夹中找到范例文件 musicPlayer.htm，音频文件在 music 子文件夹中，音频文件的来源是 YouTube Audio Library 音乐库无版权配乐。

15.3.1 制作歌曲选单列表

当网页需要制作类似条列式选单或横列式选单（导航栏）时，通常可以使用"项目列表"，即使用 ul 和 li 标签来制作，这样的组合结构清楚，只要将 list-style-type 设置为 none，就可以利用 CSS 任意美化外观，编排上很灵活。

下面来看范例程序中是如何使用 ul 和 li 来制作选单的，HTML 语句如下：

```html
<ul id="musicSources">
    <li>Away</li>
    <li>Parkside</li>
    <li>School_Bus_Shuffle</li>
    <li>If_I_Had_a_Chicken</li>
    <li>After_the_Soft_Rains</li>
    <li>Always_Be_My_Unicorn</li>
</ul>
```

上面的语句将会产生如图 15-11 所示的列表。

- Away
- Parkside
- School_Bus_Shuffle
- If_I_Had_a_Chicken
- After_the_Soft_Rains
- Always_Be_My_Unicorn

图 15-11

下面加上 CSS 语句来改变外观，并把项目符号设置为不显示，CSS 语句如下：

```
ul{
    background-color:#AEA3B0;
    margin-left: 0;
    padding-left: 0;
}
li{
    list-style-type:none;
    line-height:30px;
    border-bottom:1px solid #FFFFFF;
}
li:hover{
    background-color:#990020;
    color:#ffff00;
    cursor:pointer;
}
```

　　上述 ul 标签的 CSS 语句将 margin-left 与 padding-left 设为 0，这样一来 ul 就不会内缩，项目符号（Bullet）就会跑到列表外面，如图 15-12 所示。

项目符号会在外侧

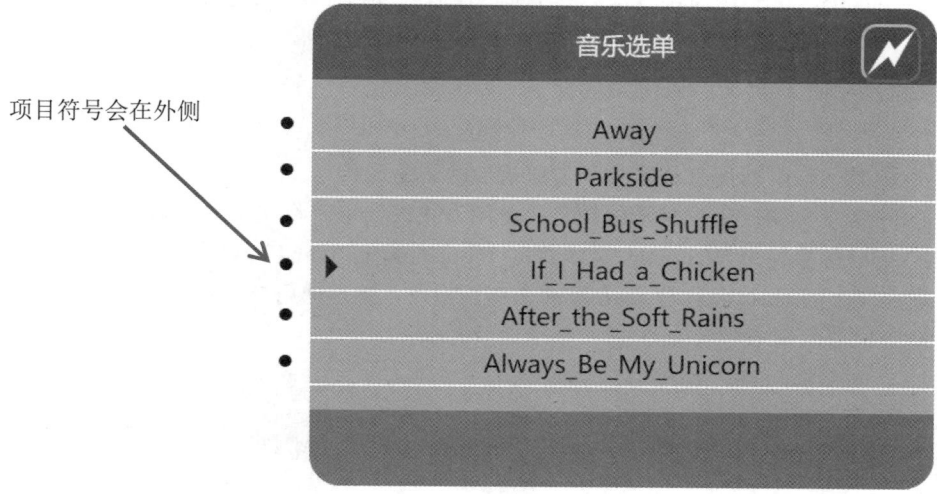

图 15-12

只要在 li 标签加上 "list-style-type:none;"，就不会显示项目符号了。

15.3.2 歌曲的 click 事件——事件指派委托

要替<li>标签绑定 click 事件，可以使用 for 循环来一个一个地绑定，不过每个 li 都绑定一次 click 事件，就性能而言并不太理想，选择器也会变得复杂，如果是动态添加歌曲，就要重新编写绑定事件，程序代码就更复杂了。

因此，我们可以运用之前介绍过的事件传递原理，将事件委托给外层的组件，而不是组件本身，判断目标（e.target）是我们需要的组件，再去执行程序，程序代码如下：

```
let musicSources = document.querySelector('#musicSources');
musicSources.addEventListener('click', musicTarget = (e) => {
    if( e.target.tagName.toLowerCase() === 'li' ){
        if(document.querySelector(".musicSpan")){
            document.querySelector(".musicSpan").remove();
        }
        if(document.querySelector("audio")){
            document.querySelector("audio").remove();
        }

        let target = e.target;
        const pn = target.innerText;
        let span = document.createElement('span');
        span.className = 'musicSpan';
        span.innerHTML = '4';
        target.appendChild(span);
        playMusic(pn);
    }
});
```

ul 标签的 id 是 musicSources，我们将 click 事件绑定在这个 ul 组件上，再使用 e.target.tagName 来判断是不是 li 就可以了。整个程序简洁许多，之后如果加入新的歌曲，就会有 click 的效果，不需要再为新元素绑定 click 事件。

事件处理的函数主要处理两件事情：

（1）当单击歌曲时，在歌曲前方显示一个类似播放的三角形符号。

这里使用 Webdings 字体来产生三角形的符号，使用方式很简单，将文字放在<span>标签中，接着利用 CSS 指定 span 标签使用 Webdings 字体即可（font-family: Webdings）。这里我们动态产生 span 元素，并指定元素的 class 名称与 span 里的文字，输入 4 就是使用 Webdings 字体中的三角形符号。

```
let span = document.createElement('span')     //创建 span 组件
span.className = 'musicSpan';                  //指定 class 名称
span.innerHTML = '4';            //指定 span 里的文字，产生三角形符号
target.appendChild(span);      //放入 li 组件
```

Webdings 字体是 Windows 操作系统中的 TrueType 符号字体，包括许多常见的符号与图形，

Webdings 字体中的符号可参考表 15-3。

（2）加入 audio 元素并播放音乐。

我们可以在 HTML 中先创建一个 audio 组件，在改变 src 中的音频文件路径后再播放音乐，或者像范例程序中那样采用动态加入 audio 组件来播放音乐，程序语句如下：

```javascript
function playMusic(a){
    let myAudio = document.createElement('audio');
    myAudio.setAttribute("src", "music/" + a + ".mp3");
    myAudio.setAttribute("controls", "controls");  //显示播放器
    bottom.appendChild(myAudio);      //加入 id 名称为 bottom 的组件中
    myAudio.play();    //播放音乐
}
```

当用户单击歌曲时就新建一个 audio 组件，单击另一首歌曲时先将原来的 audio 组件删除，如此一来就不需要添加暂停和加载歌曲的程序了。

15.3.3　随机播放

左上角的随机播放按钮的闪电图案同样是使用 Webdings 字体来产生的，程序代码如下：

```html
<span id="random" title="随机播放" onclick="randomPlay()">~</span>
```

当单击这个按钮时会调用 randomPlay()函数。

函数里面的程序语句很简单，使用 random()来产生 0~5 的整数值，将值代入 li 组件的索引值，然后触发 li 的 click 事件，就会执行音乐播放的程序了，程序代码如下：

```javascript
function randomPlay(){
    let num = Math.floor(Math.random() * 6);            //随机数 0~5
    let randomLi = document.querySelectorAll('li')[num];
    randomLi.click();  //触发 click 事件
}
```

这个范例程序的完整程序代码如下。

范例程序：ch15/musicPlayer.htm

```html
<!DOCTYPE html>
<html>
<head>
<meta charset="utf-8" />
<title>Music Player</title>
<style>
#musicBoard {
    width: 400px;
    border: 10px solid 827081;
    text-align: center;
    margin: auto;
    border-radius: 20px;
    background-color:#AEA3B0;
```

```
        }
    ul{
        background-color:#AEA3B0;
        margin-left: 0;
        padding-left: 0;
    }
    li{
        list-style-type:none;
        line-height:30px;
        border-bottom:1px solid #FFFFFF;
    }
    li:hover{
        background-color:#990020;
        color:#ffff00;
        cursor:pointer;
    }
    li > span{
        float:left;
        font-family: Webdings;
        font-size: 25px;
        color:#330000;
        cursor: pointer;
    }

    #random {
        float:right;
        font-family: Webdings;
        font-size: 35px;
        line-height:35px;
        color:#FFFFFF;
        cursor: pointer;
        border:2px outset #c0c0c0;
        margin:10px;
        border-radius:10px;
    }
    #random:hover {
        border:2px inset #c0c0c0;
    }

    #top {
        background-color: #604D53;
        border-top-right-radius:20px;
        border-top-left-radius:20px;
        line-height:50px;
        color:#ffffff;
        padding-left:60px;
    }

    #bottom {
        height:50px;
```

```
        background-color: #827081;
        border-bottom-right-radius:20px;
        border-bottom-left-radius:20px;
    }
    audio{
        outline:none;
    }

    </style>
    <script>
        window.addEventListener('load', () => {
            let musicSources = document.querySelector('#musicSources');
            musicSources.addEventListener('click', musicTarget = (e) => {
                if( e.target.tagName.toLowerCase() === 'li' ){
                    if(document.querySelector(".musicSpan")){
                        document.querySelector(".musicSpan").remove();
                    }
                    if(document.querySelector("audio")){
                        document.querySelector("audio").remove();
                    }

                    let target = e.target;
                    const pn = target.innerText;
                    let span = document.createElement('span')  //创建 span 组件
                    span.className = 'musicSpan';        //指定 class 名称
                    span.innerHTML = '4';                //指定 span 里的文字
                    target.appendChild(span);            //放入 li 组件
                    playMusic(pn);
                }
            });
        })

    function playMusic(a){
        let myAudio = document.createElement('audio');
        myAudio.setAttribute("src", "music/" + a + ".mp3");
        myAudio.setAttribute("controls", "controls");   //显示播放器
        bottom.appendChild(myAudio);     //加入 id 名称为 bottom 的组件中
        myAudio.play();        //播放音乐
    }

    function randomPlay(){
        let num = Math.floor(Math.random() * 6);    //随机数 0~5
        let randomLi = document.querySelectorAll('li')[num];
        randomLi.click();    //触发 click 事件
    }

    </script>
    </head>
    <body>
        <div id="musicBoard">
```

```
            <div id="top">
            音 乐 选 单   <span  id="random"  title=" 随 机 播 放 "  onclick =
"randomPlay()">~</span>
            </div>
            <ul id="musicSources">
                <li>Away</li>
                <li>Parkside</li>
                <li>School_Bus_Shuffle</li>
                <li>If_I_Had_a_Chicken</li>
                <li>After_the_Soft_Rains</li>
                <li>Always_Be_My_Unicorn</li>
            </ul>
            <div id="bottom"></div>
        </div>
    </body>
    </html>
```

表 15-3 是数字、符号、英文字母与 Webdings 字体的对照表，供读者参考。

表 15-3　数字、符号、英文字母与 Webdings 字体的对照表

字符	Webdings	小写英文字母	Webdings	大写英文字母	Webdings
1	📁	a	♋	A	✌
2	📄	b	♌	B	✋
3	📑	c	♍	C	👍
4	📚	d	♎	D	👎
5	📱	e	♏	E	☜
6	⌛	f	♐	F	☞
7	🖥	g	♑	G	👆
8	🖱	h	♒	H	👇
9	🖲	i	♓	I	✋
0	🗂	j	er	J	☺
,	🖻	k	&	K	😐
.	🖼	l	●	L	☹
/	🖊	m	○	M	💧
;	⌨	n	■	N	☠
'	🕯	o	□	O	🏳
~	”	p	□	P	🏴
@	✍	q	□	Q	✈
#	✂	r	□	R	☼
$	✁	s	◆	S	●
^	♈	t	◆	T	❄
&	📖	u	◆	U	✝

（续表）

字符	Webdings	小写英文字母	Webdings	大写英文字母	Webdings
*	✉	v	❖	V	✝
(	☎	w	◆	W	☥
)	☽	x	⊠	X	✵
{	✲	y	⌂	Y	✡
}	"	z	⌘	Z	☾

第16章

网页保护密技与记忆力考验游戏

基于保护网站内容或网站源码的情况下，有时候会对浏览者身份进行过滤或者限制浏览者所能使用的功能，本章将介绍几个网页保护密技，运用它们让设计的网页更安全。

16.1 检测浏览器信息

当今的网络是无远弗届的，在某些特殊情况下，可能会希望获取浏览者的信息，以便于针对不同的浏览者进行不同的处理或提供不同的服务。下面先来介绍如何获取浏览者的相关信息。

获取网址和浏览器信息

程序设计人员在编写网站的程序代码时，必须针对不同的浏览器或屏幕分辨率进行规划，以求面面俱到。下面的范例程序整理了常用的获取网址和浏览器信息的不同检测方法，供读者参考。

范例程序：ch16/browerInfo.htm

```
<!DOCTYPE html>
<html>
<head>
<meta charset="utf-8" />
<title>浏览器信息</title>
</head>
<body>
<div></div>
<script>
function checkBrowser(){
    var agent = navigator.userAgent.toLowerCase();
```

```
        let browser = "";
        if(agent.indexOf("msie")!=-1  ||  agent.indexOf("trident")!=-1  ||
agent.indexOf("Edge")!=-1){
            browser = "IE";
            if (agent.indexOf("trident")!=-1) {   //IE 版本>=11
                var rv = agent.indexOf('rv:');
                browser  =  "IE"  +  parseInt(agent.substring(rv  +  3,
agent.indexOf('.', rv)), 10);
            }
            var edge = agent.indexOf('Edge/');
            if (agent.indexOf("Edge")!=-1) {  // 判断 Edge 版本
                browser  =  "Edge"  +  parseInt(agent.substring(edge  +  5,
agent.indexOf('.', edge)), 10);
            }
        } else {
            if(agent.indexOf("firefox")!=-1){
                browser="firefox";
            } else {
                if (agent.indexOf("safari")!=-1 && agent.indexOf("chrome")==-1){
                    browser="safari";
                } else {
                    if    ((agent.indexOf("safari")!=-1    &&    agent.indexOf
("chrome") != -1)){
                        browser="chrome";
                    } else {
                        browser="other";
                    }
                }
            }
        }
        return browser;
    }

    let str = '当前网页文件的 URL : ' + location.pathname + '<br>';
    str += "最近一次修改的时间：" + document.lastModified + "<br>";
    str += "你用的浏览器是："+ checkBrowser() + "<br>";
    str += "你的屏幕分辨率是："+screen.width+" * "+screen.height + "<br>";
    str += "你用的操作系统平台是："+ navigator.platform + "<br>";
    str += "上线状态："+navigator.onLine;

    let div = document.querySelector('div');
    div.innerHTML = str;
</script>
</body>
</html>
```

该范例程序的执行结果如图 16-1 所示。

```
当前网页文件的URL：/D:/JavaScript/ch16/browerInfo.htm
最近一次修改的时间: 08/13/2019 19:15:15
你用的浏览器是: chrome
你的屏幕分辨率是: 1920 * 1080
你用的操作系统平台是: Win32
上线状态: true
```

图 16-1

location.pathname 用于返回当前 URL 的路径，除了 location.pathname 之外，还有下面的方式可以使用：

- window.location
- document.location.href

检测浏览器版本则使用 navigator.userAgent，借助关键字来判断浏览器的版本。

16.2　禁止复制与选取网页内容

想要在网页上选取文字或图片是相当容易的，但是在有些情况下，如果不希望辛辛苦苦做好的网页文字或图片轻易被浏览者"抄袭"，就可以强制取消右击功能或者禁止浏览者选取网页上的文字或图片，甚至是禁止使用剪切、复制和粘贴指令。下面就来看看怎么实现这些禁用功能。

16.2.1　取消鼠标右键功能

在网页上右击会弹出快捷菜单，随后就可以执行复制、另存文字或图片等多种指令。下面的范例程序就来演示如何取消鼠标右键功能。

范例程序：ch16/rejectPage.htm

```
<!DOCTYPE html>
<html>
<head>
<meta charset="utf-8" />
<title>取消鼠标右键功能</title>
</head>
<body>
<div></div>
<script>
function click() {
    if (event.button==2)
        alert('禁止使用鼠标右键！');
}
document.onmousedown=click;
</script>
</head>
```

```
<body>
<br>
<IMG SRC="images/butterfly.jpg" WIDTH="300" BORDER="0">
</body>
</html>
```

该范例程序的执行结果如图 16-2 所示。

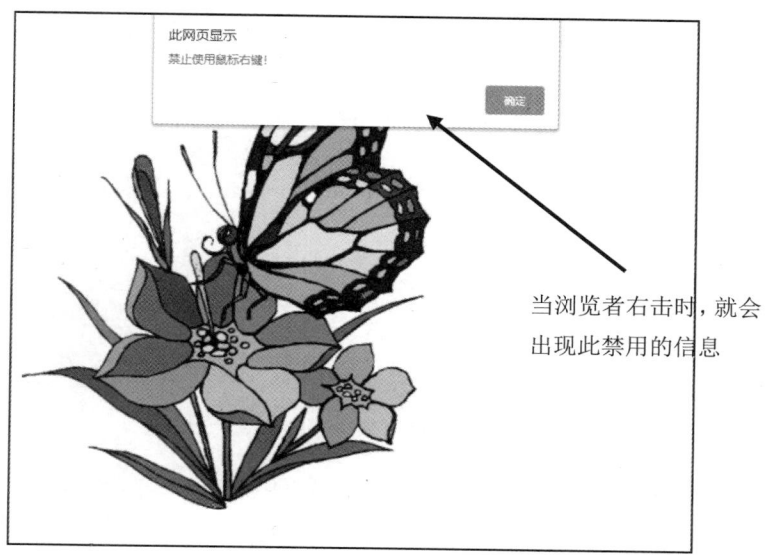

当浏览者右击时，就会
出现此禁用的信息

图 16-2

在这个范例程序中是使用 event.button 指令来检测浏览者单击了鼠标的哪一个按键的。

禁用右击也可以在<body>标签内加上 oncontextmenu 事件来实现，程序语句如下：

```
<body oncontextmenu="return false">
```

oncontextmenu 事件是在弹出快捷菜单前会触发的事件，如果返回 false，快捷菜单就不会显示；如果返回 true，就可以照常显示。

16.2.2　取消键盘特殊键功能

虽然取消鼠标右键功能可以防止浏览者利用快捷菜单来复制网页上的文字或图片，不过浏览者仍然可以使用键盘上的 Ctrl+A 快捷键来选取网页上全部的文字与图片，再配合 Ctrl+C 快捷键就可以进行复制。

那么有什么方法可以禁止浏览者按下键盘上的 Ctrl+A 以及 Ctrl+C 快捷键进行选取和复制呢？请看下面的范例程序。

范例程序：ch16/checkSpecialKey.htm

```
<!DOCTYPE html>
<html>
<head>
<meta charset="utf-8" />
```

```
<title>网页保护密技</title>
<script>
function click() {
    if (event.button==2 || event.button==4)
    {
        alert('禁止使用鼠标右键!');
    }

    if(event.ctrlKey){
        switch(event.keyCode){
            case 65:alert('禁止按下 Ctrl + A 快捷键!'); break;
            case 67:alert('禁止按下 Ctrl + C 快捷键!'); break;
        }
    }
}

document.addEventListener('keydown', click)
document.addEventListener('mousedown', click)

</script>
</head>
<body>
<IMG SRC="images/pic1.jpg" WIDTH="300" BORDER="0">
</body>
</html>
```

该范例程序的执行结果如图 16-3 所示。

当按下 Ctrl+A 快捷键或 Ctrl+C 快捷键时，就会出现此禁用的信息

图 16-3

这个范例先判断浏览者是否按下了 Ctrl 键，如果是，就使用 switch 函数来判断浏览者是否按下了 A 键（65）或 C 键（67），程序语句如下：

```
if(event.ctrlKey){
    switch(event.keyCode){
        case 65:alert('禁止按下 Ctrl + A 快捷键！'); break;
        case 67:alert('禁止按下 Ctrl + C 快捷键！'); break;
    }
}
```

16.2.3　禁止选取网页文字与图片

JavaScript 提供了几个很方便的事件，可以让我们检测浏览者是否想要选取、剪切或复制网页内容。请看下面的范例程序。

范例程序：ch16/unselect.htm

```
<!DOCTYPE html>
<html>
<head>
<meta charset="utf-8" />
<title>禁止选取文字</title>
<style>
div{text-align:center}
</style>
</head>
<body         background="images/bg04.gif"         oncontextmenu="return         false"
ondragstart="return  false"  onselectstart ="return  false"  onSelect="return
false" oncopy="return false" onbeforecopy="return false">
<div>
<IMG SRC="images/17.gif" WIDTH="300" BORDER="0">
<br>试试看！用鼠标选取这行字……
</div>
</body>
</html>
```

该范例程序的执行结果如图 16-4 所示。

无法选取网页上的文字了

试试看！用鼠标选取这行字……

图 16-4

在这个范例程序中，在<body>标签中使用了 5 个事件。表 16-1 中列出了常用的剪切、复制、粘贴以及选取操作会触发的事件。

表 16-1　常用的剪切、复制、粘贴以及选取操作会触发的事件

事件	说明
onCut	剪切时
onBeforeCut	剪切前
onCopy	复制时
onBeforeCopy	复制前
onPaste	粘贴时
onBeforePaste	粘贴前
onSelect	选取文字时
onSelectStart	开始选取文字时
oncontextmenu	显示快捷菜单前

当网页内容被选取、剪切、复制或粘贴时都会触发相关的事件，当事件处理函数的返回值为 true 时，表示操作照常进行，当返回 false 时，操作会被取消。

16.3　字符串加密与解密

窗体传送如果是 GET 模式传送，URL 就会显示传送的信息，JavaScript 提供了一些方法用于将 URL 编码之后再传送，下面就来介绍这些实用的方法。

16.3.1　URL 与字符串加密

JavaScript 提供了 escape、encodeURI、encodeURIComponent 函数用于将字符串编码，以便于网络传输。更精确地说，应该是 encodeURI 函数会将字符以 ASCII 或 Unicode 格式进行编码。这 3 个函数的差别如下.

- escape(): 不编码的符号包括@、*、_、+、-、.、/，escape()处理非 ASCII 编码的字符会有问题，已经从 Web 标准中移除，除非是特殊情况，否则应避免使用 escape()。
- encodeURI(): 不编码的符号包括: ;、,、/、?、:、@、&、=、+、$、-、_、.、!、~、*、'、(、)、#，encodeURI 会保留完整的 URL，因此对 URL 有意义的字符进行编码。
- encodeURIComponent(): 不编码的符号包括()、.、!、~、*、'、-，不会对 ASCII 字母、标点符号以及数字编码，对 URL 有意义的字符则以十六进制数（Hex）进行编码。

这 3 个函数的使用方式相同，语法如下:

```
escape("URL")
encodeURI("URL")
encodeURIComponent("URL")
```

例如：

```
myStr=encodeURIComponent("https://www.sina.com.cn/")
```

如果将 myStr 显示在浏览器上，就会看到如下一长串文字与符号：

```
https%3A%2F%2Fwww.sina.com.cn%2
```

下面的范例程序将制作一个输入界面，输入文字后分别可以获取 escape、encodeURI 与 encodeURIComponent 的编码。

范例程序：ch16/encode.htm

```
<!DOCTYPE html>
<html>
<head>
<meta charset="utf-8" />
<title>字符串加密</title>
<link rel=stylesheet type="text/css" href="color.css">
<script>
window.addEventListener('load', () => {
    runEscape.addEventListener('click', (e) => {
        encodeURId.value = escape(myText.value)
    })
    runEncodeUR.addEventListener('click', (e) => {
        encodeURId.value = encodeURI(myText.value)
    })
    runEncodeURIComponent.addEventListener('click', (e) => {
        encodeURId.value = encodeURIComponent(myText.value)
    })
})
</script>
</head>
<body>
<h3>字符串加密</h3>

        请输入想要编码的 URL 或字符串：<br>
        <textarea rows=3 cols=60 id="myText"></textarea><br>
        <button id="runEscape">escape</button>
        <button id="runEncodeUR">encodeURI</button>
        <button id="runEncodeURIComponent">encodeURIComponent</button>
        <p>编码结果：<br>
        <textarea rows=3 cols=60 id="encodeURId"></textarea>

</body>
</html>
```

该范例程序的执行结果如下。

单击 escape 按钮，该范例程序的执行结果如图 16-5 所示。

图 16-5

单击 encodeURI 按钮，该范例程序的执行结果如图 16-6 所示。

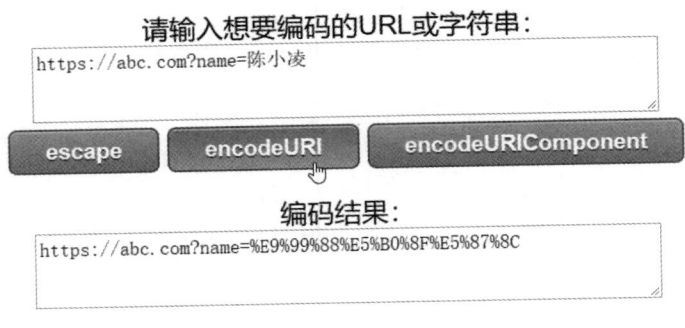

图 16-6

单击 encodeURIComponent 按钮，该范例程序的执行结果如图 16-7 所示。

图 16-7

16.3.2　URL 与字符串解密

既然能加密，当然也有解密的方法，JavaScript 同样针对 3 种加密方法提供了相应的解密函数：unescape、decodeURI、decodeURIComponent，用于将加密的字符串再转换回原文字（解码），语法如下：

```
unescape("字符串")
decodeURI("字符串")
decodeURIComponent("字符串")
```

例如：

```
myStr=unencodeURI("%61")
```

变量 myStr 接收到的值为小写 a。

下面的范例程序将制作一个输入界面，输入加密过的字符串后分别以 unescape、decodeURI 与 decodeURIComponent 进行解密（解码）。

范例程序：ch16/decode.htm

```html
<!DOCTYPE html>
<html>
<head>
<meta charset="utf-8" />
<title>字符串加密</title>
<link rel=stylesheet type="text/css" href="color.css">
<script>
window.addEventListener('load', () => {

    runUnscape.addEventListener('click', (e) => {
        try {
            encodeURId.value = unescape(myText.value)
        } catch(e) {
            encodeURId.value = e;
        }
    })
    runDecodeURI.addEventListener('click', (e) => {
        try {
            encodeURId.value = decodeURI(myText.value)
        } catch(e) {
            encodeURId.value = e;
        }
    })
    runDecodeURIComponent.addEventListener('click', (e) => {
        try {
            encodeURId.value = decodeURIComponent(myText.value);
        } catch(e) {
            encodeURId.value = e;
        }
    })
```

```
    })
    </script>
    </head>
    <body>
    <h3>字符串解密</h3>

            请输入想要解密的 URL 或字符串：<br>
            <textarea rows=3 cols=60 id="myText"></textarea><br>
            <button id="runUnscape">unescape</button>
            <button id="runDecodeURI">decodeURI</button>
            <button id="runDecodeURIComponent">decodeURIComponent</button>
            <p>解密结果：<br>
            <textarea rows=3 cols=60 id="encodeURId"></textarea>

    </body>
    </html>
```

该范例程序的执行结果如下。

输入 escape 加密过的字符串，单击 unescape 按钮进行解密（也就是解码），结果如图 16-8 所示。

图 16-8

输入 encodeURI 加密过的字符串，单击 decodeURI 按钮进行解密（也就是解码），结果如图 16-9 所示。

图 16-9

　　输入 encodeURIComponent 加密过的字符串，单击 decodeURIComponent 按钮进行解密（也就是解码），结果如图 16-10 所示。

图 16-10

　　解密是将已经加密过的字符串进行转换，如果有无法转换的字符，就会抛出错误信息，所以在范例程序中为每个解密程序（解码）都加上 try/catch 捕捉错误，譬如将 escape 加密的字符串让 decodeURIComponent 解密就会抛出错误，如图 16-11 所示。

字符串解密

请输入想要解密的URL或字符串：

```
https%3A//abc.com%3Fname%3D%u9648%u5C0F%u51CC
```

| unescape | decodeURI | decodeURIComponent |

解密结果：

```
URIError: URI malformed
```

图 16-11

16.4　"记忆力考验"游戏

学习程序设计最快速、有效的方式莫过于编写一些有趣的程序，下面将编写一个小游戏——"记忆力考验"来复习 JavaScript 常用的指令和语句。

16.4.1　界面和程序功能概述

"记忆力考验"是一款休闲益智的网页游戏，九宫格内会出现未按顺序排列的数字 1~9，玩家必须在 10 秒内记忆所有数字的位置，再从小到大按照正确的顺序单击数字。这款游戏会用到常用的 HTML、CSS 和 JavaScript 指令和语句，无疑是非常好的锻炼程序设计基本功的小程序。

我们先来看看游戏的界面和功能。

"记忆力考验"游戏共有 1~9 九个数字，放在 3×3 的九宫格中，单击"开始游戏"按钮之后就会开始计时，玩家必须在 10 秒内记忆数字的位置，随后从小到大按照正确的顺序单击数字，单击错数字就会出现哭脸以及失败的文字，单击对了就会出现笑脸以及成功的文字。

开始界面如图 16-12 所示。

计时：**0**秒

图 16-12

开始记牌的界面如图 16-13 所示。

一开始先出现全版的屏蔽（Mask），让玩家无法单击网页，但保留透明度，让玩家记忆数字。

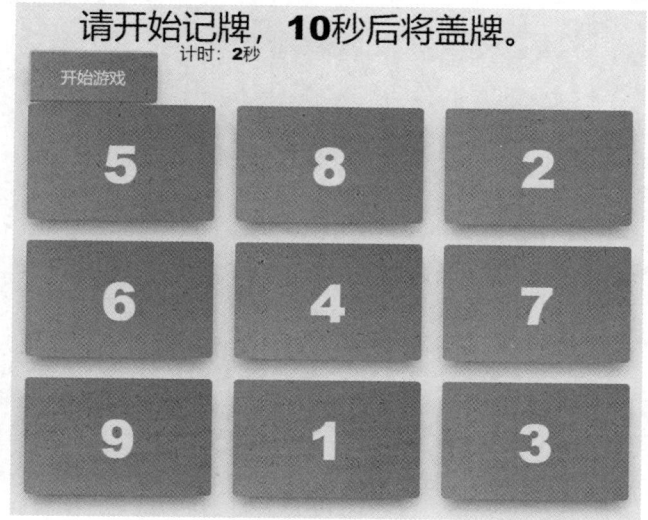

图 16-13

开始游戏的界面如图 16-14 所示。

按照数字从小到大的顺序依次单击，如果单击正确，背景就会改变颜色并显示数字。

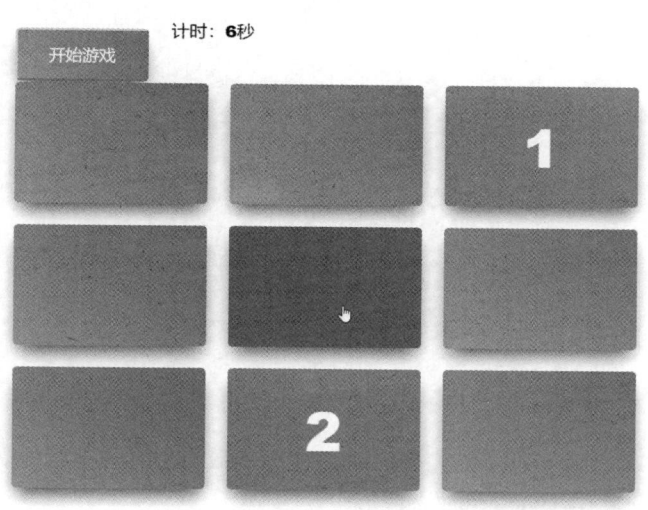

图 16-14

全部选对后的界面如图 16-15 所示。

图 16-15

选错后显示的界面如图 16-16 所示。

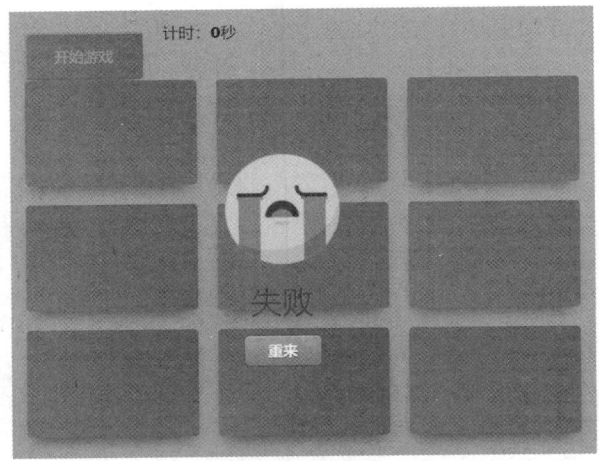

图 16-16

游戏界面部分是由 HTML 和 CSS 语句产生的，由于数字 1~9 的按钮外观是一致的，当玩家单击"开始游戏"按钮时才由 JavaScript 程序动态产生。

下小一节来看看几处关键的程序代码。

16.4.2　程序代码重点说明

读者可以在本书下载资源的 ch16 文件夹中找到这个游戏范例程序的源代码文件（game.htm）。这个范例程序使用的图像文件与 CSS 文件都存放在 game 文件夹下的 css 与 images 文件夹中。

游戏一开始先产生数字 1~9，为了方便后续的处理，使用数组来存储这些数字，只要一行程序代码即可，程序语句如下：

```
let nums = Array.from(Array(length+1).keys()).slice(1);
```

length 是从 num_click(9)传入的参数，表示需要产生数字 1~9，范例程序中 Array 数组的 keys()
方法会返回数组的索引键值，Array.from() 会使用括号内的对象产生新的数组，因此
Array.from(Array(length+1).keys())将会得到如下数组：

```
[0, 1, 2, 3, 4, 5, 6, 7, 8, 9]
```

slice()方法会返回指定索引之后的所有字符串，如此一来就获取了数字 1~9。

接着只要将数组值打乱即可，程序代码如下：

```
for(let j, i=0; i<length;i++){
    j = Math.floor(Math.random() * i);
    [nums[i], nums[j]] = [nums[j], nums[i]]    //变量交换
}
```

这里使用了 ES 6 标准的写法来执行变量的交换，如果不使用这种新的写法，那么可以使用传
统写法，也就是使用一个中间的暂存变量，程序可以这样编写：

```
for(let j, x, i=0; i<length;i++){
    j = Math.floor(Math.random() * i);
    x = nums[i];
    nums[i] = nums[j];
    nums[j] = x;
}
```

有了一组 1~9 打乱排列的数字数组之后，只要动态新建<div>并加入 box_num 组件就可以了，
程序代码如下：

```
nums.forEach(function(value, key) {
    let divtag = document.createElement("div");
    divtag.className = "div_num";
    divtag.id=nums[key];
    divtag.innerHTML=nums[key];
    document.getElementById('box_num').appendChild(divtag);
})
```

每一个数字的<div>组件的 class 名称都是 div_num，在 CSS 文件（game/css/style.css）中已经
写好了 div_num 的 CSS 样式，因此每一个数字组件都具有同样的外观。innerHTML 属性是<div>
显示的文字，当游戏开始时只要将 innerHTML 清除，就实现我们想要的"盖牌"效果了。这个方
块代表的数字则放在 id 属性中。

在范例程序中，让玩家有 10 秒钟记忆数字的程序语句是调用 setTimeout()，计时的部分则是
调用 setInterval()，在游戏开始后计时，执行到 clearInterval()就会停止计时。

16.4.3 CSS 重点说明

在范例程序中使用了几个特别的 CSS 指令和语句，在此稍作说明。

1. 渐层（linear-gradient()）

linear-gradient()函数用于建立一个两种以上颜色的线性渐层，语法如下：

```
linear-gradient(方向,颜色1,颜色2,…)
```

线性渐层的方向默认值为自上而下，也可以设置为从左到右、从右到左或对角线，例如：

```
//从蓝色渐变到红色
linear-gradient(blue, red);
// 对角线 45 度，从蓝色渐变到红色
linear-gradient(45deg, blue, red);
//从右下到左上，从蓝色渐变到红色
linear-gradient(to left top, blue, red);
//从下到上，从蓝色开始渐变到 40%的绿色，最后以红色结束
linear-gradient(0deg, blue, green 40%, red);
```

2. 屏蔽（Mask）

如果想让玩家在某些时候不能去单击页面上的按钮或执行其他操作，最简单的方式就是屏蔽，做法很简单，只要加上一个长宽都是 100%的<div>组件，再将定位方式指定为 absolute 即可。

```
#mask{
    top:0;left:0;
    width:100%;
    height:100%;
    display:table;
    position: absolute;
    text-align:center;
    background-color:rgba(80,80,80,0.5);
}
```

为了让玩家能看到屏蔽下的图形，必须指定透明度，通常会使用背景颜色（background-color）加上 opacity 属性来设置透明度，然而 opacity 属性会让整个元素变成透明，也就是说，如果屏蔽的内容里面还有图形或文字将会一起变透明。举例来说，按如下方式编写程序语句：

```
background-color:#808080;
opacity:0.2
```

执行之后会得到如图 16-17 所示的效果，屏蔽的内容里面的文字也跟着变透明了，透明度越高，文字也就越不清楚。

图 16-17

因此，要改用 RGBA 颜色来指定背景颜色，RGB 是红（Red）、绿（Green）、蓝（Blue）三原色，RGBA 里的 A 是指不透明度（Opacity）的 Alpha 值，Alpha 值越小越透明，例如：

```
//红色，不透明度 50%
```

```
rgba(255, 0, 0, 0.5)
//蓝色，不透明度60%
rgba(0, 0, 100, 0.6)
```

这个范例程序就说明到这里，其余的程序语句并不困难，可参考下面的完整程序代码。

范例程序：ch16/game.htm

```
<!DOCTYPE html>
<html>
<head>
<meta charset="utf-8" />

<link rel="stylesheet" type="text/css" href="game/css/style.css"/>
<script>
var numTimeout=null ;　　//计数
function num_click(length){

    //停用 startBtn 按钮
    document.getElementById("startBtn").disabled = true;
    let ccount=0, tt=0;
    let RememberTime=10; //设置记忆时间
    let box_num=document.querySelector('#box_num'); //#box_num 组件

    //产生数字 1~length
    let nums = Array.from(Array(length+1).keys()).slice(1);

    for(let j, i=0; i<length;i++){
        j = Math.floor(Math.random() * i);
            [nums[i], nums[j]] = [nums[j], nums[i]]　　//变量交换
    }

    //按排列后的数字产生按钮
    nums.forEach(function(value, key) {
        let divtag = document.createElement("div");
        divtag.className = "div_num";
        divtag.id=nums[key];
        divtag.innerHTML=nums[key];
        document.getElementById('box_num').appendChild(divtag);
    })

    //建立提示信息 Mask
    var playtag = document.createElement("div");
    playtag.id = "playMask";
    playtag.innerHTML = "请开始记牌，10 秒后将盖牌。";
    document.body.appendChild(playtag);
    startTimer();

    //调用 setTimeout 设置 10 秒后开始
    setTimeout(()=>{
        stopTimer();
```

```
            //移除提示信息 Mask
            if(document.getElementById("playMask")){
                document.body.removeChild(document.getElementById
    ("playMask"));
            }
            //隐藏方块里的数字
            let d1 = document.querySelectorAll('.div_num');
            for(let i=0; i<d1.length; i++){
                d1[i].innerHTML = "";
            }

            startTimer();

            //将按钮 click 监听绑定在外层的 box_num 组件
            let box_num = document.getElementById('box_num');
            box_num.addEventListener('click', addbox = (e) => {
                if( e.target.tagName.toLowerCase() === 'div' ){
                    ccount++;

                    if(Number(e.target.id) != ccount){    //答错
                        stopTimer();
                        var masktag = document.createElement("div");
                        masktag.id = "mask";
                        masktag.innerHTML       ="<div        id='maskcell'><img
    src='game/images/cry.png'><br>失败<br><input type='button' id='reset' value='
    重来'></div>";
                        document.body.appendChild(masktag);
                        reset.addEventListener('click', closeMask);

                    } else {
                        e.target.style.background = "#00cccc";//答对就改变 div 颜色
                        e.target.innerHTML=e.target.id;

                        if (Number(e.target.id) == length)    //全部答对
                        {
                            stopTimer();
                            var masktag = document.createElement("div");
                            masktag.id = "mask";
                            masktag.innerHTML       ="<div        id='maskcell'><img
    src='game/images/smile.png'><br>Yes! 成功<br><input type='button' id='reset'
    value=' 再玩一次 ' onclick='document.body.removeChild(document.getElementById
    (\"mask\"));'></div>";
                            document.body.appendChild(masktag);
                            reset.addEventListener('click', closeMask)
                        }
                    }
                }
            })
        }, RememberTime*1000 );
```

```
        function startTimer(){
            numTimeout=setInterval(()=>{
                tt++;
                document.getElementById('show_timer').innerHTML = tt;
          },1000);
      }

        function stopTimer(){
            tt=0;
            ccount=0;
            document.getElementById('show_timer').innerHTML = "0";
            if (numTimeout)
            {
                clearInterval(numTimeout);
                numTimeout = null;
            }
        }
        function closeMask(){
            if(document.getElementById("mask")){
                document.body.removeChild(document.getElementById
("mask"));
            }
            //清空 box_num
            document.getElementById("box_num").innerHTML="";
            //移除 box_num 的 click 监听事件
            document.getElementById('box_num').removeEventListener
("click", addbox);
            //启用 startBtn 按钮
            document.getElementById("startBtn").disabled = false;
            stopTimer();
        }
    };

    window.addEventListener('load', () => {
        startBtn.addEventListener('click', musicTarget = (e) => {
            num_click(9);
        })
    })
</script>
</head>
<body>
<div id="start_play">
    <button id="startBtn">开始游戏</button> 
    计时: <span id="show_timer">0</span>秒
</div>
<div id="box_num"></div>
</body>
</html>
```

　　程序设计着重逻辑与抽象思考，JavaScript 只是帮助实现逻辑和抽象思维的工具而已，只要将问题归类抽象化，构思好程序的写法，找出需要的组件及函数模块，加上变量与逻辑判断，就能完成程序的编写。程序设计说起来简单，还是需要多多实践与训练，方能融会贯通。最后，大家可以尝试扩充这个"记忆力考验"游戏，加入更有趣的玩法。